中芬合著 造纸及其装备科学技术丛书（中文版）第五卷

"十二五"国家重点出版物出版规划项目

森林资源的生物质精炼

Biorefining of Forest Resources

［芬兰］**Raimo Aleń**　著
［中国］孙润仓 等　译

中国轻工业出版社

图书在版编目（CIP）数据

森林资源的生物质精炼 /（芬）艾伦（Alen，R.）著；
孙润仓等译. —北京：中国轻工业出版社，2019.6

（中芬合著造纸及其装备科学技术丛书；5）

"十二五"国家重点出版物出版规划项目

ISBN 978-7-5019-9736-7

Ⅰ.① 森… Ⅱ.① 艾…② 孙… Ⅲ.① 森林资源 – 应
用 – 制浆造纸工业 Ⅳ.① TS7

中国版本图书馆 CIP 数据核字（2014）第 078029 号

责任编辑：古 倩 责任终审：劳国强
策划编辑：林 媛 责任监印：张 可
整体设计：锋尚设计 责任校对：晋 洁

出版发行：中国轻工业出版社（北京东长安街 6 号，邮编：100740）

印 刷：三河市万龙印装有限公司

经 销：各地新华书店

版 次：2019 年 6 月第 1 版第 2 次印刷

开 本：787×1092 1/16 印张：14.25

字 数：320 千字

书 号：ISBN 978-7-5019-9736-7 定价：68.00 元

邮购电话：010-65241695

发行电话：010-85119835 传真：85113293

网 址：http://www.chlip.com.cn

Email：club@ chlip.com.cn

如发现图书残缺请与我社邮购联系调换

190626K4C102ZBW

序

芬兰造纸科学技术水平处于世界前列,近期修订出版了《造纸科学技术丛书》。该丛书共 20 卷,涵盖了产业经济、造纸资源、制浆造纸工艺、环境控制、生物质精炼等科学技术领域,引起了我们业内学者、企业家和科技工作者的关注。

姜丰伟、曹振雷、胡楠三人与芬兰学者马格努斯·丹森合著的该丛书第一卷《制浆造纸经济学》(中文版)于 2012 年出版。该书在翻译原著的基础上加入中方的研究内容:遵循产学研相结合的原则,结合国情从造纸行业的实际问题出发,通过调查研究,以战略眼光去寻求解决问题的路径。

这种合著方式的实践使参与者和知情者得到启示,产生了把这一工作扩展到整个丛书的想法,并得到了造纸协会和学会的支持,也得到了芬兰造纸工程师协会的响应。经研究决定,从芬方购买丛书余下十九卷的版权,全部译成中文,并加入中方撰写的书稿,既可以按第一卷"同一本书"的合著方式出版,也可以部分卷书为芬方原著的翻译版,当然更可以中方独立撰写若干卷书,但从总体上来说,中文版的丛书是中芬合著。

该丛书为"中芬合著:造纸及其装备科学技术丛书(中文版)",增加"及其装备"四字是因为芬方原著仅从制浆造纸工艺技术角度介绍了一些装备,而对装备的研究开发、制造和使用的系统理论、结构和方法等方面则写得很少,想借此机会"检阅"我们造纸及其装备行业的学习、消化吸收和自主创新能力,同时体现对国家"十二五"高端装备制造业这一战略性新兴产业的重视。因此,上述独立撰写的若干卷书主要是装备。初步估计,该"丛书"约 30 卷,随着合著工作的进展可能稍许调整和完善。

中芬合著"丛书"中文版的工作量大,也有较大的难度,但对造纸及其装备行业的意义是显而易见的:首先,能为业内众多企业家、科技工作者、教师和学生提供学习和借鉴的平台,体现知识对行业可持续发展的贡献;其次,对我们业内学者的学术成果是一次展示和评价,在学习国外先进科学技术的基础上,不断提升自主创新能力,推动行业的科技进步;第三,对我国造纸及其装备行业教科书的更新也有一定的促进作用。

显然,组织实施这一"丛书"的撰写、编辑和出版工作,是一个较大的系统工程,将在该产业的发展史上留下浓重的一笔,对轻工其他行业也有一定的借鉴作用。希望造纸及其装备行业的企业家和科技工作者积极参与,以严谨的学风精心组织、翻译、撰写和编辑,以我们的艰辛努力服务于行业的可持续发展,做出应有的贡献。

中国轻工业联合会会长 步正发

2011 年 12 月

中芬合著:造纸及其装备科学技术丛书(中文版)的出版
得到了下列公司的支持,特在此一并表示感谢!

河南江河纸业有限责任公司

河南大指造纸装备集成工程有限公司

前　言

当我接到《造纸及其装备科学技术丛书(中文版)》编辑委员会的邀请,主持编译由芬兰造纸工程师协会等出版的《造纸科学与技术系列丛书》"森林资源的生物质精炼"时,深感到这份工作的重要和急迫。能源、资源以及环境问题是 21 世纪人类生存发展所面临的最严峻挑战,也成为制约社会经济可持续发展的主要瓶颈。大规模开发和利用可再生的非粮木质生物质资源的生物炼制(Biorefinery)技术已成为世界各国的重点研究方向,尤其对于我国这样一个人口众多、能源和资源十分匮乏的大国来说,具有特别重要的战略意义和现实意义。

从 20 世纪 90 年代初期开始,我国的造纸行业经历了蓬勃发展的 20 年,我国纸及纸板的生产量和消费量均居世界第一位。但是,随着世界经济格局的重大调整和我国经济社会转型的明显加速,我国造纸工业发展面临的资源、能源和环境的约束日益突显,亟需加快结构调整。"十二五"期间,我国造纸工业面临转变发展方式,加快结构调整,加大节能减排力度,走绿色发展之路等重要任务。绿色低碳之路正引领世界造纸工业持续发展,建立非粮原料能源化学品、大宗化学品、聚合物材料生产的生物炼制技术体系,大力发展木质纤维素预处理、生物代谢转化、化学改性技术,突破木质纤维素制糖、化学品生物制造、生物质气化液化等关键技术,可实现了资源—生产—消费—资源再生的良性循环,将成为我国经济中具有循环经济特征的重要基础原材料产业和新的经济增长点。目前,生物炼制技术本身还处于发展初期,其中涉及的很多基础科学问题仍没有实现突破,需要这一领域的科学研究工作者和工程技术人员共同努力。本书的编译工作系统深入的对这一复杂的多学科交叉的科学和工程技术问题进行了介绍,为我国科研工作中学习掌握国际相关最新研究进展提供了很好的参考资料。

本书是由北京林业大学的孙润仓教授主持编译。基于科研方面经验的积累,组织本实验室从事相关研究的部分专业人员,利用各自的特长,共同编译了这本书。本书着重介绍了生物炼制领域的研究内容及技术前沿进展,包括生物质原料的结构和化学组分(第 1 章,许凤、马建锋、张逊)、生物炼制原理(第 2 章,李明飞、徐继坤)、原料资源(第 3 章,孙少龙)、林木生物质精炼——商业挑战与机遇(第 4 章,肖领平、孙永昌)、实木材料的利用(第 5 章,薛白亮)、树木提取物的分离和利用(第 6 章,文甲龙)、林木生物质的生物化学转化和化学转化(第 7 章,王堃、杨海艳)、林业生物质热化学转化(第 8 章,刘华敏、杨昇)、纤维素衍生物(第9章,彭锋、关莹)。由于原著对相关的科学、技术和经济等内容涉及广泛,以及编译者的学识水平有限,编译过程难免有不完善和差错之处,敬请读者批评指正。

孙润仓

2014.01

目 录
── CONTENTS ──

第①章 生物质原料的结构和化学组分

1.1 简介

树木是多年生的种子植物(种子植物门),一般分为针叶木(Softwood)和阔叶木(Hardwood)。针叶木的种子生长在果球内并且裸露在空气中(松柏类)称之为裸子植物,而阔叶木的种子被花所包裹故称之为被子植物。绝大多数针叶木会长期保留针状或鳞片状的树叶,因此商业上针叶木一般被称为"常绿乔木"(即多年保留生长的树叶),而绝大多数的阔叶木树叶每年都会脱落,则被称为"落叶乔木"(一般在每年秋季,宽阔或刀片状的叶片会脱落)。针叶木和阔叶木在地球上分布广泛,从热带地区到北极地区都能发现它们的身影。与已知的针叶木树种(约 1000 种)相比,阔叶木树种(30000 ~ 35000 种)相对较多,但由于热带森林开采过度,现在仅对少量树种进行了商业化应用。在北美,自然界中大约存活有1200 种树木,其中只约 100 种是重要的商业树种,而在欧洲这一数据则为 100 种和20 种。

树木的主要结构包括树干、树冠、树枝、树根、树皮和树叶,其各自所占树木的比例因木材类型和品种的不同而存在很大差异。例如,欧洲赤松(*Pinus sylvestris*)的树干、树冠和树根的比例分别为70% 、15% 和15% ,挪威云杉(*Picea abies*)为56% 、30% 和 14% ,欧洲桦(*Betula pendula*)为73% 、12% 和 15% 。这些树种的树干、树皮和针状树叶的比例分别为81% ,14% 和5% (欧洲赤松),75% 、15% 和 10% (挪威云杉)以及 77% 、18% 和 5% (欧洲桦)。由于这些部分均是可再生的,因此它们可以作为理想的生物质原料。目前,仅有树干用于制浆造纸,而木材的其他部分还没有得到充分的利用。

鉴于解剖结构和物化性质的不均一性,木材被认为是一种具有各向异性的生物(真菌、微生物等)可降解材料。它是由不同类型的细胞组成的,这些细胞分别具有机械支撑、水分传导(粗略估计一株生长中树木质量的一半为水)及新陈代谢等功能。在针叶木和阔叶木树种中,细胞的类型、含量和排列方式因树种不同而存在差异。木材中的细胞壁是主要由充当结构性组分的碳水化合物基质(主要为纤维素和半纤维素)、木质素以及少量的无机物和蛋白质构成的,在细胞壁中这些大分子物质的分布不均一,并且随着树种不同,其相对含量也存在差异。而一些小分子质量的组分(抽出物、水溶有机物和无机物)主要沉积在细胞壁外侧。本章简要综述了木材(主要为商用木材)和非木材(如农林废弃物等)结构与化学组分的主要特点,着重探讨了它们作为制浆造纸[1-18]和生物精炼[19-43]原料的应用。

1.2 木材和木质纤维细胞的基本结构

1.2.1 宏观结构

在不借助任何光学显微镜的条件下,通过肉眼观察就会发现针叶木和阔叶木细胞之间存在形态和结构上的差异,在不同类型的材种中,甚至同一植株不同部位也会表现出明显的差异。在针叶木中,主要形成纤维质的管胞。而在阔叶木中存在多种类型的细胞,其中包括纤维细胞、导管(气孔)和薄壁细胞等。在完全成熟的状态下,针叶木和阔叶木中绝大多数的细胞均已死亡,中心变空形成细胞腔(图1-1)。通过木材的横切面可以清楚的观察树干和树皮的生物结构,阔叶木含有较为明显的导管,而针叶木中包含垂直和水平的树脂道。另外每一树种的树皮都具有特殊的解剖结构,通常树皮分为内皮层(韧皮部)和外侧皮层(木栓形成层或落皮层)(图1-2)。内侧的皮层由较狭长的活细胞构成,而外皮层则由内皮层凋亡的细胞构成,其主要功能是保护树木防止机械损伤和微生物侵袭。

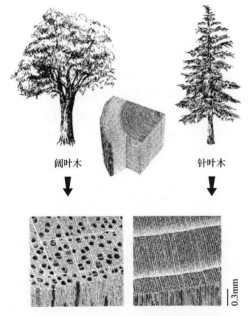

图1-1 木材组织主要由细长的死细胞组成,它们在树干中多数以纵向排列

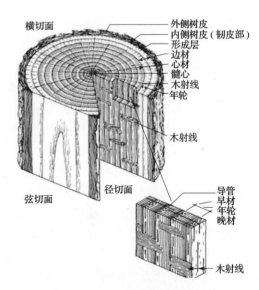

图1-2 树木横切面、径切面和弦切面示意图[13]

成熟木材木质部的外侧浅色部分称为边材,具有一定的生理活性,支撑树木结构,提供储存养料场所,并能作为运输水分的通道。木质部的内侧通常由颜色较深、缺乏生理活性的心材构成。心材会散发特别的气味,并且比边材含水量低、密度高,其构成细胞也不再参与水分或营养物质的运输,主要起支撑作用。心材的颜色较深是因为在生长过程中由细胞腔内分泌的树脂类有机化合物、氧化酚和色素沉积所致。此外,许多树种中这类化合物对木材腐蚀生物具有毒性,增加了心材的抗腐蚀性。但是,这样的沉积同时会闭塞纹孔(见章节1.2.2),使得在化学制浆过程中心材的药液渗透比边材更加困难。心材的形成由树木的种类所决定(如南方松为15~20年),并且树干中心材的比例随着树木生长不断增大。某些树种几乎全部由心材

构成,边材区域较窄,而另外一些树种只有少量心材。一些阔叶木会在心材形成阶段的导管中形成所谓的"侵填体",显著减少木材对于液体的渗透性。因此,这些阔叶木(如白栎)是制作酒桶的完美材料。

形成层是一层较薄的组织,由夹在树皮和木质部之间的活细胞构成(具有完全分化的能力),也是树木生长发育的主要部分。形成层的细胞向内侧分化形成木质部,而向外侧分化形成韧皮部,由于向内分化形成木质部的细胞数量多于韧皮部,因此通常树木木质部的比例远远高于韧皮部。这种生长活动增大了树干、树枝和根的直径,被称作次生生长。树木中木质部的形成过程,不仅仅包括树干、树枝和根的径向生长,还伴随这些主要部分的伸长生长。这种伸长生长(也称作初生生长)在生长季节的初期发生在树干和树枝尖端的顶芽内,或在由根冠保护的根尖生长点内。

次生生长每年都会生长出一层新的木质部,这层新生成的木质部被称为年轮。一株树木的所有树干、树枝和根都拥有同心的年轮,这也为计算树龄提供了可能性,即从树木树干中年轮的数量来确定,而生长率则取决于季节。年轮颜色较淡的部分称为春材(或早材),在生长季节的初期形成,而颜色较深的部分被称作秋材(或晚材),形成于生长季节的晚期。因为早材和晚材细胞差异会引起这种颜色差异,所以年轮在大多数情况下较易区分。在温带,树木的生长仅在一年中的某一阶段发生,通常开始于春季,直到夏季末期才会结束,这就意味着形成层在每年较冷的几个月处于休眠状态。但是,拥有连续生长时期的树木,雨季的交替会导致年轮的形成,从而使有规律的年轮(特别是全年生长的热带树木)难以辨认,甚至缺失。

1.2.2 细胞类型

树木在生长初期需要一个高效的水分运输体系。早材细胞有较大的横截面积、较薄的细胞壁和较大的细胞腔,可以为水分输导提供有效的通路。一般而言,在树木中水分输导和养分供给通过纹孔——这一毗邻细胞间细胞壁凹陷处——来实现。纹孔在细胞次生生长阶段形成,其数量、形状和尺寸取决于它们形成位置的细胞类型,并且能通过纹孔的微观结构区分木材和纤维细胞。

具缘纹孔(一种由毗邻纤维细胞的两个单独纹孔构成的纹孔对)是最为常见的纹孔类型,它通常形成于针叶木的独立管胞之间。虽然阔叶木导管通过穿孔板连接(开口或梯状的导管分子末端)承担了绝大部分的液体运输任务,但阔叶木导管分子仍拥有具缘纹孔结构,其具缘纹孔数量的多少由木材种类和导管–导管及导管–纤维细胞的横向连接程度而定。在一个年轮内,针叶木早材的管胞间纹孔更大且更丰富,每个管胞约有 200 个纹孔,它们径向面上排成两列,每列 1~4 行。在晚材中,纹孔较少(每个管胞有 10~50 个纹孔),尺寸也较小,并且在非常厚的管胞中通常表现为裂缝状。在阔叶木纤维细胞中,纹孔形态学变化随细胞种类不同而不同,薄壁细胞中存在具缘纹孔,而在厚壁纤维细胞中纹孔呈现出裂缝状。此外,在针叶木心材的形成过程中,具缘纹孔会发生闭塞,从而阻碍水分运输。这一现象在木材干燥过程中较为普遍,并且它也会在制浆、水解、防腐处理等不同的化学处理过程中减少通过木材的液体流量。在一些情况下,"纹孔闭塞"能够通过延长在水中的浸泡时间从某种程度上得到缓解,进而增加木材的渗透性。

晚材细胞拥有比早材细胞更小的横截面直径,较厚的细胞壁和较小的细胞腔。厚实的细胞壁给予树干足够的机械强度,而较小的细胞腔意味着其传导效率不如早材细胞。这些结构上的差异使得晚材的密度比早材大,并且早材和晚材的造纸性能也有所不同。尽管在部分针叶木中由管胞组成的晚材区域非常狭窄,但是晚材与早材还是较容易区分(如下所示),而年轮的宽度和晚材的比例则均取决于树种和生长条件。例如,生长在斯堪的纳维亚半岛的欧洲赤松(Pinus sylvestris)年轮宽度变化范围在0.1mm到10.0mm之间,所有针叶木晚材占15%~40%,且北部相关的针叶木晚材百分比高于南部。而在桦木、山杨、山毛榉和赤杨等阔叶木中早晚材几乎不存在分界,主要是由于承担液体运输功能的特殊导管和气孔的存在。

阔叶木中,如橡木、白蜡木和榆木,大导管集中在年轮形成的初期,而小导管则存在于晚材中,形成了所谓的阔叶木"环孔材"。另一方面,在桦木、山杨、山毛榉、枫树、桉木和白杨木等阔叶木"散孔材"中,导管在尺寸方面相当均匀,并且更加平均地散布在年轮上,因此通常难以辨别单独的生长年轮。而赤杨等阔叶木在年轮处导管孔隙直径逐渐减小,或者早材中分布孔隙直径均匀的导管,通常被称为阔叶木的"半散孔材"或"半环孔材"。

木质部还包含径向上的木射线,如图1-3所示,它从外侧的树皮延伸到髓心("初生木射线")或延伸到特定的年轮("次生木射线"),并且在某些情况下用肉眼即可观察到。木射线通常表现为不同宽度的浅色线,其数量主要取决于树种。髓心位于树干或是树枝的中部,表现为较深的条纹,是由树木第一年软组织的生长形成的。

基于细胞的形状差异,木材细胞可分为两大类,分别为纺锤组织细胞和薄壁组织细胞。前者细胞细长,有着较平或锥形的封闭边缘(末端闭锁),而后者的细胞是矩形的(砖块状)并且细胞相对较短。针叶木中90%的细胞为纵向管胞(图1-3和表1-1)。因为它们是纤维状的,所以这些纺锤组织细胞又被称作"纤维管胞"。未被打断的管胞其长度的算术平均数对制浆性质非常重要,并且在不同的木材种类间和同种木材的不同区域之间差异非常明显。但是,绝大多数针叶木的平均纤维长度在2~6mm,纤维粗度(每长度纤维的质量)通常在10~30mg/100mg之间变化。除了纵向管胞,某些树种的木射线还包括射线管胞。

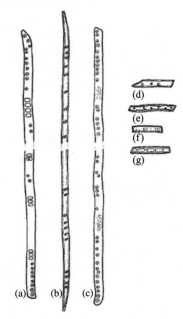

图1-3 针叶木中主要细胞类型[3]

(a)松树管胞的早材 (b)松树管胞的晚材
(c)云杉管胞的早材 (d)云杉的射线管胞
(e)松树的射线管胞 (f)云杉的射线薄壁细胞
(g)松树的射线薄壁细胞

表1-1 针叶木和阔叶木木质部中主要细胞类型的特征

细胞类型	方向[a]	主要功能[b]	所占木质部体积[c]/%	长度[d]/mm	宽度[d]/μm
针叶木					
管胞(纤维管胞)	V	S,C	90	1.4~6.0	20~50
射线管胞[e]	H	C	<5		
射线薄壁细胞	H	ST	<10	0.01~0.16	2~50
上皮薄壁细胞	V,H	E	<1		

续表

细胞类型	方向[a]	主要功能[b]	所占木质部体积[c]/%	长度[d]/mm	宽度[d]/μm
阔叶木					
纤维管胞[f]	V	S	55	0.4~1.6	10~40
导管分子	V	C	30	0.2~0.6	10~300
轴向薄壁细胞	V	ST	<5	<0.1	<30
射线薄壁细胞	H	ST	15		

注:a 树木中细胞轴的方向;V 指垂直方向(纵向),H 指水平方向(径向)。

　　b S—支撑,C—运输,ST—贮存,E—分泌树脂。

　　c 平均值,通过统计大量树种得到相关数据。

　　d 分布区间,通过统计大量树种得到相关数据。

　　e 在某些树种中缺失。

　　f 包括所有纤维状细胞和管胞。

光合作用产物的储存和运输在贮藏薄壁组织中完成,这类细胞在针叶木中绝大多数分布在径向木射线中,称之为"射线薄壁细胞"或"水平薄壁细胞"。"上皮薄壁细胞"一般仅存在于针叶木的组织中,它们在细胞的轴向和径向围拢形成管状结构,称为树脂道。树脂道是松树(*Pinus* spp.)、云杉(*Picea* spp.)、落叶松(*Larix* spp.)和花旗松(*Pseudotsuga menziesii*)等针叶木的典型特征结构,而阔叶木不具有树脂道结构。通常,它平行于向其分泌油性树脂的上皮薄壁细胞,在树木中形成统一的管道网络。在冷杉(*Abies* spp.)、紫杉(*Taxus* spp.)、杜松(*Juniperus* spp.)和香柏(*Cedrus* spp.)等针叶木中,水平方向的树脂道通常位于成堆出现的木射线(纺锤形木射线)内部。相比而言,松树有着比云杉更多且大的树脂道。在云杉中,树脂道在整株植物中分布均匀,而在松树中,树脂道集中在心材和根部,松树的树脂道直径平均为0.08 mm(垂直)和0.03 mm(水平),在木质部横截面中的总量(平均长度为50 cm)每平方毫米少于5条。阔叶木的宏观特征表现在不同细胞类型的分布和数量上,例如"纤维细胞"、"导管分子"(形成导管或孔隙的细胞)、"轴向薄壁细胞"以及"射线薄壁细胞"(表1-1和图1-4)。与针叶木中主要的细胞类型管胞相比,阔叶木有更多的细胞类型,且阔叶木的纤维细胞更加的短和窄,射线薄壁细胞宽度差异更加明显。尽管存在这些差异,阔叶木和针叶木细胞的绝大多数结构特征还是相当类似的。形成基本组织的阔叶木纤维细胞的尺寸比针叶木管胞要小,主要以"纤

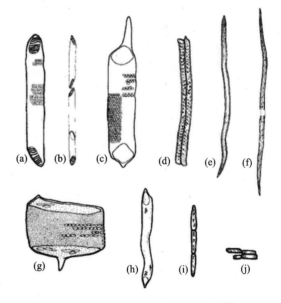

图1-4　阔叶木中主要细胞类型[3]

(a)桦木早材的导管分子　(b)桦木晚材的导管分子

(c)山杨早材的导管分子　(d)橡树的管胞

(e)桦木的管胞　(f)桦木的韧皮纤维

(g)橡树早材的导管分子　(h)橡树晚材的导管分子

(i)橡树的纵向薄壁细胞　(j)桦木的射线薄壁细胞

维管胞"或"韧型纤维"的形式存在于所有树种中。由于没有明确的界限,通常在相同的木材中甚至是同一生长年轮中都统称为纤维细胞。

木材成熟时,导管分子是中空且两端具有穿孔的死亡细胞。木材中的水分及营养物质经根系到树冠的运输主要是通过导管分子完成的。单根导管通常是由数个导管分子竖直连接组成,长度可以达到数米。由于这些导管分子的存在,阔叶木的水分运输效率远高于针叶木。在一些阔叶木中导管分子的末端是开口的,而导管分子的末端也会形成梯状或网状的穿孔板,其类型可作为木材鉴定的重要依据。

阔叶木中薄壁细胞的平均数量比针叶木高,这意味着在阔叶木中存在较宽的木射线(1 ~ 50 个细胞构成),并且其体积较大,轴向索状射线的相对比例也较大。薄壁细胞通常包括两种细胞类型,即射线薄壁细胞和轴向薄壁细胞。在木材的切向不存在射线管胞,而该方向上木射线薄壁细胞宽度却具有一定的差异。除热带阔叶木外,大多数阔叶木的轴向薄壁细胞很少。与针叶木纸浆相比,阔叶木中大量的薄壁细胞通常会导致阔叶木纸浆中有较高的细纤维含量。然而,细纤维含量在树种间存在有所不同。因此,根据最终使用的纸浆性质,对含有大量薄壁细胞的纸浆进行特殊筛选显得尤为重要。由于薄壁细胞有着较高的抽出物含量,而这些抽出物是造纸过程中树脂沉积的来源之一,因此,在某些情况下,去除薄壁细胞能够改善纸张质量。

1.2.3 细胞壁分层

细胞在增大和分化阶段进行细胞分裂会形成一层非常薄且具有弹性的初生壁,包裹住细胞质,而在接下来的细胞壁增厚阶段,次生壁开始形成。细胞壁增厚程度主要取决于生长时间(早材和晚材)及细胞的功能。细胞生长的最后阶段伴随着次生壁的形成,木质化的过程开始进行。木质素的积累首先开始于胞间层和初生壁,且木质化的速度相对较快,而次生壁木质化是一个循序渐进的过程。尽管在细胞形成的过程中,各组分形成的时间有所不同,但同一时间可能有多种物质形成。对承担支持和运输的主要木材细胞而言,全部细胞的生长阶段发生在短短的几周之内,木质化之后细胞会死亡,同时形成"纸浆纤维"。另一方面,对于贮存细胞,木质化后细胞死亡会被延长。通过传统光学显微镜,可在较高倍数下能够将木材细胞壁不同层区分开来,而每一层更加清晰的结构差异则需要电子显微镜才能够进一步分析。

在成熟细胞内,平均宽度为 3.5nm 的最小纤维素链被称为"原细纤维(Elementary Fibrils)"。这些纤维依次组成一缕一缕的"微纤丝(Microfibrils)"(宽度为 5 ~ 20nm),其直径取决于纤维素原料以及细胞壁中微纤丝的位置。在不同的纤维细胞壁各层中,纤维素微纤丝方向是不同的纤维素微纤丝相对于纤维轴向的角位移称作微纤丝角,且具有结晶结构,这对木质纤维的物理性质存在影响。微纤丝会相互结合成更大的纤维和片层。

针叶木管胞和阔叶木纤维细胞的分层各具特点,但它们通常是由相对较薄的初生壁(P)、胞间层(ML)和相对较厚的次生壁(S)组成(图 1 - 2)。基于它们微纤丝方向的差异,次生壁被分为三个亚层,分别为:次生壁外层(S_1 或 S1);次生壁中层(S_2 或 S2);次生壁内层(S_3 或 S3),S_3 层有时也称作"三生壁"(T)。这三层的差异主要在于微纤丝方向和化学组分。微纤丝在细胞壁上呈 Z 螺旋或 S 螺旋方向排列。在某些情况下,针叶木管胞和某些阔叶木细胞中 S_3 层内侧被一层称作"瘤状层"(W)的薄膜覆盖。胞间层位于毗邻细胞的初生壁之间,将多个细胞连接在一起。由于初生壁较薄很难与相邻的胞间层区分开来,所以一般我们用"复合胞间层"(CML)来代表胞间层和两个相邻的初生壁。

1.2.4　特殊类型组织

管胞和纤维细胞形状不仅会受到季节改变的影响,也会受到机械力的干扰。当一棵树的树干或树枝受到强风等外力作用而偏离它正常的空间平衡位置时,在树干或是树枝较低或较高的一侧,细胞径向生长速率会加快。树木受影响的部分发生这样生长的意义在于恢复树干或树枝到它们原本的位置,而这样形成的组织通常被总称为应力木(Reaction Wood)。每一棵树中或多或少的都存在这种特殊组织,但是这种组织的含量与变化程度在树种之间存在相当大的差异。

针叶木中的应力木(应压木,Compression Wood)一般集中于倾斜树木和树枝的下部,而在阔叶木中(受拉木,Tension Wood)则主要出现在倾斜树干和树枝的上侧。然而,阔叶木的受拉木并不像针叶木的应压木一般总是伴随着倾斜的茎或枝存在,并且受拉木以较为分散的形式出现在少数区域中。应压木和受拉木组织在解剖结构、化学性质和物理性质上彼此存在差异,并且它们与相对应的正常木也表现出解剖结构、化学性质和物理性质的差异。例如,红褐色的应压木和正常木相比表现为较高的密度、较高的硬度和较低的含水率,并且这种应压木组织中早材/晚材的过渡不像往常一样那么明显。相反,受拉木导管的数量比正常木少,其尺寸也比正常木小,它们之间的差异比正常木和应压木之间的差异也少一些。受拉木纤维细胞中会形成一层独特的壁层,即所谓的"凝胶层"(G 层),由几乎纯的高结晶度纤维素构成,并且能够非常容易地从纤维细胞壁中分离出来。针叶木中与应压木对应的木质组织被称为对应木,它的物理性质也不同于正常木。以上这些性质都会影响所生产的纸浆品质。

树节是树枝残余的部分(或者是树枝的基部),也可以被认为是一种特殊的组织。树节与正常树干相比较为坚硬,密度也较大,通常含树脂较多,更难以用于制浆。因此,在化学脱木素过程中无法成浆,并且会减少筛浆得率。此外,树干中树节上面和下面的区域有着较高程度的应力木。同样,由于心材和应压木的含量较高,树枝的制浆得率也较低且纸浆品质较差。

树木生长到一定的树龄之后,木质部靠近树心部分的组织中,逐步被树脂、单宁、色素等物质所填充,而失去生理活性,变成死细胞,称为心材(corewood)。它与树木成熟时生长在树干外侧的边材在性质和特点上有所不同。与边材相比,心材年轮更宽、早材/晚材比率更高、细胞短、密度低、强度较低,以及更高的水分含量和更大的纵向收缩率。虽然针叶木和阔叶木都有心材,但在阔叶木中心材并不能清晰地观察到。在阔叶木中,纤维/导管的体积比在心材和边材中不同。

1.3　木材的化学组分

1.3.1　总组分

在生长的树木中,叶和芽通过光合作用合成了各种营养物质以提供树木生长所需的能量。光合作用包含了许多复杂的化学反应,主要是在叶绿素和光的作用下将二氧化碳和水进行转化,生成不同的碳水化合物(D - 葡萄糖是主要化合物)。但是,木材并不是由光合作用直接形成的,而是在生长点和形成层通过利用光合作用的产物进行细胞分化来维持其生长。在分化后,每一个细胞经历连续的生长过程,包括增大、细胞壁增厚、木质化和死亡,尽管这一过程随着时间的推移变得非常缓慢。木质部主要负责向上运输水分和溶解的矿物质,而在叶片中光合作用的产物和激素向下运输则是通过韧皮部。木质部和韧皮部也都有控制存储容量的功能,而光合产物主要存储于薄壁细胞中。

木材中主要的化学组分包括纤维素、半纤维素和木质素,其他组分较少,包括有果胶、淀粉和蛋白质,且含量差异很大。除了这些大分子质量组分外,针叶木和阔叶木中也存在少量的小分子质量组分(抽出物,水溶有机物和无机物)。树干中的化学组分也存在差异,例如同一树干的不同部位化学组分会有不同。这种差异尤其体现在径向上,同时也会存在于正常木和应压木中。

生长树木的水分含量会随季节和气候发生变化,甚至于每天都有不同,水分含量平均值在40% ~50%。目前,普遍认为木材干重的2/3由多糖构成,例如纤维素和各种半纤维素,同时,针叶木和阔叶木之间化学组分存在显著差异。图1-5比较了典型商业针叶木欧洲赤松(*Pinus sylvestris*)和阔叶木欧洲桦(*Betula pendula*)的总化学组分含量(这两种树木并不能代表所有的针叶木和阔叶木)。可是,这两种树种中纤维素含量差不多相同(木材干重的40% ~45%),而欧洲赤松则含有相对较少的半纤维素和较多木质素。在针叶木和阔叶木中半纤维素含量分别为木材干重的25% ~30% 和30% ~35%。另一方面,针叶木中木质素含量通常占木材干重的25% ~30%,而在温带阔叶木中为20% ~25%。一般仅有某些热带阔叶木的木质素含量超过针叶木。温带木材中其他组分(主要是抽出物)通常约占木材干重的5%,大分子物质占95%,但是热带树种中这些值有所不同(图1-6)。纤维素在所有木材中都是均一的组分,但抽出物组分、半纤维素和木质素的结构和含量在针叶木和阔叶木中是不同的。

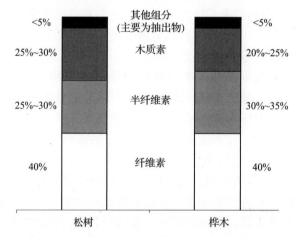

图1-5 欧洲赤松(*Pinus sylvestris*)和欧洲桦(*Betula pendula*)的平均化学组分[1]
注:图中数据表示所占木材绝干质量的百分比。

应力木与正常木的化学组分同样存在差异。图1-7对欧洲赤松(*Pinus sylvestris*)中正常木和应压木的平均化学组分做了比较,可见应压木含有较高的木质素和较低的纤维素含量,而且木质素聚合度较高,纤维素的结晶度较小。此外,应压木的葡甘露聚糖较少(在正常木中约占一半),而木聚糖含量与正常木类似。此外,在典型的应压木中半乳聚糖和β-(1→3)-葡聚糖(在应力木干重中分别占10% 和3%)的含量较高,而在正常木中这些组分仅有微量存在。这些聚半乳糖由β-(1→4)连接的D-吡喃半乳糖组成,它的C_6位置上被β-D-半乳糖醛酸分子或β-(1→4)-聚半乳糖支链所取代(详见1.5.1)。抽出物的含量在应压木中略微增高,但是这一般主要取决于树种。对于受拉木的化学组分,最显著的特征是其较少的木质素和木聚糖含量,但纤维素和聚半乳糖含量较多。由于纤维细胞壁中存在凝胶层G层(详见1.2.4),这一层通常相对较厚,主要由高结晶度的纤维素组成,未被木质化,且半纤维素的含量

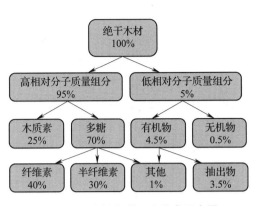

图 1-6　木材化学组分分类及含量

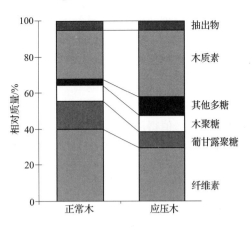

图 1-7　欧洲赤松(*Pinus sylvestris*)
的正常木和应力木平均化学组分[1]

注:图中数据表示所占木材绝干质量的百分比。

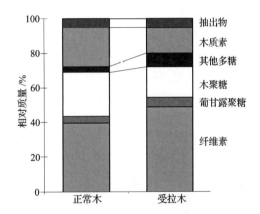

图 1-8　欧洲桦(*Betula pendula*)的正常木和
受拉木平均化学组分[1]

注:图中数据表示所占木材绝干质量的百分比。

也很少,因此导致受拉木中纤维素含量较高。图 1-8 中对欧洲桦(*Betula pendula*)的正常木和受拉木中平均化学组分进行了比较。其他的多糖主要是 β-(1→4)连接的 D-半乳糖单元构成的聚半乳糖和其他少量的碳水化合物组分。这些聚半乳糖的 C_6 位置被不同的侧链所取代,主要是含有以糖醛酸为末端基的 β-(1→6)连接的 D-半乳糖单元,以及少量的 L-和 D-阿拉伯糖单元和 L-鼠李糖单元。

经削片技术对树皮薄片和林业废弃物等木质原料进行切片加工后,可以生产各种形式的燃料。在燃料生产过程中,尤其是在热解和气化过程中,原料的化学组成具有重要的意义[44,45]。表 1-2 中对比了木材、树皮和林业废弃物这些用于生产能源的木材原料的化学组成差异。例如,松树(*Pinus sylvestris*)锯屑、松树皮和芬兰林业废弃物的元素组成(C:H:O:N:其他,占原料干重百分比)分别为 51.0:6.0:42.8:0.1:0.1,52.5:5.7:39.6:0.4:1.8 和 51.3:6.1:40.8:0.4:1.4[45]。

表 1-2　木材、树皮(内侧和外侧树皮)以及林业废弃物中的平均化学组分含量

(相对于绝干原料)　　　　　　　　　　　　　　　　　　　　单位:%

组分名称	木材	树皮[a]	林业废弃物[a]
纤维素	40~45	20~30	35~40
半纤维素	25~35	10~15	25~30
木质素	20~30	10~25	20~25
抽出物	3~4	5~20	~5
其他有机物	~1	5~20[b]	~3
无机物	<0.2	2~5	~1

注:a 主要取决于木材种类。

　　b 主要包括软木脂(2%~8%)和多元酚(2%~7%)以及蛋白质和淀粉(1%~5%)。

温带的树种,除碳、氢、氧和氮元素外的其他元素占木材干重的 0.1% ~ 0.5%,而在热带和亚热带木材这一数值可达到 5%。灰分为木材样品有机物被燃烧后的残余物,主要包括细胞壁与细胞腔的各种盐类沉积物和束缚于细胞壁组分的无机物。其组分多为各种金属盐(如碳酸盐、硅酸盐、草酸盐、磷酸盐和硫酸盐),其含量可反映出木材中无机物总量。商业用针叶木和阔叶木的灰分平均值一般在木材干重的 0.3% ~ 1.5%,其含量很大程度上受到树木生长环境的影响。值得注意的是,热带制浆用材会偶尔出现灰分含量较高的情况,这是因为它们粗大的树干(通常中间是空心的)会在砍伐和运输过程中带入沙子和其他无机物。在大多数情况下,碱和碱性土壤元素,例如钾、钙和镁,组成了针叶木和阔叶木总无机物元素的 80%,另外还含有 70 多种其他元素。表 1-3 中给出了针叶木和阔叶木中除碳、氢、氧、氮元素外其他各种元素的大致浓度。其中氯元素的浓度在 10 ~ 100mg/kg。这是由于氯元素主要以氯离子形式出现在树木中并以可溶性易运输的盐类存在。先前的研究表明树皮和树叶中含有 N(氮)、P(磷)、Ca(钙)、K(钾)、Mg(镁)等主要元素和微量元素,树叶中这些元素的含量比树皮中略高,并且对这些元素在各个形态区域中的分布也有所不同[26,45-47]。这对于用可再生木质资源生产能源产品过程中,是否需要去除木材树皮(主要如碎木和林业废弃物)具有重要的指导意义。一些无机物元素对于木材和其他生物质自身的生长非常重要,并且无机物的循环对于土壤肥力的保持非常重要。然而,矿物质通常会妨害木材制浆或能源生产。例如,当回收蒸煮用的化学品过程时,高浓度硅的存在会导致蒸发器的结垢(见 1.4 部分);在漂白过程中,微量的过渡元素(如锰、铁和铜)会加速纸浆碳水化合物的降解,也会损害最终纸浆的白度。因此,在漂白过程中,绝大多数的金属离子一般会用酸性液体或螯合剂从纸浆中被置换或洗去,例如乙二胺四乙酸(EDTA)和二乙烯三胺五乙酸(DTPA),但仍会含有部分来自于原料的无机物杂质。

表 1-3   在绝干条件下针叶木和阔叶木 1 中各元素* 的近似浓度

浓度/(mg/kg)	元素								
400 ~ 1000	K	Ca							
100 ~ 400	Mg	P							
10 ~ 100	F	Na	Si	S	Mn	Fe	Zn	Ba	
1 ~ 10	B	Al	Ti	Cu	Ge	Se	Rb	Sr	Y	Nb
	Ru	Pd	Cd	Te	Pt				
0.1 ~ 1	Cr	Ni	Br	Rh	Ag	Sn	Cs	Ta	Os
<0.1	Li	Sc	V	Co	Ga	As	Zr	Mo	In	Sb
	I	Hf	W	Re	Ir	Au	Hg	Pb	Bi

注:* 此外,少量镧系元素的浓度 <1mg/kg。

1.3.2　木材组分分布

木材中三大成分包括纤维素、半纤维素和木质素,在木材细胞中分布是不均一的,并且它们的相对质量因形态学区域、细胞类型和木材年龄的差异而不同。例如,应力木和正常木(见 1.3.1 部分)之间组分含量的差异极其明显,针叶木和阔叶木木质部的射线薄壁细胞中木聚糖的比例比管胞和纤维细胞要高一些。细胞壁各层之间的主要组分分布的研究对于更好的理解细胞壁排列非常重要,并对于阐明木材这种天然的复合材料的物理和化学性质具有重要的作用。然而,目前大量的研究工作形成的对细胞壁化学组分分布的认知仍不足以完全理解木材细胞壁骨架结构和化学组分分布之间的关系。近年来,一些新型分析技术的发展很可能会在不久的将来更加具体和全面地揭示木材细胞中纤维素、半纤维素和木质素的交联结构模型。

由于细胞壁各层尺寸的限制,在自然状态下分离细胞壁各层十分困难,仅能对木材切片进行初步的碳水化合物分析,也可用间接定量或半定量检测细胞壁化学组分。因为细胞壁各层中化学组成会因细胞类型不同而存在很大差异,在下文中仅论述了各种类型细胞的细胞壁组分分布的主要特点。表1-5表明针叶材管胞细胞壁的大致化学组成。我们可以明显的看到复合胞间层(ML+P)的木质素浓度较高,但由于这一层一般较薄,所以它只占木质素总量的一小部分。在针叶木中,胞间层木质素浓度约为70%,在连接着纤维细胞的细胞角隅胞间层(CCML)木质素浓度为80%~99%。在阔叶木中,胞间层区域的木质素含量比针叶木的低,木射线薄壁细胞和导管(30%~35%)比纤维细胞(20%~25%)具有更高的木质素浓度。表1-4和表1-5都表明"复合次生壁"($S_1 + S_2 + S_3$)具有高的的多糖含量,几乎所有的多聚糖都聚集在这一层。

表1-4　　　针叶材管胞细胞壁中主要成分的相对质量比(相对于每层绝干总量的百分比)　　　单位:%

成分	形态区域[a]	
	(ML+P)	($S_1 + S_2 + S_3$)
木质素	65	25
多糖	35	75
纤维素	12	45
葡甘露聚糖	3	20
木聚糖	5	10
其他[b]	15	<1

注:a (ML+P)指复合胞间层;($S_1 + S_2 + S_3$)指次生壁;ML为胞间层,P为初生壁,S_1、S_2 和 S_3 分别为次生壁的外层、中层和内层。

b 主要包括果胶等物质。

表1-5　　　　　针叶材管胞细胞壁中主要成分的分布(相对于各组分的总量)　　　单位:%

成分	形态区域[a]	
	(ML+P)	($S_1 + S_2 + S_3$)
木质素	21	79
多糖	5	95
纤维素	3	97
葡甘露聚糖	2	98
木聚糖	5	95
其他[b]	75	25

注:a (ML+P)指复合胞间层;($S_1 + S_2 + S_3$)指次生壁;ML为胞间层,P为初生壁,S_1、S_2 和 S_3 分别为次生壁的外层、中层和内层。

b 主要包括果胶等物质。

人们普遍认为细胞壁各层中主要多糖的分布特点是不一致的。在生长的早期,胞间层主要由果胶物质组成,在生长的末期胞间层区域积累了大量的木质素。因此,在针叶木和阔叶木细胞中,包括聚半乳糖醛酸、聚半乳糖和聚阿拉伯糖在内的果胶多糖在复合胞间层(ML + P)富集。在针叶木中,从细胞壁外侧到细胞腔,半乳糖甘露聚糖的相对质量比增大,而阿拉伯半乳聚糖在细胞壁中分布较为均匀。有报道指出,虽然纤维素在次生壁中分布相对均匀,但是在 S_2 纤维素相对含量最高。在阔叶木中,次生壁的葡萄糖醛酸木聚糖相对质量高于复合胞间层。

抽出物的含量和其组成主要取决于木材种类,它们分布于木材的特定形态区域。例如,松柏类植物的树脂道中存在树脂酸,而油脂和蜡类物质存在于针叶木和阔叶木的射线薄壁细胞中。心材有许多酚类化合物和芳香族化合物(在边材中却不常见),这给予了许多树种心材独特的深色和耐腐蚀性能。虽然通常情况下心材的抽出物比边材要丰富,而边材中组分的径向和弦向分布也存在差异。

树木中无机成分含量相当少,且它们在松针、阔叶木树叶、树皮、树枝和根部中的含量会比树干更高(见章节 1.3.1)。树木根系从土壤中吸取无机盐,通过液流将其输送至树干和树冠。因此,无机元素的最高浓度存在于树木中存活的部分。总矿物含量和每种元素的浓度在树种间差别很大,在不同于细胞壁结构组分,无机成分的含量因树木生长的环境条件也存在很大差异。需要指出的是,由于木材中金属元素量较低,对这些微量元素的分析通常是没有意义的,并且每个样品间的比较存在困难。大量研究表明心材比边材含有更高的无机物含量,并且阔叶木的无机物含量比针叶木稍多。尽管关于细胞壁中各种元素的分布研究很少[46],但是从已知数据中可以总结出早材中无机成分的总含量高于晚材,并且微量元素主要集中在纹孔区域。这一研究结果表明拥有较大细胞腔和较多纹孔的早材管胞在水分运输中扮演着重要的角色,而纹孔较少的厚壁晚材管胞则主要作为木材的机械支撑。薄壁细胞通常也是贮存无机物和其他外源物质的场所,这些外源物质包括油脂类、蜡类、淀粉、多酚类和脂肪酸(见章节 1.5.4),其中结晶沉淀通常是草酸钙,而非晶态无机固体通常是硅。

1.4 非木材原料的化学组分

尽管木质材料是制浆的最主要原料,但是其他木质纤维材料(通常共同指代为"非木材原料")也可以通过各种加工技术加以利用。对非木材原料进行分类的方法也有很多种,但是通常依据原产地将它们分为以下几组[48]。

① 农业废弃物(例如蔗渣、玉米秸秆、棉秆、水稻秆和谷草);
② 自然生长的植物(例如竹子、细茎针草、印度草、象草和芦苇属植物);
③ 主要为其纤维含量的非木质作物;
④ 树的内皮(茎)纤维(例如黄麻、苎麻、大麻、洋麻和亚麻皮);
⑤ 叶纤维(例如麻蕉和剑麻);
⑥ 种毛纤维(例如棉短绒)。

非木材原料主要化学组分和木材原料类似,并且因不同的原料种类、组织类型和生长状况而存在明显差异。这些化学组成上的差异在筛选生物质方面有着重要的意义,例如戊糖、木糖和阿拉伯糖等在糠醛生产中具有积极作用,而在酶水解过程中这些半纤维素多糖导致了酶用量的增加。然而,在生物质气化过程(非选择性的转化生物质原料为气体组分)中原料组分化学差异对产物的影响相对较小。此外,需要注意的是因为非木材原料来源较广,在物理和力学性能上差异很大。

表 1 - 6 中比较了用于制浆的木材和非木材纤维原料的化学组分。值得注意的是在碱法

制浆过程中非木材木质纤维原料中较高的无机物含量会对制浆造成不利的影响。如硅或其他少量的可溶性物质的存在会造成在制浆化学品回收过程中蒸发器的结垢。在这些木质纤维原料中,农业残余物(麦草,特别是水稻草)中无机物(主要是硅)含量最高,而竹子的硅含量最低[49,50]。此外,非木材纤维原料的形态学特征与木材差异很大,这会影响制浆和造纸过程以及纸张的性质[51,52]。通常木材原料中的抽出物则以亲油性的为主,而非木材原料含有较多的水溶性抽出物,并且蛋白质含量明显高于木材。与木材相比,禾本科的农业残余物中木质素含量相对较低而半纤维素含量较高[49,50],但是竹材的木质素和半纤维素含量却与木材相似。非木材原料的半纤维素主要由木聚糖组成(占半纤维素总量的60% ~ 70%),且聚合度(DP)比木材低[54,55],但其结构特征与木材中木聚糖类似(见章节1.5.1)。非木材原料处于不同的生长阶段时,其半纤维素组分存在显著差异,这主要是由于原料中不同类型组织所占比例不同引起的。

表1-6　　　　　木材及非木材制浆原料化学组分比较(所占干重百分比)　　　　单位:%

组分	木材	非木材	组分	木材	非木材
碳水化合物	65 ~ 80	50 ~ 80	抽提物	2 ~ 5	5 ~ 15
纤维素	40 ~ 45	30 ~ 45	蛋白质	<0.5	5 ~ 10
半纤维素	23 ~ 35	20 ~ 35	无机物	0.1 ~ 1	0.5 ~ 10
木质素	20 ~ 30	10 ~ 25	二氧化硅	<0.1	0.5 ~ 7

1.5　木材组分化学结构

1.5.1　碳水化合物

生物质中的碳水化合物主要由纤维素和各种半纤维素组成。纤维素的化学结构、性质以及作为原料生产纤维素衍生物在第9章中将进行了详细的描述。Anselme Payen 在19世纪30年代第一次从植物组织中分离出了纤维素,并且在1839年命名这种物质为"纤维素"。1891年 E. Schulze 用稀碱从植物组织中抽提获得了碳水化合物并首次将其命名为"半纤维素"。之所以如此命名,是因为发现在细胞壁中这些聚糖总是与纤维素紧密地结合在一起,以致误认为这些聚糖是纤维素生物合成的中间产物。20世纪70年代关于半纤维素的信息逐渐丰富,但仅简单讨论了半纤维素的基本化学性质,并且在许多非木材原料中,一些不属于半纤维素多糖的碳水化合物(例如葡聚糖、木聚糖、甘露聚糖、半乳聚糖和阿拉伯聚糖)也被用来反映样品中总的半纤维素结构组成。例如,阿拉伯糖残基(例如阿拉伯葡萄糖醛酸木聚糖)有时候被错误的认为其源自于阿拉伯聚糖。

与纤维素不同,半纤维素不是均一的聚糖,而是一群复合聚糖的总称。其组分因原料不同而不同。组成半纤维素的结构单元主要有己糖(D-葡萄糖、D-甘露糖、D-半乳糖)、戊糖(D-木糖、L-阿拉伯糖和D-阿拉伯糖)或脱氧己糖(L-鼠李糖或6-脱氧-L-甘露糖,少量的L-岩藻糖或6-脱氧-L-半乳糖),同时也存在少量的糖醛酸(4-O-甲基-D-葡萄糖醛酸、D-半乳糖醛酸和D-葡萄糖醛酸)。这些单元主要以α-或β-形式的六元环(吡喃糖)存在(图1-9)。针叶木和阔叶木不仅在半纤维素含量上(见章节1.3.1)存在差异,同时它们各种类型的半纤维素百分含量上(主要是葡甘露聚糖和木聚糖)也存在差异。与阔叶木相比,针叶木半纤维素含有更多的甘露糖和半乳糖单元,较少的木聚糖单元和羟基乙酰化基团。

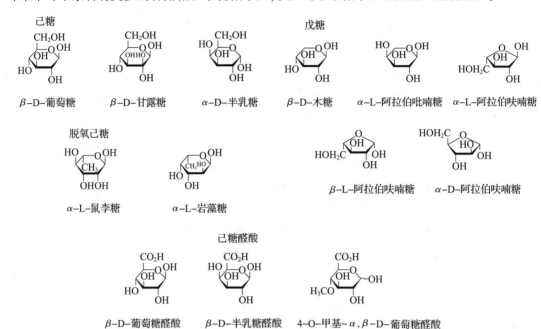

己糖 β-D-葡萄糖 β-D-甘露糖 α-D-半乳糖 戊糖 β-D-木糖 α-L-阿拉伯吡喃糖 α-L-阿拉伯呋喃糖

脱氧己糖 α-L-鼠李糖 α-L-岩藻糖 β-L-阿拉伯呋喃糖 α-D-阿拉伯呋喃糖

己糖醛酸 β-D-葡萄糖醛酸 β-D-半乳糖醛酸 4-O-甲基-α,β-D-葡萄糖醛酸

图1-9　木材中主要半纤维单糖结构

半纤维素的化学和热稳定性比纤维素差,这主要是由于它们缺乏结晶结构并且聚合度较低(DP 为 100~200)。此外,半纤维素在碱液中易于溶解,利用这一特征可分离脱木质素样品中的各种多糖。需要指出的是,某些半纤维素,特别是落叶松半纤维素,以及阔叶木木聚糖和阿拉伯半乳聚糖,是部分甚至完全水溶性的。因此,在这种情况下,区分这些水溶性半纤维素、糖类(主要是单糖和二糖)以及水溶性抽提物十分困难。在针叶木中,主要的半纤维素组分是葡甘露聚糖(半乳葡甘露聚糖)和木聚糖(阿拉伯葡萄糖醛酸木聚糖)(图 1-10),其含量分别占绝干木材质量15%~20% 和 5%~10%。在葡甘露聚糖中,乙酰基含量(例如 C_2—OH 和 C_3—OH 处部分乙酰化)约为总葡甘露聚糖的6%,即平均每 3~4 个己糖单元含 1 个乙酰基,而在木聚糖中却没有乙酰基。阿拉伯半乳聚糖在落叶松(*Larix sibirca/L. decidua*)心材中占10%~20%,而在其他针叶木中它的含量通常少于1%。它包括(1→3)—连接的 $\beta-D-$ 半乳糖($\beta-D-Galp$)残基,并且中绝大多数在 C_6 位上携带了一个支链基团或支链,主要由不同长度的(1→6)-连接的 $\beta-D-$ 半乳糖链和阿拉伯糖取代基($\alpha-L-Araf$ 和 $\beta-L-Arap$)构成。相比其他针叶木,落叶松中阿拉伯糖与半乳糖的比值一般在 1:(5~6),且主要位于胞间层中,能够利用水从心材中定量地抽出。在阔叶木中,主要的半纤维素组分为木聚糖(葡萄糖醛酸木聚糖)和葡甘露聚糖(图 1-11),在绝干木材中其含量分别为20%~30% 和 <5%。在木聚糖中,糖醛酸单元在主链中不是均匀分布的,并且它的糖醛酸取代基比针叶木木聚糖少很多。此外,在木聚糖中乙酰基含量(例如部分乙酰化的 C_2-OH 和 C_3-OH)占总木聚糖含量8%~17%,平均每 10 个木糖单元含 3.5~7.0 个乙酰基。除了这些主要的结构单元,阔叶木木聚糖有少量的 L-鼠李糖($\alpha-L-Rhap$)和半乳糖醛酸($\alpha-D-GalpU$)。在应力木中也存在不同类型的半乳聚糖(见章节 1.3.1)。应压木中的主要半纤维素为酸性半乳糖(1→4)-$\beta-D-$吡喃半乳糖,它的 C_6 位被 $\alpha-D-$半乳糖醛酸($\alpha-D-GalpU$)单元(同时出现少量的 $\alpha-D-$

GlcpU 单元)取代。其他的杂多糖在木材中也有少量出现,例如淀粉(由支链淀粉70%～80%和直链淀粉20%～30%构成)、胼胝质、木葡聚糖、岩藻糖木葡聚糖和鼠李糖阿拉伯半乳聚糖。在木材中还有一些不属于半纤维素的非纤维素的碳水化合物,如果胶物质是聚半乳糖醛酸、聚半乳糖和聚阿拉伯糖的混合物。

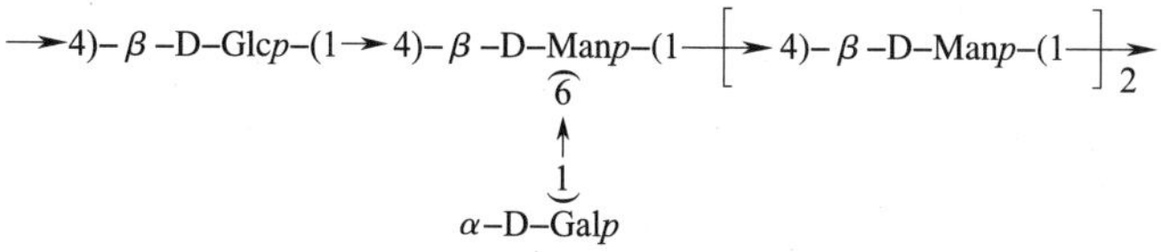

$$\longrightarrow 4)-\beta-\text{D-Glc}p-(1\longrightarrow 4)-\beta-\text{D-Man}p-(1\left[\longrightarrow 4)-\beta-\text{D-Man}p-(1\longrightarrow\right]_2$$

$$\overset{6}{\underset{1}{\uparrow}}$$

$$\alpha-\text{D-Gal}p$$

聚半乳糖葡萄糖甘露糖　　半乳糖(Gal)∶葡萄糖(Glu)∶甘露糖(Man) 0.5∶1∶3.5

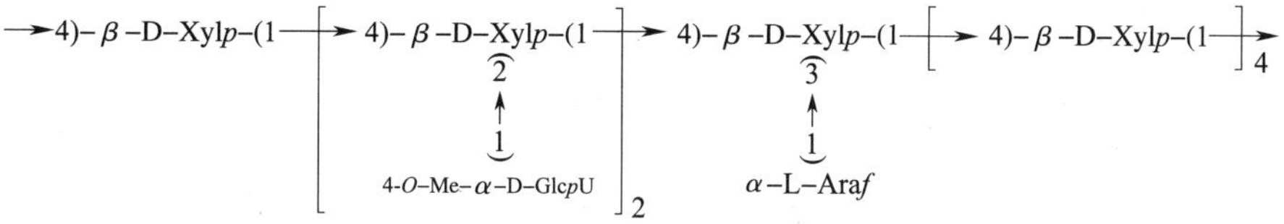

$$\longrightarrow 4)-\beta-\text{D-Xyl}p-(1\left[\longrightarrow 4)-\beta-\text{D-Xyl}p-(1\longrightarrow 4)-\beta-\text{D-Xyl}p-(1\left[\longrightarrow 4)-\beta-\text{D-Xyl}p-(1\longrightarrow\right]_4\right.$$

$$\overset{2}{\underset{1}{\uparrow}}\qquad\overset{3}{\underset{1}{\uparrow}}$$

$$4\text{-}O\text{-Me-}\alpha\text{-D-Glc}p\text{U}\Big]_2\qquad\alpha\text{-L-Ara}f$$

聚阿拉伯糖葡萄糖醛酸木聚糖　　阿拉伯糖(Ara)∶葡萄糖醛酸(GlcU)∶木糖(Xyl) 1∶2∶8

图 1 - 10　针叶木中聚半乳糖葡萄糖甘露糖以及聚阿拉伯糖葡萄糖醛酸木聚糖化学结构

$$\longrightarrow 4)-\beta-\text{D-Glc}p-(1\longrightarrow 4)-\beta-\text{D-Man}p-(1\longrightarrow 4)-\beta-\text{D-Man}p-(1\longrightarrow$$

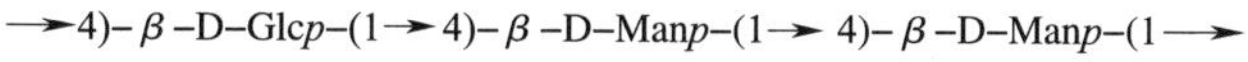

葡甘露聚糖　　葡萄糖(Glc)∶甘露糖(Man)1∶1.5

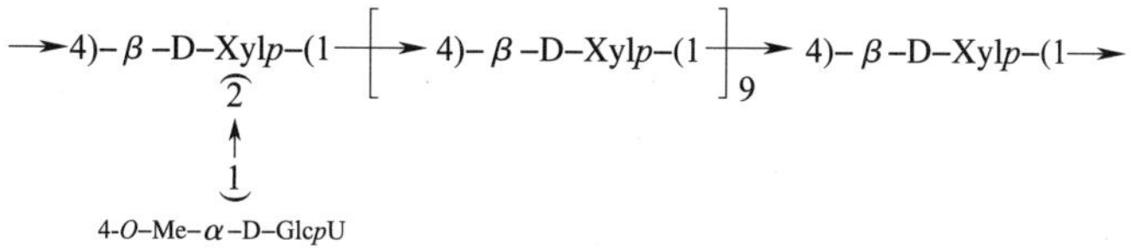

$$\longrightarrow 4)-\beta-\text{D-Xyl}p-(1\left[\longrightarrow 4)-\beta-\text{D-Xyl}p-(1\longrightarrow\right]_9 4)-\beta-\text{D-Xyl}p-(1\longrightarrow$$

$$\overset{2}{\underset{1}{\uparrow}}$$

$$4\text{-}O\text{-Me-}\alpha\text{-D-Glc}p\text{U}$$

葡萄糖醛酸木糖　　葡萄糖醛酸(GlcU)∶木糖(Xyl) 0.1∶1

图 1 - 11　阔叶木中葡甘露聚糖以及葡萄糖醛酸木聚糖化学结构

1.5.2　木质素

木质素是无定形聚合物,其不同结构单元(苯丙烷单元)之间相互连接没有一定的规律,因此较其他大分子更为复杂。木质素大致分为三类:针叶木、阔叶木和草类木质素,也可根据木质素的提取方法分为"磨木木素"(MWL)、"二氧六环木素"或"酶解木素",还有许多在工业中通过技术加工获得的作为化学制浆副产物的木质素。硫酸盐木质素、碱木质素和木质素磺酸盐分别来自于木材的硫酸盐法、苏打 - 蒽醌法和亚硫酸盐法制浆,此外还有有机溶剂(主要为乙醇)法制浆中获得的有机溶剂木质素和从木材酸水解中获得的酸水解木质素。这些木质素之间有许多特征上的差异,但在本文中主要讨论针、阔叶木中的天然木素。木质素被认为是一种热塑性高分子质量聚合材料,它一方面将木材细胞粘合在一起,另一方面给予了细胞壁刚度。虽然天然木质素是具有三维网状结构的不溶性物质,但是分离的木质素在二氧六环、丙酮、甲氧基乙醇(乙二醇单甲醚)、四氢呋喃(THF)、二甲基甲酰胺(DMF)和二甲亚砜(DMSO)等有机溶剂中表现出极大的溶解性,并在化学预处理过程中形成不同大小(10～100 nm)的球形颗粒。

通过用放射性碳元素(^{14}C)标记木质素的研究,结果表明木质素为多酚类物质,它是由三种苯丙烷单元(反式松柏醇、反式芥子醇和反式对香豆醇)通过酶促脱氢聚合反应产生的。这一生物合成过程包括各种共振稳定的苯氧自由基氧化偶联,这些苯氧自由基主要来自于对羟基肉桂醇型前驱体。尽管对羟基肉桂醇型前驱体是所有木质素的基本结构单元,但在天然木质素中也有少量其他类型的基本结构单元,且不能通过以上介绍的三种结构单元氧化偶联获得。同时木质素前驱体的比例随植物种类而变化。一般针叶木木质素通常指"愈创木基木质素(Guaiacyl lignins)",其结构单元主要来自于反式松柏醇(90%以上)和少量的反式对香豆醇构成。而阔叶木木质素,一般被称为"愈创木基-紫丁香基木质素(Guaiacyl-syringyl lignins)",它主要源自于不同比例的反式松柏醇和反式芥子醇型结构单元(约50%的反式松柏醇和约50%的反式芥子醇)。尽管草类木质素含有反式对香豆醇和芳香酸结构单元,但它们仍被称为"愈创木基-紫丁香基"木质素[56,57],这种类型的木质素主要由反式松柏醇(≈40%)和反式芥子醇(≈40%)以及少量的反式对香豆醇组成。

木质素结构单元主要通过醚键(C—O—C)和碳-碳键(C—C)连接,其中醚键为主要连接类型,占所有连接键的2/3以上。β-O-4结构是针叶木和阔叶木木质素中最主要的连接键型。图1-12总结了针阔叶木质素主要连接键型和所占比例。此外,木质素中还存在少量其他的连接类型(例如8元环)。在山杨木质素中,醇羟基与对羟基苯甲酸以酯键相连,而在

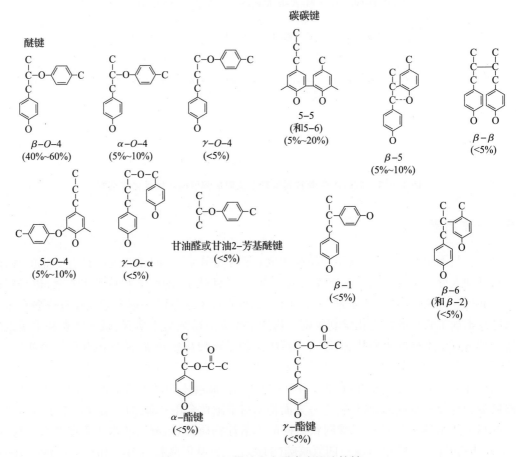

图1-12　针、阔叶木木质素主要连接键

草类木质素中醇羟基与对香豆酸和阿魏酸以酯键相连[54,58,59]。在过去的十几年中,光谱学研究方法的进步使木质素中不同类型连接键在样品中所占比例这一研究方向越加深入,这点对更好地理解木质素的降解反应具有重要的理论意义。

木质素苯丙烷结构中主要的官能团包括甲氧基、酚羟基和一些在侧链中的末端醛基。游离的酚羟基含量很少,大多数都与相邻的苯丙烷单元形成连接键。除了这些基团之外,脂肪族羟基在生物合成过程中也被接入到木质素聚合物中。不同的木材种类以及不同组织细胞壁中木质素官能团含量存在明显的差异,因此通过降解的方法测得的值仅能近似反映样品中官能团的比例(表

表 1-7 天然木质素的功能
基数量(每 100 个 C_6C_3 单元)

功能基	针叶木	阔叶木
酚羟基	20~30	10~20
脂肪族羟基	115~120	110~115
甲氧基	90~95	140~160
羧基	20	15

1-7)。研究表明针叶木木质素和阔叶木木质素的近似元素质量比(C:H:O)分别为 64:6:30 和 59:6:35。基于生物合成研究获得的信息以及对各种连接键类型及官能团的具体分析,人们提出了许多假设的针阔叶木木质素结构模型。虽然这些假设的木质素结构式能够真实地反映出分离木质素的结构信息,但是任何的分离方法都会不同程度地造成木质素的降解。因此,天然木质素分子质量是无法准确获知的。不同的方法测定针叶木磨木木质素 $\overline{M_n}$ 的结果表明该值为 15000~20000u(DP 75~100),而阔叶木磨木木质素的这个值稍低。针叶材磨木木质素的分子质量分散度 $\dfrac{\overline{M_w}}{\overline{M_n}}$ 相比于纤维素及其衍生物较高(2.3~3.5)。

1.5.3 木质素 – 半纤维素连接键

在木材中,木质素和碳水化合物组分间存在紧密的化学连接,其连接键型一直是研究的热点。尽管有证据表明木质素和碳水化合物之间存在物理和化学的交联(例如氢键、范德华力和化学键),但是准确地测定连接键的类型和含量依旧存在困难。有关木质素和纤维素链接键类型的数据主要源自于各种降解实验,大多数为温和碱性、酸性或酶水解以及各种分离和纯化工艺。目前的研究结果表明木质素与半纤维素之间以共价键连接形成“木质素 – 碳水化合物复合体”,这些共价键的化学稳定性以及它们对酸性和碱性处理条件的抗性不仅仅取决于连接键类型,还取决于相互连接的木质素和糖单元的化学结构。

木质素 – 半纤维素间主要的连接键类型包括苄基醚键、苄基酯键和苯基苷键连接(图 1-13)。半纤维素主要通过侧链的 L – 阿拉伯糖基、D – 半乳糖基和 4 – O – 甲基 – D – 葡萄糖醛酸基以及半纤维素主链木聚糖中的末端基 D – 木糖和葡甘露聚糖中的 D – 甘露糖(以及 D – 葡萄糖),与木质素形成连接键。它们的空间位阻较小,并且在天然木质素中侧链的单糖残基通常较为丰富。在木质素 – 碳水化合物复合体形成的过程中,这些单糖的引入会导致木质素 – 木聚糖和木质素 – 葡甘露聚糖复合物大量存在。苯丙基单元的 α – 碳(Ca)(例如苄基的碳原子)是最有可能的木质素和半纤维素连接位点。酯键连接的 4 – O – 甲基 – D – 葡萄糖醛酸与木聚糖很容易在碱性条件下断裂,通过 L – 阿拉伯糖单元的 Ca 和 C_3(或 C_2)或 D – 半乳糖单元的 Ca 和 C_3 形成的醚键在碱性和酸性条件下则比酯键更稳定。有研究表明木质素在胞间层和细胞壁初生壁与果胶多糖(半乳糖和阿拉伯糖)通过醚键连接在一起,D – 半乳糖单元中的 C_6 和 L – 阿拉伯糖单元中的 C_5 参与了桥接。糖苷键能够通过半纤维素主链的还原性末端基和木质素酚羟基(或者苄基的羟基)反应来形成,但这些连接键很容易在酸性条件下断裂。

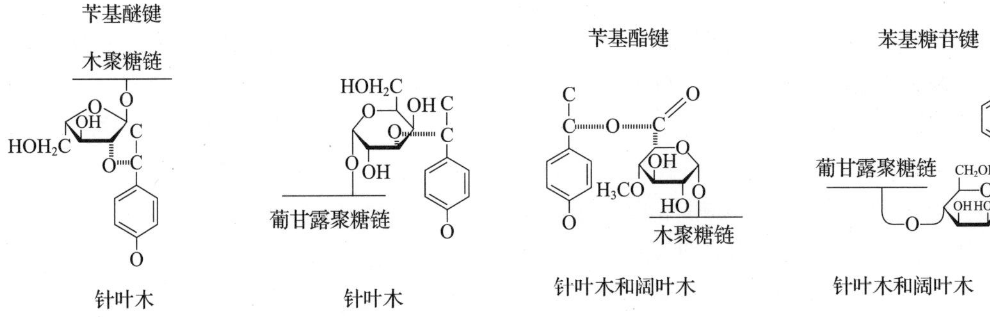

图 1-13 木质素-半纤维素连接键

1.5.4 抽出物

抽出物是木材细胞壁中的非结构性组分,由上千种低分子质量物质组成(详见第 6 章)。它既能溶解于中性有机溶剂[例如二乙醚、甲基叔丁基醚(MTBE)、石油醚、二氯甲烷、丙酮、乙醇、甲醇、己烷、甲苯和 THF],也能溶解于水中。因此,这些物质既具有亲油性也具亲水性。抽出物赋予木材颜色和气味,并且它们中的一些能够作为木材细胞生物功能的能量来源(油脂和蜡类)。"树脂(Resin)"通常作为亲油性抽出物的总称(除酚类物质外),这类物质能够从木材样品中用非极性有机溶剂分离出来,但是不能溶于水。大多数树脂成分保护木材免受微生物的侵蚀或昆虫的侵害。不同树种间抽出物组分差别很大,且抽出物总量取决于树木的生长条件。例如,在欧洲赤松(*Pinus sylvestris*)、挪威云杉(*Picea abies*)和欧洲桦(*Betula pendula*)中,抽出物含量分别占绝干质量的 2.5% ~4.5%、1.0% ~2.0% 和 1.0% ~3.5%。针叶木和阔叶木之间抽出物的组成也会存在很大差异,例如,树脂酸仅存在于针叶木中,而在阔叶木中很少发现。表 1-8 对天然木材中的抽出物依种类进行了分类。脂肪族化合物作为一种重要的抽出物,大约占总抽出物总量的 90% 以上,而其他抽出物主要是各种酚类化合物。此外,木材中还存在一些水溶性多糖,被统称为"橡胶"或"工业橡胶"。根据分子的形状,它们能够被分成几大类,例如线性的、分支的(如较短的分支连接在主要的线性骨架上)或者分支连接分支的结构。一些典型的热带树木会自然分泌出橡胶,在某一部位受伤时,这种橡胶会以黏性流体的形式渗透出来。这些橡胶主要都是分支连接分支的结构,例如阿拉伯橡胶、刺槐桐橡胶、黄蓍橡胶和印度橡胶。通常情况下,橡胶是多聚物,能够于合适的溶剂或膨胀剂中形成黏性分散体或凝胶。橡胶无色、无臭、无味,并且无毒害作用,通常会遭受微生物的侵蚀。

抽出物是制造有机化学品的宝贵原料,并且某些抽出物在制浆造纸过程中也扮演了相当重要的角色。例如,一些针叶木的抽出物含量特别高,这会在碱法制浆(见第 6 章)过程中产生大量粗松节油(如单萜和倍半萜等萜类化合物)和粗妥尔油(如树脂和脂肪酸及一些中性化合物)这类副产物。值得注意的是,在硫酸盐法制浆过程中,天然木材的脂肪酸酯(油脂和蜡类)会在碱性条件下几乎完全水解,绝大多数羧酸类抽出物会在蒸煮早期以钠盐的形式从原料中分离出来。

"植物树脂(Pitch)"通常用于指一种源于木材抽出物的黏性材料,例如来自化学制浆和机械制浆的抽出物团聚体[60]。这些植物树脂的沉积引起的树脂障碍是纸和纸板厂遇到的最为普遍且最难克服的问题。特别是在酸性亚硫酸盐法制浆中,通常使用各种各样的方法对木料进行处理以减少引起树脂障碍的抽出物含量,如,制浆前较长时间储存于户外使其抽出物含量减少,或者通过机械分离纤维,除去包裹树脂的薄壁组织细胞。相反,在硫酸盐法制浆过程则要使用新鲜的木片,木材的长期存放只会导致松节油和妥尔油产量的减少。将木材暴露在空气中会影响抽出物的碳碳双键,继而开始产生自由基的连锁反应,而自由基是特别强的氧化剂,过渡金属离子和光通常会加速这种自氧化效应。所有这些化学和生物化学反应很大程度上会在木材储存过程中受到当时条件的影响,而当木材以木片的形式代替原木进行储存时,这些反应会明显加快。当在潮湿的条件下存储木材时,产生游离脂肪酸和甘油的甘油酯类水解过程会加快。除了抽出物外,在长期储存过程中木材中的多糖也会发生生物降解,这会导致纸浆较低的产率和较差的质量。

表 1-8 木材中抽出物的分类

脂肪族化合物	酚类化合物	其他物质
萜类化合物(包括树脂酸和类固醇)	苯酚类物质	糖类
脂肪酸酯类(脂肪和蜡)	芪类物质	环醇
脂肪酸	木酚素	托酚酮
烷烃类物质	异黄酮素	氨基酸
	黄酮类物质	生物碱
	缩合类单宁	香豆素
	水解类单宁	醌类物质

参考文献

[1] Alén, R. Structure and chemical composition of wood, in Forest Products Chemistry, Book 3, P. Stenius (Ed.), Fapet Oy, Helsinki, Finland, 2000, pp. 11 - 57.

[2] Rydholm, S. Pulping Processes, Interscience Publishers, New York, NY, USA, 1965, pp. 3 - 89.

[3] Ilvessalo - Pfäffli, M. - S. Structure of wood, in Wood Chemistry, W. Jensen (Ed.), 2nd edition, Polytypos, Turku, Finland, 1977, pp. 7 - 81 (in Finnish).

[4] Parham, R. A. Part one, Structure, chemistry and physical properties of woody raw materials, in Volume 1, Properties of Fibrous Raw Materials and Their Preparation for Pulping, M. J. Kocurek and C. F. B. Stevens (Eds.), The Joint Textbook Committee of the Paper Industry (CPPA and TAPPI), Canada, 1983, pp. 1 - 89.

[5] Parham, R. A. and Gray, R. L. Formation and structure of wood, in The Chemistry of Solid Wood, R. M. Rowell (Ed.), Advances in Chemistry Series 207, American Chemical Society, Washington, DC, USA, 1984, pp. 3 - 56.

[6] Timell, T. E. Compression Wood in Gymnosperms, Volumes 1 - 3, Springer, Heidelberg, Germany, 1986, 2 150 p.

[7] Fengel, D. and Wegener, G. Wood - Chemistry, Ultrastructure, Reactions, Walter de Gruyter, Berlin, Germany, 1989, pp. 6 - 25.

[8] Hakkila, P. Utilization of Residual Forest Biomass, Springer, Heidelberg, Germany, 1989, pp. 11 - 145, 177 - 203.

[9] Thomas, R. J. Wood: Formation and morphology, in Wood Structure and Composition, M. Lewin and I. S. Goldstein (Eds.), Marcel Dekker, New York, NY, USA, 1991, pp. 7 – 47.

[10] Laver, M. L Bark, in Wood Structure and Composition, M. Lewin and I. S. Goldstein (Eds.), Marcel Dekker, New York, NY, USA, 1991, pp. 409 – 434.

[11] Smook, G. A. Handbook for Pulp & Paper Technologists, 2nd edition, Angus Wilde Publications, Vancouver, Canada, 1992, pp. 1 – 19.

[12] Saka, S. Structure and chemical composition of wood as a natural composite material, in Recent Research on Wood and Wood – Based Materials, Current Japanese Materials Research – Vol. 11, N. Shiraishi, H. Kajita and M. Norimoto (Eds.), Elsevier Applied Science, London, UK, 1993, pp. 1 – 20.

[13] Schweingruber, F. H. Trees and Wood in Dendrochronology – Morphological, Anatomical, and Tree – Ring Analytical Characteristics of Trees Frequently Used in Dendrochronology, Springer, Heidelberg, Germany, 1993, 402 p.

[14] Sjöstrom, E. Wood Chemistry—Fundamentals and Applications, 2nd edition, Academic Press, San Diego, CA, USA, 1993, pp. 1 – 20, 109 – 113.

[15] Ilvessalo – Pfáffli, M. – S. Fiber Atlas — Identification of Papermaking Fibers, Springer, Heidelberg, Germany, 1995, 400 p.

[16] Biermann, C. J. Handbook of Pulping and Papermaking, 2nd edition, Academic Press, San Diego, CA, USA, 1996, pp. 13 – 54.

[17] Fujita, M. and Harada, H. Ultrastructure and formation of wood cell wall, in Wood and Cellulosic Chemistry, D. N. – S. Hon and N. Shiraishi (Eds.), 2nd edition, Marcel Dekker, New York, NY, USA, 2001, pp. 1 – 49.

[18] Wiedenhoeft, A. C. and Miller, R. B. Structure and function of wood, in Handbook of Wood Chemistry and Wood Composites, R. M. Rowell (Ed.), CRC Press, Boca Raton, FL, USA, 2005, pp. 9 – 33.

[19] Hillis, W. E. (Ed.). Wood Extractives and their Significance to the Pulp and Paper Industries, Academic Press, New York, NY, USA, 1962, 513 p.

[20] Sarkanen, K. V. and Ludwig, C. H. (Eds.). Lignins — Occurrence, Formation, Structure and Reactions, John Wiley & Sons, New York, NY, USA, 1971, 916 p.

[21] McGinnis, G. D. and Shafizadeh, F. Cellulose and hemicellulose, in Pulp and Paper — Chemistry and Chemical Technology, Volume I, J. P. Casey (Ed.), 3rd edition, John Wiley & Sons, New York, NY, USA, 1980, pp. 1 – 38.

[22] Glasser, W. G. Lignin, in Pulp and Paper — Chemistry and Chemical Technology, Volume I, J. P. Casey (Ed.), 3rd edition, John Wiley & Sons, New York, NY, USA, 1980, pp. 39 – 111.

[23] Petterssen, R. C. The chemical composition of wood, in The Chemistry of Solid Wood, R. M. Rowell (Ed.), Advances in Chemistry Series 207, American Chemical Society, Washington DC, USA, 1984, pp. 57 – 126.

[24] Fengel, D. and Wegener, G. Wood — Chemistry, Ultrastructure, Reactions, Walter de Gruyter, Berlin, Germany, 1989, pp. 26 – 239.

[25] Glasser, W. and Sarkanen, S. (Eds.). Lignin — Properties and Materials, ACS Symposium Se-

ries 397, American Chemical Society, Washington, DC, USA, 1989, 545 p.

[26] Hakkila, P. , Utilization of Residual Forest Biomass, Springer, Heidelberg, Germany, 1989, pp. 145 – 177.

[27] Rowe, J. W. (Ed.). Natural Products of Woody Plants: Chemicals Extraneous to the Lignocellulosic Cell Wall, Volumes 1 & 2, Springer, Heidelberg, Germany, 1989, 1243 p.

[28] McGinnis, G. D. and Shafizadeh, F. Cellulose, in Wood Structure and Composition, M. Lewin and I. S. Goldstein (Eds.), Marcel Dekker, New York, NY, USA, 1991, pp. 139 – 181.

[29] Chen, C. – L. Lignins: Occurrence in woody tissues, isolation, reactions, and structure, in Wood Structure and Composition, M. Lewin and I. S. Goldstein (Eds.), Marcel Dekker, New York, NY, VS A, 1991, pp. 183 – 261.

[30] Whistler, R. L. and Chen, C. – C. Hemicelluloses, in Wood Structure and Composition, M. Lewin and I. S. Goldstein (Eds.), Marcel Dekker, New York, NY, USA, 1991, pp. 287 – 319.

[31] Zavarin, E. and Cool, L. Extraneous materials from wood, in Wood Structure and Composition, M. Lewin and I. S. Goldstein (Eds.), Marcel Dekker, New York, NY, USA, 1991, pp. 321 – 407.

[32] BeMiller, J. N. Carbohydrates, in Kirk – Othmer — Encyclopedia of Chemical Technology, Volume 4, J. l. Kroschwitz and M. Howe – Grant (Eds.), 4th edition, John Wiley & Sons, New York, NY, USA, 1992, pp. 911 – 948.

[33] French, A. D. , Bertoniere, N. R. , Battista, O. A. , Cuculo, J. A. and Gray, D. G. Cellulose, in Kirk – Othmer — Encyclopedia of Chemical Technology, Volume 5, J. l. Kroschwitz and M. Howe – Grant (Eds.), 4th edition, John Wiley & Sons, New York, NY, USA, 1993, pp. 476 – 496.

[34] Sjostrom, E. Wood Chemistry — Fundamentals and Applications, 2nd edition, Academic Press, San Diego, CA, USA, 1993, pp. 21 – 108.

[35] Thompson, N. S. Hemicellulose, in Kirk – Othmer – Encyclopedia of Chemical Technology, Volume 13, J. l. Kroschwitz and M. Howe – Grant (Eds.), 4th edition, John Wiley & Sons, New York, NY, USA, 1995, pp. 54 – 72.

[36] Lin, S. Y. and Lebo, S. E. Jr. Lignin, in Kirk – Othmer – Encyclopedia of Chemical Technology, Volume 15, J. l. Kroschwitz and M. Howe – Grant (Eds.), 4th edition, John Wiley & Sons, New York, NY, USA, 1995, pp. 268 – 289.

[37] Sjöström, E. and Alén, R. (Eds.). Analytical Methods in Wood Chemistry, Pulping, and Papermaking, Springer, Heidelberg, Germany, 1999, 316 p.

[38] Saka, S. Chemical composition and distribution, in Wood and Celiulosic Chemistry, D. N. – S. Hon and N. Shiraishi (Eds.), 2nd edition, Marcel Dekker, New York, NY, USA, 2001, pp. 51 – 81.

[39] Horii, F. Structure of cellulose: Developments in its characterization, in Wood and Cellulosic Chemistry, D. N. – S. Hon and N. Shiraishi (Eds.), 2nd edition, Marcel Dekker, New York, NY, USA, 2001, pp. 83 – 107.

[40] Sakakibara, A. and Sano, Y. Chemistry of lignin, in Wood and Cellulosic Chemistry, D. N. – S. Hon and N. Shiraishi (Eds.), 2nd edition, Marcel Dekker, New York, NY, USA, 2001, pp.

109 – 173.

[41] Ishii, T. and Shimizu, K. Chemistry of cell wall polysaccharides, in Wood and Cellulosic Chemistry, D. N. – S. Hon and N. Shiraishi (Eds.), 2nd edition, Marcel Dekker, New York, NY, USA, 2001, pp. 175 – 241.

[42] Kokki, S. Chemistry of bark, in Wood and Cellulosic Chemistry, D. N. – S. Hon and N. Shiraishi (Eds.), 2nd edition, Marcel Dekker, New York, NY, USA, 2001, pp. 243 – 273.

[43] Forss, K. G. and Fremer, K. – J. The Nature and Reactions of Lignin — A New Paradigm, Oy Nord Print Ab, Helsinki, Finland, 2003, 558 p.

[44] Wilén, C., Moilanen, A. and Kurkela, E. Biomass Feedstock Analyses, VTT Publications 282, Technical Research Centre of Finland, Espoo, Finland, 1996, 25 p.

[45] Alakangas, E. Properties of Fuels Used in Finland, Research Notes 2045, Technical Research Centre of Finland, Espoo, Finland, 2000, 172 p. (in Finnish).

[46] Berglund, A. Morphological Investication of Metal Ions in Spruce Wood, Thesis, Chalmers University of Technology, Göteborg, Sweden, 1999, 49 p.

[47] Werkelin, J., Skrifvars, B. – J. and Hupa, M. 2005. Ash – forming elements in four Scandinavian wood species. Part 1: Summer harvest, Biomass Bioenergy, 29, 451 – 466.

[48] Atchison, J. E. and McGovern, J. N. History of the paper and the importance of non – wood plant fibers, in Pulp and Paper Manufacture, Volume 3, Secondary Fibers and Non – Wood Pulping, F. Hamilton and B. Leopold (Eds.), The Joint Textbook Committee of the Paper Industry (CPPA and TAPPI), Canada, 1993, pp. 1 – 3.

[49] Hurter, A. Utilization of annual plants and agricultural residues for the production of pulp and paper, Proc. 1988 TAPPI Pulping Conf., Volume 1, New Orleans, LA, USA, 1988, pp. 139 – 160.

[50] Paavilainen, L. Papermaking potential of non – wood fibres — Comparison between wood and non – wood fibres, Proc. Non – Wood Fibres & Crop Residues, PIRA Intl Conf. Notes, Amsterdam, The Netherlands, Paper 3, 9 p.

[51] Feng, Z. Alkaline Pulping of Non – Wood Feedstocks and Characterization of Black Liquors, Doctoral Thesis, University of Jyvaskyla, Laboratory of Applied Chemistry, Jyvaskyla, Finland, 2001, 54 p.

[52] Vu, M. T. H. Alkaline Pulping and the Subsequent Elemental Chlorine – Free Bleaching of Bamboo (Bambusa procera), Doctoral Thesis, University of Jyvaskyla, Laboratory of Applied Chemistry, Jyväskylä, Finland, 2004, 69 p.

[53] Wilkie, K. C. B. 1979. The hemicelluloses of grasses and cereals, Adv. Carbohydr. Chem. Biochem., 36, 215 – 264.

[54] Li, Z. 1988. Further discussion on the basic behavior of the pulping of grasses, China Pulp Pap., 7(5)53 – 59.

[55] Gellerstedt, G. On the presence of hexenuronic acid in kraft pulps, Proc. Intl Symp. Vegetal (non – wood) Biomass as a Source of Fibrous Materials and Organic Products, Guangzhou, China, 1996, pp. 47 – 56.

[56] Ralph, J. Recent advances in characterizing non – traditional lignin, Proc. 9th Intl Symp. Wood

Pulp. Chem. ,Montreal,Canada,1997,pp. PL2 – 1 – 7.

[57]Chen,H. – T. ,Funaoka,M. and Lai,Y. – Z. 1998. Characteristics of bagasse lignin in situ and in alkaline delignification,Holzforschung,52,635 – 639.

[58]Liu,X. – A. ,Li,Z. – Z. and Tai,D. S. 1989. Fractional studies on the characteristics of high alkali – soluble lignins on wheat straw,Cell. Chem. Technol. ,23,559 – 572.

[59]Bhargava,R. L. Bamboo,in Pulp and Paper Manufacture,Volume 3,Secondary Fibers and Non – Wood Pulping,F. Hamilton and B. Leopold（Eds. ）,The Joint Textbook Committee of the Paper Industry（CPPA and TAPPI）,Canada,1993,pp. 71 – 81.

[60]Aién,R. and Selin,J. Deposit formation and control,in Papermaking Chemistry,Book 4,R. AI4n（Ed. ）,2nd edition,Paperi ja Puu,Helsinki,Finland,2007,pp. 163 – 180.

第②章 生物炼制原理

2.1 生物炼制体系

2.1.1 概述

石油资源储量有限,目前人类对石油的需求与石油供给之间的矛盾日益突出,开发生物能源、生物基化学品势在必行[1-7]。几百年前人类社会几乎完全依赖于可再生资源,自19世纪初有机化合物产品出现后,人类对可再生资源的需求逐渐降低。150年前煤热化学转化(如煤碳化)逐步发展,60年前石油化工兴起,化学品数量迅速增加。而目前化学工业正面临环境问题的挑战,可再生资源的高效利用显得尤为重要。当人类进入生物燃料时代时,石油化工的经验依然值得借鉴。

生物炼制是采用环境友好方式将生物质(碳中性原料)分级转化为能源、化学品及生物材料的加工过程[4,7-17],其核心是最大化利用生物质,减少废物产生。生物炼制与石油炼制类似,实现了生物质原料的集成利用,产品有能源(低值/高产量产品包括乙醇、柴油等)、大宗化学品、特殊化学品(高值/低产量产品)以及材料等。与石油炼制相比,生物炼制原料广泛,技术多样。毋庸置疑,生产液体燃料推动着绿色化学和绿色工艺的发展,技术进步将促进生物基产品新品种的增加。在起始阶段,让消费者清楚认识可再生资源以及它们在许多产品中的作用十分重要。

木材等生物质的传统利用主要是机械转化、化学转化及热(热化学)转化(图2-1),木质纤维素产量很大,但目前木材纤维在木材利用中比例很低[18]。全球木材利用中燃料占50%~55%,建筑工业占25%~30%,纤维占10%~15%,其他占5%。其中,木材的最主要用途是制浆造纸。工业规模的生物炼制可追溯到140年前的造纸工业,后来发展的农产品加工也是一种生物炼制。

在木材加工过程中,原料组分(纤维素、半纤维素、木素和抽出物)变化各不相同(见第1章)。生物炼制的目标是以经济可行的方式实现木材所有组分的有效利用。因此,了解原料结构及各组分在不同条件下的化学变化有助于理解生物炼制。与脱木素等化学降解方法不同,热化学转化方法是直接转化,它可以利用风干原料,但一些过程(如气化)需要将原料预先干燥,且过程没有选择性,转化过程中有机物降解生成气体和冷凝液。

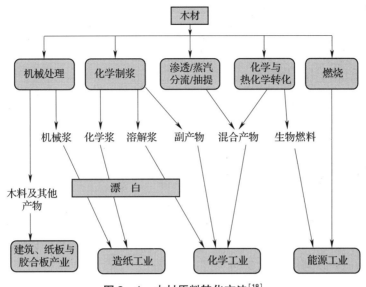

图2-1　木材原料转化方法[18]

生物炼制普遍适用于各种生物质原料,而本书重点阐述木材及木材加工剩余物的生物炼制,其他原料涉及较少。木材可转化为燃料、化学品,也可处理后制备人造板,制备人造板时可添加胶黏剂。采用化学处理方法对木材表面进行改性后,可与合成塑料(或生物可降解塑料,见第5章)制造出复合材料。有研究发现低温下(160~260℃)加热木材1~5h,可以增强木材抗真菌腐蚀能力,并影响木材某些物理性能(如密度、强度、尺寸稳定性、吸水率和颜色)[19]。而木材经热处理后性能发生改变,可用于制造室外家具、包壳木制建筑、乐器以及耐水、耐湿、抗真菌腐蚀产品。

树皮结构与木材结构不同(见第1章),不同树种树皮的差异比树皮与木材之间的差异更大[20]。传统林产工业剥皮过程中产生的大量树皮,通常作为废料直接与生物污泥在熔炉里燃烧产生能量,而很少用于生产大宗化学品等产品。树皮可作为燃烧及气化原料,经真空裂解后得到酚类化学品和活性炭[21-23]。树皮还可用作吸油材料、金属黏结材料、土壤填充料、农业土壤调节剂、硫酸盐浆臭味脱除剂(如作为微生物改性的生物填料)、畜牧业的草垫等。

树皮中抽出物含量比木材中抽出物含量稍高(见第1章),树皮含有木栓脂和酚醛树脂混合物,主要是单体黄酮、低聚黄酮和高聚黄酮,这些成分在木材中并不存在。但是精细化学品市场需求小,而且复杂混合物的分离在工业中存在技术问题,因而树皮生产精细化学品发展较慢[24],而木材抽出物化学利用发展前景较好(见第6章),如硫酸盐制浆副产物——松节油和塔罗油是重要的化工产品(见2.3.2部分以及第6章)。树叶富含光合作用相关的特殊化学成分,其利用(比如精油)也已经取得了一些成果,但仍需加大投入,开发新产品,关于它的化学成分及利用本书不做详细讨论。

本章将概述利用木材进行生物炼制的方法,后续几章将详细阐述,详细内容可参考有关专著及手册[25-43]。而实现生物质可持续加工的关键是原料中所有成分的最优化利用,本章重点阐述不同的脱木素过程,旨在更好地理解传统生物炼制产品的分级分离技术以及制浆副产物作为化学品的利用。

2.1.2　化学和生物化学转化

如第1章所述,木材原料成分复杂。植物纤维原料主要化学成分是纤维素,还含有其他碳水化合物(半纤维素)和非碳水化合物成分(主要是木素和抽出物)。碳水化合物是生物炼制的主要成分,目前许多技术主要集中在碳水化合物的化学和生物化学转化[3,44]。生物质传统转化中最重要、最常见的步骤是预处理,其最主要的目的是制得可发酵糖(即可溶性碳水化合物),即通过化学(酸)水解或生化(酶)水解断裂单糖单元之间的糖苷键生成单糖(图2-2),同时所得单糖也可经化学改性制备高附加值产品。

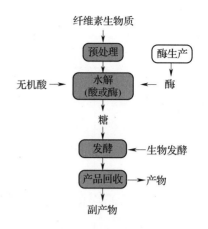

图2-2 生物质中碳水化合物的转化工艺

酸水解主要有浓无机酸(如硫酸或盐酸)低温水解和稀酸高温水解,其历史悠久(见第7章)。1901年亚历山大·克拉森利用浓 H_2SO_4 以及1909年马尔科姆·F·埃文、乔治·H·汤姆林森利用稀 H_2SO_4 开发的"木材糖化"工艺是最初的商业化酸水解过程[4]。最近几十年,经济(投资成本)及技术瓶颈阻碍着酸水解及酶水解的应用,只有少数几种生物质水解过程经济上可行,有关工艺正处于研发阶段。

酸水解过程中碳水化合物发生两类重要反应:a. 碳水化合物降解生成单糖(部分降解生成低聚糖);b. 单糖降解形成单糖衍生物(如呋喃),而该类物质是后续发酵的抑制剂。木质纤维原料中木素和半纤维素的存在以及原料的非均一性是水解的障碍。

半纤维素易于水解生成单糖,而其组成主要取决于原料[44]。水解主要产物除葡萄糖外,还有其他己醛糖(甘露糖和半乳糖)和戊醛糖(木糖和阿拉伯糖)。纤维素水解较慢,葡萄糖的浓度对水解具有一定的阻碍作用。为促进转化得到更多目标产物葡萄糖,通常采用两步酸水解:第一步温和处理,主要目的是水解半纤维素;第二步将纤维素水解成葡萄糖,但目前实现完全水解非常困难。

最近几年,人们广泛研究了木质纤维原料酶水解生成可发酵糖的可行性(见第7章)。在合理的价格范围内生产出环境友好型可再生能源已成为当今趋势[45],实现不同原料有效转化已成为生产燃料乙醇过程中亟待解决的问题。为实现有效转化,目前多采用纤维素酶和半纤维素酶切断多糖链中的 $\beta-(1\rightarrow4)$ 糖苷键,然后将碳水化合物完全降解为单糖(己醛糖和戊醛糖)。

木质纤维素原料对酶降解具有抗性,酶水解速率及程度受酶效率、底物非均一性及形态特征的影响[46,47]。生物质的结构和组成等许多因素阻碍碳水化合物的酶降解,因此酶水解之前需要进行稀酸处理、碱处理或热化学处理。除底物特性外,酶复合物性质也显著影响着纤维素水解。目前酶水解成本主要取决于酶的价格,酶的价格较高、生物质非均一性引起转化率低是酶水解的主要障碍。与酸水解相比,酶水解反应速率低,但不使用腐蚀性化学药品,条件温和,选择性高,有毒副产物少。有关酶水解的研究目前已广泛开展,而且有望开发出经济可行的工艺从而实现酶水解的工业化。

传统有机化工由不同单元操作(即一系列化学和物理分离步骤)组成,将化石原料(煤炭、石油和天然气)转化为多种氧化态的高值产品[2]。化学工业竞争激烈,生物质资源利用工艺在技术系统、原料成本和市场需求方面正在稳定发展。过去几十年,生物质的利用已有广泛研究,但到目前为止,石化原料在能源工业中的主导地位导致人们忽视了生物质成分的利用。

以下部分主要介绍木质纤维生物质水解生产化学品的可能性及相关应用。生物质碳水化合物通过传统化学转化和生化转化能生产大量化学品,其中生化转化更为重要,详细内容见第7章。

生物质炼制过程中,原料的结构组成和相互作用影响着最终的产品。分离单个组分一般需要采用复杂的分离技术,糖类可生产食品、化学品和能源(参见替代化学品,如乙醇和丁醇)除进一步精炼外,人们对水解得到的葡萄糖等单糖的需求有限。水解产生的糖主要用于发酵,发酵生产化学品的工艺有两类(图2-3):一类是厌氧发酵和需氧发酵,用于生产简单化学品,如各种醇类和羧酸;另一类是发酵,用于生产复杂化学品,如抗生素、酶和激素。下面以葡萄糖为例进行说明,从其他糖也可制得相同产物。富含碳水化合物的原料可采用典型的生化合成路线——酶异构化生产淀粉基甜味剂,即高果糖糖浆,该糖浆混合物可以水溶液的形式添加使用,在一些应用中正逐渐取代蔗糖。

目前化工行业中葡萄糖衍生物可发酵生产大量化学品(图2-4)。与其他多糖转化得到的聚合物相比,纤维素转化得到的聚合物可能有完全不同的性能,这些平台化合物均可作为合成聚合物的单体,或者作为其他化学品的前体,如加入含氧、含氮的官能团从而实现转化。葡萄糖酸是最有应用前景的化学品之一,大量葡萄糖酸只是以直接的方式利用,如用于食品工业,或者以钠盐的形式利用,而没有进一步转化利用,因而图中没有列出葡萄糖酸。

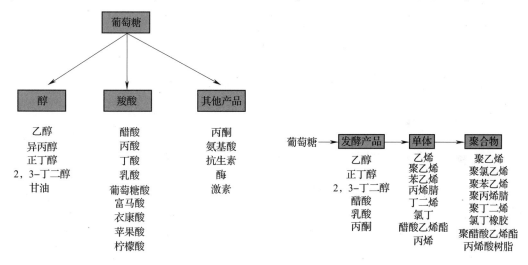

图2-3　葡萄糖发酵产物举例　　　　图2-4　葡萄糖发酵过程中产物

图2-5列举出利用葡萄糖合成化学品的反应途径。在酸性或者碱性条件下,葡萄糖可氧化生成一元羧酸和二元羧酸,葡萄糖氢化或氢解可还原生成各种多羟基化合物,其他路线还有脱水和异构化。

木材亚硫酸盐制浆过程中半纤维素大部分水解生成单糖和低聚糖,这与木材酸水解类似(见2.2.2节)。废液中碳水化合物可作原料发酵后生产乙醇和蛋白质,或经分离后加以利用。一些亚硫酸盐浆厂以己糖、戊糖、乙酸和醛糖酸为原料,在有氧培养条件下采用酵母(朊假丝酵母)或真菌(拟青霉)发酵生产蛋白质。发酵可以生产高价值的动物饲料,也可生产乙醇。溶解浆工业中的预水解硫酸盐法可得到粗糖溶液(水解物),其组成取决于原料。针叶木制浆中主要产物是甘露糖,阔叶木制浆主要产物是木糖。然而,上述方法并没有受到重视。

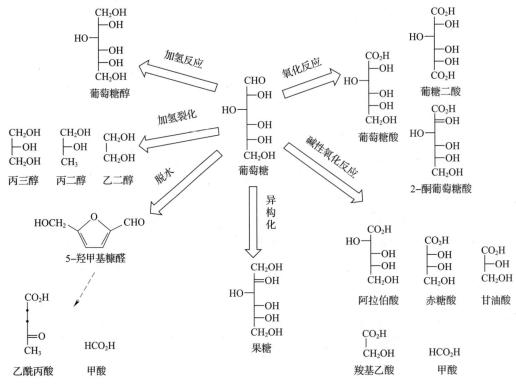

图2-5　化学处理葡萄糖得到的化学产品举例

2.1.3　热转换

纤维素原料热转换和热化学转换产生三类物质：气体、冷凝液（焦油）和焦炭（采用木材则得到木炭）（图2-6），产物比率取决于方法和反应条件[3]。与糖化相比（见2.1.2），热转化过程一般较快，不使用水和化学品，但热转化反应没有选择性，产品种类繁多，且产物得率低。

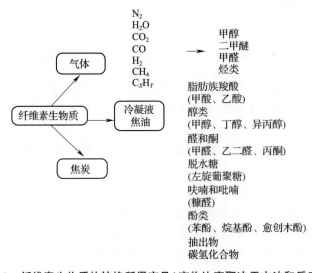

图2-6　纤维素生物质热转换所得产品（产物比率取决于方法和反应条件）

过去几十年,利用大量可回收资源制备生物能源明显增加。人们对非化石能源的需求剧增,为应对可再生能源替代化石燃料趋势和解决严峻的环境问题,欧洲能源科技战略计划(SET 计划,2008 年获批)提出以下目标:到 2020 年温室气体排放量减少 20%,在燃料供应方面确保可再生原料占 20%(10% 可再生能源用于交通运输),同时普遍提高能源利用效率。为实现上述目标和京都议定书的目标(从 1990 年到 2050 年 CO_2 排放减少 50% ~80%),需要各方面采取行动,有效利用已有设备开发出多功能生物能源(图 2-7)。最有效的转化途径取决于地理位置和生物质资源的可及性,在能源制备中,社会碳印迹和单位生物能源水印迹均要保持在一个令人满意的水平,而且原料不能与粮食竞争原料。

除图 2-7 所示的转化技术外,液化也可以得到液体燃料:直接把生物质转化为液体(BTL)(见第 8 章)或沼气厌氧发酵制备生物气(见 2.1.4 节)。生物质直接液化(如融化固体生成液体)通常在高压 CO 或 H_2 存在下,反应温度为 300~350℃,主要产品是不溶于水的高黏度液体。液化一般通过冷却气体得到液体,间接液化包括热解及中间产物转化为液体燃料的连续生产过程。

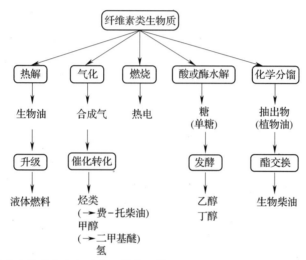

图 2-7　纤维素生物质生产各种能源的主要转化途径。(F-T 指费-托合成,见第 8 章)

生物燃料指多种燃料,包括固体生物质、液体燃料和生物燃气。“第一代生物燃料”指从发酵糖生产乙醇(或叫“生物乙醇”)以及植物油(或来自动物脂肪和回收的油脂)酯交换生成生物柴油,如脂肪酸甲酯(FAMEs)。乙醇可直接用作交通工具的燃料,也通常被用作汽油添加剂以增加辛烷值和控制车辆气体排放。生物柴油也可用作车辆燃料,但其主要作为柴油添加剂。与石化柴油相比,生物柴油 C 含量低,H 和 O 含量高,被称为“氧化型燃料”。欧洲最普遍使用的生物燃料是生物柴油,巴西和美国广泛使用乙醇。

纯植物油、硫酸盐法制浆中的塔罗油(见 2.3.2 节)通过酯交换反应均能制得生物柴油或石化柴油添加剂。塔罗油可以直接进行快速热解,或者碱水解后热解生产液体燃料(主要是生物柴油)。利用塔罗油时,Na 以 Na_2CO_3 的形式回收,因此不需要通过添加 H_2SO_4 破坏抽出物羧酸基团与 Na 之间的化学键来回收 Na。

生产丁醇是纤维素类生物质转化中最有前景的工艺之一。传统方法以糖为原料,采用厌氧菌丙酮丁醇梭杆菌或拜氏梭菌通过丙酮-丁醇-乙醇(ABE)发酵可制得丁醇。丁醇使用性较好,其含氧量只有 22%,对水污染的耐受性较好,高浓丁醇与汽油混合使用对引擎无任何损害。丁醇是一种性能优良的燃料添加剂,性能优于乙醇。最近,发酵领域的进展(如新菌种发现、固定化细胞、细胞循环反应器的使用等)表明该技术正接近商业化。以合成气为原料,通过甲基丁酸杆菌株发酵生产可制得丁醇,甲基丁酸杆菌株可以将 CO 直接转化成丁醇、乙醇、丁酸和乙酸[60]。

费–托柴油、甲醇、二甲醚(DME,由甲醇催化制备得到)、(生物)氢等合成气生产第二代生物柴油正迅速发展。某些速生藻(单位面积比耕地农作物能源多 30 倍)也是一种新能源,其生产生物柴油("藻类燃料")正逐渐受到关注。一般来说,光合型藻类,包括微藻类(单细胞藻类)、蓝藻细菌和海藻,能利用太阳将 CO 高效地转变成各种脂质和长链碳水化合物。

生物质转化为固体燃料产品也越来越被重视,许多生物质原料可以直接燃烧(温度 > 900℃)提供热量。为了实现生物质原料在燃料方面的最佳利用,一些生物质原料,如锯屑、刨花、树皮、作物残留物、草类和农产品残渣等,一般都通过压碎、干燥、粉碎等磨碎(物理)处理,得到尺寸分布合适的粉末状燃料颗粒,或通过压缩方式得到块状和球状产品以提高生物质原料的密度。

木质生物质炭化过程中,生物质干燥可去除挥发性化合物,同时部分半纤维素降解(详见第 8 章)。炭化过程是一个较温和的热解过程,在隔绝空气,温度为 225~300℃条件下只需反应几分钟。炭化过程通过增加木材的碳含量和净热值而提高木材的能量密度,在未来将越来越重要,特别是作为气化预处理过程。

热解和气化作为两种重要的热转化方法,其不同之处在于热解是在完全或者近似无氧化剂(空气或氧气)的状态下的降解,产物为成分复杂的气体、冷凝液(焦油)和碳(固体残渣),气化是指纤维素原料在一定氧化剂用量条件下的热转化,主要生成一种简单的气体(合成气)。当分子氧(或者享用摩尔当量的物质)作为氧化剂时,气化过程氧化剂消耗的量实际上要低于化学燃烧计量所需的量。热解过程通常在较低温度下进行(约 500℃),远低于气化所需的高温(800℃)。虽然与传统方法存在差异,但热解过程在热化学反应中(即使空气或者其他添加剂存在的条件下)应用更广泛[65]。

热解与气化的区别在于热解过程主要产物是生物炭和液体,这是由于热解发生了不完全反应(不完全热降解),它保留了原料的主要结构和成分。为实现气化,通常热解阶段后必须对初级产物进行完全或部分氧化,"氧化热解"是燃烧过程的第一步反应,也是必需的阶段。碳化是指生产生物碳的过程,木材干馏的主要产物是液体,分解蒸馏同时生成碳和液体。

传统热解过程("慢速热解")在缓慢升温条件下进行,主要产物是生物炭,同时生成可挥发性产物、气体和焦油,随升温速率增加,挥发性产物得率增加。该法可将多种纤维原料转化为高得率的液体燃料,但由于液体产物复杂,当下游加工需要高纯化学品时,慢速热解不具有经济可行性。原料进行预处理后快速热解,可以得到高产量的无水糖。

对于充脂材的热处理研究开展的较早(见第 6 章),最重要的研究阶段是 17 世纪到 20 世纪早期的从沥青坑和反应罐中提取商业木焦油。木材分解蒸馏过程中产生的水蒸气冷凝后会形成木焦油层和水层(木醋液或木醋酸)。从阔叶木中提取出的木醋原液主要含醋酸、甲醇以及由醋酸转化得到的丙酮。木材干馏得到的化学品,除醋酸和甲醇外很少受到关注。从木醋原液也可抽提得到苯酚、食品调味剂等具有广泛应用的产品。与一般生物原油类似,木醋原液和木焦油都是含有多种化学品的复杂混合物,目前鉴定出来的物质主要有苯酚、酸、内酯、醇、醛、酮、脱水糖、呋喃、酯类、乙醚和碳水化合物等[65,67,68]。

在传统的处理方法中,有一部分不可冷凝的水蒸气组分"木煤气"(可以用作燃料)和固体的木炭留在反应罐中,炭化最终温度决定了木炭(碳含量80%)的元素组分、产量和特性[65]。在19世纪后期,木材炭化作为主要的热解工艺,一直为快速发展的炼钢工业提供木炭,19世纪70年代后炼钢工业中煤炭和焦炭逐渐取代了木炭。木材碳化得到的木炭热量高于木材,目前木炭主要用于取暖和烹饪,它还有着广泛的工业用途,如用作涂料、墨水和药品的添加剂,也可作为高效吸附剂,一些发展中国家通常采用比较原始的干燥窑炭化木材。

除了耗时较长的缓慢热解,还有快速热解和急骤裂解。快速热解能够生产出高产量的液体生物燃料和其他化学品,一般认为快速热解和急骤裂解是同一过程。而在真空热裂解(或快速真空热解)中,为避免热降解阶段降温产生副反应,生物质在真空环境中加热。碳纤维是指由人造丝或聚丙烯腈纤维通过纺丝和纺织后高温(通常在1500~3000℃)热解得到的丝状碳材料。

快速热解目前正处于研究初期。快速热解加热速率高(300℃/min的速率加热到500~700℃),反应时间短[50,66]。由于反应时间短,快速热解的化学反应动力学、传质过程、相转化以及热转化现象都对反应产生重要影响。反应中将生物质颗粒加热到最佳反应温度是其中最重要的步骤,原料颗粒尺寸必须足够小(105~250μm),以减少木炭的生成,而快速裂解的气体产物快速降温以减少由中间产物引起的副反应,这些副反应会产生一些有害的碳[50]。同时,裂解反应会生成大量的水,因此通常在快速热解前需要将生物质干燥至水分含量10%左右。

快速热解产生的液体产物生物油主要是由木素、纤维素、半纤维素和抽出物反应得到的许多化合物的混合物(详见上文)。比固体燃料,生物油更易输送,是一种最新的再生能源(见第8章)。但生物油也存在一些缺点,主要是燃烧值低、与传统燃料不相容、固含物和黏度高、化学性质不稳定等[66,69]。生物油易于储存,但由于热解反应不完全,尚未达到热力学平衡,且储存过程中会变质。生物油含水量一般是25%,这可能会导致生物油在储存中形成两层(亲水层和疏水层)。利用炼油工业中的单元操作,通过脱氧方式可以增加生物油的热值,通过其他物理方法或者添加适当溶剂的方式也可以改善生物油的其他缺点。以上方法技术上可行,但不一定都具有经济可行性,其中,快速裂解生产某些化学品目前已经实现了商业化。

蒸汽-氧气气化中,在一定氧气用量和蒸汽用量的条件下,生物质原料在800℃左右反应[3],生成的合成气主要由 N_2、H_2O、CO、CO_2、H_2 和 CH_4 组成(见表2-6),不同气化工艺得到的合成气组成差异较大[64,70-73]。合成气可用作燃料或生产其他化学品,如甲醇和氨,而甲醇可进一步转化为二甲基醚或甲醛。采用费希尔-托罗普希法(希托反应,见表8-7,第8章)催化转化合成气可得到大量链烃(如烯烃和链状烷烃)以及氧化产物。在20世纪20年代早期,费舍尔·弗朗茨和特罗普歇·汉斯于用碱化铁催化煤产生合成气的烃类物质,得到富含氧化化合物的液体(合成醇反应)。这一突破可以追溯到1902年 Paul Sabatier 和 Jane Baptiste Senderens 通过过渡金属催化 CO 和 H_2 混合物合成 CH_4 的反应。在后来许多有机合成反应中,这些反应是证明金属催化反应效用的一个重要阶段。例如,1928年 Walter Julius Reppe 进行了高压下催化乙炔气反应(Reppe 化学),生成了一系列的化学品。

目前,化石能源不能持续满足人类对能源的需求,人们正在重新考虑含碳生物材料气化。因此,气化技术,特别是带压气化技术目前正全面发展。相比传统化石燃料,为了提高气化生物质能源的竞争力,必须解决一些科技问题。合成气能够燃烧到很高的温度,甚至可以用于燃料电池。在以合成气为主的能源生产中,使用气化代替原始燃料的直接燃烧可能会更有效。可再生资源要实现能源的高效利用,必须经过足够长的处理时间(见第3章)。

2.1.4　综合指标与技术

　　设计可再生资源新工艺、新产品和新材料还有一些基本原则,即重点强调评估和改进现有工艺,而开发的新型工艺要对环境影响小,且具有可持续性和经济可行性。绿色化学主要包括:① 使用可再生原料,不使用一次性原料(化学品和助剂安全性高、催化剂选择性高);② 设计科学,直接合成,能耗低,环境影响小;③ 生产实时(在线)分析;④ 生产可降解产品;⑤ 预防生产事故。除了在原料和化学品需求、处理条件和能源消耗方面要使用可再生材料和能源、流程效率最大化外,还要最大限度地减少废物的生成。本节将基于上述绿色技术原则,介绍前面章节中尚未论述的生物质利用方面的内容,同时简要论述绿色化学原理和技术在可再生资源方面的应用。

　　传统化学工业使用的易挥发有机溶剂除易于排放到大气中外,还具有易燃、有毒等危险性[74]。绿色化学所用试剂(如水、乙醇、乙酸乙酯)毒性小、易回收、具有惰性、不污染产物。低熔点的离子液体(ILs,见第 9 章)一般不易挥发、热稳定性高,作为一种新的非衍生化溶剂,可用于均相合成纤维素衍生物(如乙酰化和烷基化)及木材分级分离。利用纤维素制备微米和纳米纤维素产品也很重要(第 9 章),这些产品用途广泛,也可用于制备下游产品。

　　亚临界水指在加压条件下,温度为 100 ~ 374℃ 的液态水,此状态下水的极性显著下降[75-76]。目前亚临界水萃取技术有加压液体萃取(高压热水萃取,PHWE)和快速溶剂萃取[76-77]。有研究采用高压热水在温度 120 ~ 240℃ 下萃取挪威云杉的碳水化合物(主要是半纤维素)。亚临界水作为提取剂应用广泛,可用于提取农产品或者农业废弃物中的组分。水不易燃、无毒、价廉和安全环保,作为提取剂颇有发展前景。超临界流体是气体压缩到高于其临界压力(P_c)并加热到高于其临界温度(T_c)时的一种状态,CO_2 的超临界点为 7.38 MPa 和 31.1℃。超临界 CO_2 是最为可行的超临界溶剂,它不仅价廉,容易获得(燃烧产物和发酵产物),而且无毒和不易燃。与其他的传统溶剂相比,它不会被氧化,不会污染含有自由基化合物。超临界 CO_2 萃取已经在生物炼制中实现大规模应用。

　　微波是无线电波中一个有限频带的简称,指频率为 300MHz ~ 300GHz,即波长在 1m(不含 1m)到 1mm 之间的电磁波[79]。在过去 10 年,微波辐射辅助化学反应迅速发展[74]。在吸热反应中,通常极性溶剂吸收能量后转变成热能,微波辐射可以在没有加热整个反应炉时加热目标产物,加快反应速度。与传统加热相比,微波加热具有提高加热速率、降低能耗、反应条件更温和、提高产物得率的优势。除了合成化学外,微波也被用于生物炼制,如用于处理生物高分子和木材组分分离(包括木材液化)。微波化学有时也叫“微波强化化学”(MEC)或者“微波强化有机合成”(MORE 合成)。

　　“声化学”(超声波化学)是指利用超声波提高合成或降解过程中化学反应的效率。超声包括声波(传统超声波功率在 20 ~ 100kHz)以及人耳不能够察觉的更高频率(10 ~ 18kHz)的振动。目前的超声波仪建立在 1880 年发现的压电效应基础之上,1917 年推出的用于估计水深的郎之万回声探测技术是超声的首次商业化应用。20 世纪 80 年代,廉价可靠的高强超声发生器的问世使得超声化学得到了复兴[82]。

　　溶液中超声波产生的活化作用是基于“超声空化”,即超声诱导气泡形成、增长和破裂[81]。当气泡达到不稳定尺寸时气泡破裂,液体加热气泡内含物时运动的动能转化为大量的能量(瞬时热能转化)。超声波在工业和环境等领域应用广泛,超声化学工程学促进了超声波在绿色化学工艺中的发展。但是,高强度超声波能量的设备至今尚未问世,超声波的大规模应用还需时日。

　　催化剂通常指能够改变化学反应速率而在整个反应过程中自身没有消耗的物质,催化剂能显著降低反应的化学能。与非催化反应相比,催化反应自由活化能较低,所需总能量较低,从而在相同的温度下反应速率较高。催化剂通常用于增加反应选择性,它可分为非均相和均相催化剂。均相催化剂是指催化剂与底物存在于同一相,生物催化剂则属另一类别。在发酵过程中,除使用正催化剂外,还使用具有抑制作用的负催化剂(抑制剂)。在绿色化学中,催化化学(而非计量化学)是生物质原料生产化学品研究的一个重要领域[74]。

在自然生态系统中,某些微生物能够在一定氧气浓度或者无氧条件下降解有机物生产富含甲烷的气体[3]。使用农业、动物和城市废弃物等生产燃料气是一种重要的利用方式[84,85]。厌氧分解生物质的过程大致分为三阶段,形成的 CH_4 中含有大量的 CO_2(图 2 – 8)。比如,污水消化池的沼气通常含有 55% ~ 65% 的 CH_4,35% ~ 45% 的 CO_2 和低于 1% 的 N_2,而从有机废物得到的沼气含 60% ~ 70% 的 CH_4,30% ~ 40% 的 CO_2 和低于 1% 的 N_2,从垃圾填埋场得到的沼气含 45% ~ 55% 的 CH_4,30% ~ 40% 的 CO_2 和 5% ~ 15% 的 N_2[86]。

纤维素材料

↓ 微生物降解

可溶性碳水化合物

↓ 酸细菌

低分子有机酸

↓ 甲烷菌

CH_4、CO_2

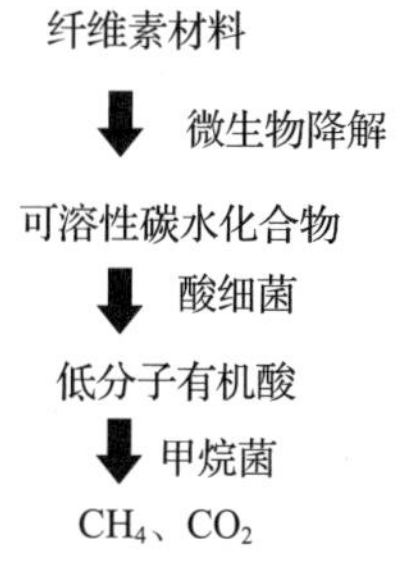

图 2 – 8 纤维素材料厌氧降解为 CH_4、CO_2

与化石燃料利用不同,一般当能源的生产和消费在同一区域时,生物燃料更有优势。

废弃物和能源作物生产的生物气可用作汽车燃料,用于轻型或重型天然气车辆,燃料与发动机和车辆的配置相匹配。与柴油废气相比,生物气燃料排放废气显著降低,氮氧化物(NO_x)从 85% 降到 60%,颗粒物从 80% 降至 60%,CO 从 70% 降至 10%。气体燃料比液体燃料具有较高的点火温度和较高的燃烧下限,与液体燃料不同,气体燃料泄露后会扩散到大气中。用于车辆燃料和燃料电池的生物气需要高浓度的 CH_4,同时需要对原始生物气进行升级处理。生物气主要的升级方法是水洗和变压吸附法(PSA)。生物气用作能源时通常会产生 H_2S 和卤素化合物而损坏汽车发动机。

2.2 基于制浆的生物炼制

2.2.1 引言

简单生物炼制是指通过单一工艺,将一种原料转化成单一产物的过程,而复杂生物炼制是指利用一种原料(木材或者废木材)生产多种产品的过程,如现代制浆。阐明脱木素过程中原料所发生的化学反应对理解复杂生物炼制中不同降解产物的形成(例如制浆副产物的产生)十分重要。废液在回收炉中燃烧,树皮在熔炉中燃烧,理解废液以及树皮主要组分的热化学性质对理解现代制浆厂的工艺操作十分重要。文献[18]论述了化学法制浆过程中木材碳水化合物(纤维素和半纤维素)及木素的化学变化,其中包括碱性硫酸盐制浆、酸性亚硫酸盐制浆、碱性亚硫酸盐制浆及有机溶剂制浆。

木材是制浆造纸工业中主要的纤维资源(一般包括长细胞、死细胞和中空细胞)。目前,世界范围内有 90% 的纤维来源于木材,其余来自非木材资源(如甘蔗渣、稻草和竹材,见第 1 章)。约 1/3 的纸产品回收后用作二次纤维原料,这些纤维除了大部分用于生产纸和纸板外,还可以用于生产吸水纸(如尿布)、绝缘材料等产品。虽然由纤维生产的产品种类很多,但是木材纤维的利用仍受木材化学转化技术(如制浆)的制约而比较有限(见 2.1.1 节)。

正如第 1 章所述,制浆通常采用去皮后的商品材。针叶木和阔叶木含有的细胞种类不同,针叶木主要有管胞、阔叶木主要含有纤维和导管,两者都含有不同的薄壁细胞,这些不同种类的细胞均适合用于造纸。在不考虑细胞结构差异的前提下,可以认为所有的木材细胞(含量不同)都是由碳水化合物和木素组成的不溶性聚合物。木材抽出物含量较少,木材抽出物主要存在于细胞壁外,其组成决定于木材的种类(针叶木和阔叶木中的主要差异见第 1 章)。

2.2.2 制浆方法

制浆是指木材和其他纤维原料解离成纤维产品的工艺过程,制浆过程主要通过化学法,机械法和化学与机械相结合的方式实现。制得的产品分为机械浆、化学浆、半化学浆和化学机械浆,可用于造纸,也可进一步加工成纤维素衍生物(如纤维素酯类和纤维素醚类)和再生纤维素(如黏胶和人造纤维)(如图 2 - 9 所示)。

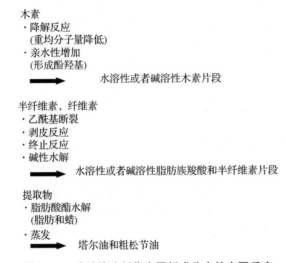

图 2 - 9　硫酸盐法制浆中原料成分中的主要反应

表 2 - 1 列出了工业中制浆方法的分类以及各种制浆工艺的得率。其中,化学浆的得率在 45% ~ 55% ,溶解浆(例如酸性亚硫酸盐法浆、多段亚硫酸盐法浆和预水解硫酸盐法浆)得率通常在 35% ~ 40% ,主要用于生产纤维素衍生物及相关产品。化学浆约占世界浆产量的 70% ,目前 90% 的化学浆(大概 1.3 亿 t[87])采用硫酸盐法生产。近几十年来,亚硫酸盐法制浆明显减少。高得率浆指采用机械分离纤维得到高木素含量的浆(主要来源于中性亚硫酸盐法制浆)。

表 2 - 1　　　　　　　　　　　　　　　工业中的制浆方法

方法		得率(基于原料)/%
化学制浆:		
硫酸盐制浆法	(Kraft)	
多硫化物硫酸盐制浆法	(Poly - sulphite kraft)	
预水解硫酸盐制浆法	(Pre - hydrolysis kraft)	
烧碱—蒽醌制浆法	[Soda - anthraquinone(AQ)]	35 ~ 60
酸性亚硫酸盐制浆法	(Acid sulphite)	
亚硫酸氢盐制浆法	(Bi - sulphite)	
碱性亚硫酸盐—蒽醌制浆法	(AQ - alkali sulphite)	
多段亚硫酸盐制浆法	(Multistage sulphite)	

续表

方法	得率(基于原料)/%
半化学制浆： 　　中性亚硫酸盐半化学制浆法　［Neutral sulphite semi-chemical (NSSC)］ 　　烧碱制浆法　（Soda）	65~85
化学机械制浆： 　　化学热机械制浆法　［Chemical-thermo-mechanical (CTMP)］ 　　化学磨木制浆法　［Chemigroundwood (CGWP)］	80~90
机械制浆： 　　热磨机械制浆法：［Thermal mechanical (TMP)］ 　　盘磨机械制浆法：［Refiner mechanical (RMP)］ 　　磨石磨木制浆法：［Stone groundwood (SGWP)］ 　　压力磨木制浆法：［Pressure groundwood (PGWP)］	91~98

随着化学制浆和漂白工艺的不断改进,出现了新的生产流程。蒸煮的目的是获得低卡伯值浆料,同时不降低残留木素反应活性和减少对产品不良的影响。改良连续脱木素、改良间歇脱木素和氧碱脱木素制浆可以不同程度地降低浆料的卡伯值。

目前,制浆中具有附加值的产品主要有硫酸盐制浆产生的松节油和塔尔油、亚硫酸盐制浆产生的磺酸木素(见2.3.2部分和第6章)。硫酸盐法制浆中,木素和其他成分大量溶解,低热值的有机物(如碳水化合物的降解产物)一般用作燃料,若相关的产品具有市场,可以采用一些方法将废液中有机物分离并加以利用。

目前废水处理工艺朝着废水循环利用的方向发展,目的是降低废水处理的负荷。制浆的最终目标是实现废水零排放(TEF)。为避免含氯化合物引起的腐蚀问题,使用含氧化学物质(氧气、臭氧、过氧化氢和过氧酸)的全无氯(TCF)漂白最有发展前景。无氯漂白(ECF)浆在全球漂白浆产量中的比例逐渐增加,目前已经超过50%,而全无氯漂白纸浆产量约为5%。化学制浆方法快速发展,机械制浆和高得率制浆正受到关注。

2.2.3　硫酸盐法制浆

2.2.3.1　工艺概要

硫酸盐法制浆是采用白液蒸煮木片。白液主要含有具有活性的蒸煮化学药品——氢氧化钠($NaOH$)和硫化钠(Na_2S)。蒸煮之后,分离得到蒸煮废液(黑液,见章节2.3.2),黑液在多效蒸发器里浓缩,固液比达到65%~80%后在回收炉里燃烧,以回收蒸煮化学药品和能量。在回收炉中,黑液燃烧产生含有碳酸钠(Na_2CO_3)、硫化钠(Na_2S)和少量硫酸钠(Na_2SO_4)的无机物熔融物。熔融物在水中溶解形成绿液,绿液在苛化工段与氧化钙(CaO)反应,将碳酸钠(Na_2CO_3)转化为$NaOH$,再生得到初始白液。在循环中白液并不完全转化(转化率约90%),白液中含有的静负荷化学物质主要成分是Na_2CO_3和氧化的含硫阴离子钠盐。

活性碱(AA,$NaOH+Na_2S$)和有效碱(EA,$NaOH+1/2Na_2S$)以溶液中的钠盐的等价物和

浓度计算,在欧洲用每升溶液含有多少克 NaOH 表示,在北美洲则用每升溶液含有多少克 Na_2O 表示。现代制浆化学中通常用摩尔单位代替质量单位,活性碱和有效碱都可以用相对木材干重的质量分数来表示。一般针叶木硫酸盐法制浆活性碱用量为 12% ~ 15%(基于木材干重),阔叶木制浆活性碱用量较低。硫化度是指硫化钠与活性碱的比值。当白液中硫化度增加到 15%,蒸煮效果非常显著,但硫化度继续增加,效果并不明显。大部分工厂白液硫化度为 25% ~ 35%,目前硫酸盐法制浆厂循环回收效率提高,白液的硫化度也相应增加。

硫酸盐法制浆和烧碱法制浆的化学反应十分复杂,机理至今尚未完全阐明。一般认为硫氢根(HS^-)主要作用于木素,OH^- 离子主要作用于碳水化合物。相比烧碱法制浆(活性化学物质只有 NaOH),硫酸盐制浆速度快、纸浆得率高、强度高。硫酸盐制浆体系中的无机活性组成成分(HS^- 和 HO^-)遵循 Bjerrum 平衡图。

硫酸盐法制浆过程中,越有 50% 的木材组分发生降解和溶解。黑液中的有机物含有木素和聚糖的降解产物以及少量抽出物。图 2-9 概括了活性碱和木材主要组分之间的基本化学反应和现象,化学反应后得到了多种可溶性物质。在碱耗方面,70% ~ 75% 碱用于中和脂肪族羧酸,20% 碱用于中和木素降解产物。黑液中的脂肪族羧酸不含硫,硫酸盐木素含硫量为 1% ~ 2%,相当于 10% ~ 20% 的碱耗。钠在可溶性的脂肪族羧酸和木素中的含量分别约为相应固形物干重的 20% 和 6%。硫酸盐法制浆和碱法制浆中大量半纤维素转化成羟基羧酸,黑液中存在少量或没有完全降解的可溶性聚糖。硫酸盐制浆中木素降解产物成分复杂,产物包含简单的低分子量的酚类和大分子木素。

图 2-10 是硫酸盐法制浆(包括氧碱脱木素)和漂白用于生产高白度的硫酸盐浆的物料平衡图。在蒸煮过程中,木素、半纤维素和纤维素的溶出率约为 90%,60% 和 15%。松木(Pinus sylvestris)和桦木(Betula pendula/B. pubescens)的常规硫酸盐法制浆得率分别是 47% 和 53%(对原料干重)。黑液中含有从木材、设备和生产用水中带入的各种无机阳离子和阴离子,这些非活性的静载电荷化学物质会增加回收硫酸盐的难度,引起蒸煮锅、黑液蒸发器结垢,垢的主要成分是二氧化硅和钙盐(见第 1 章)。木材中二氧化硅的含量较低,而在非木材原料中硅的含量较高,氯化物的累积会引起腐蚀问题,回收炉里物质的黏度主要取决于夹带的固体颗粒中氯离子和钾离子的浓度。在回收炉顶部,静电除尘器收集的灰尘主要含有 Na_2SO_4 和钾盐(KCl)。硫酸盐法制浆最大的不足是浆料的得率低,生产纸浆时得率可以通过以下方式提高:脱木素到高卡帕值,增加蒸煮选择性,减少碳水化合物损失。目前,减少碳水化合物的损失是提高纸浆得率最为行之有效的方法。

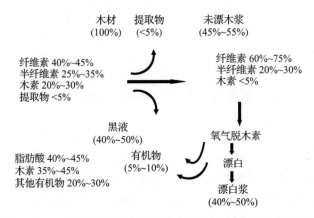

图 2-10　硫酸盐法生产漂白浆的典型木材中有机物物料平衡

在碱性条件下,还原或者氧化多糖链末端的还原性醛基可减少多糖的剥皮反应。氧化多糖的末端基形成糖醛酸比较重要,工业生产中一般采用多硫化合物实现制浆。在白液中催化氧化硫化物或者在硫酸盐制浆法中加入硫元素可以制备出多硫化物($S_n^{2\Theta}$)。该方法可以显著提高纸浆得率,硫化物大部分可再生,但在化学循环中硫化物的累积会引起臭味等问题。

蒽醌(AQ)及其衍生物[如蒽醌 $-2-$ 磺酸或蒽醌单磺酸(AMS)],是通过氧化作用形成稳定多糖以减少碱性剥皮反应的一类添加剂。蒽醌与浆料成分的反应机理如下:蒽醌将碳水化合物还原性末端基氧化成对碱稳定的醛糖酸,同时形成蒽氢醌(AHQ);蒽氢醌与木素反应生成蒽醌,引起木素 $\beta-$ 芳醚键发生断裂,从而加快脱木素的速率。在硫酸盐法制浆中,蒽醌用量较少(0.1% ~0.5%),整个还原 – 氧化循环过程中蒽醌保护了碳水化合物,缩短了蒸煮时间,纸浆得率提高 2% ~3%。烧碱蒸煮中添加蒽醌,使用较低有效碱用量也能达到硫酸盐制浆同样的脱木素效果。

2.2.3.2 硫酸盐法制浆的反应

（1）木素反应

针叶木硫酸盐制浆中,木素的溶出分为三个阶段。第一阶段是初始脱木素阶段,这一阶段脱木素选择性较低,木素脱除率仅为 15% ~25%,而半纤维素溶出率约为 40%。随着温度升高,脱木素速率加快,当超过 140℃ 之后,进入大量脱木素阶段,脱木素遵循一级反应,其速率取决于化学反应,这一阶段一直持续到木素脱除率为 90% 为止。最后阶段是残余脱木素阶段,这一阶段随着碳水化合物损失的增加,木素脱除率降低。

HS^- 亲核性高于 OH^-,因而硫酸盐法制浆中 HS^- 的存在有利于脱木素。木素发生剧烈降解反应形成游离酚羟基,增加了木素碎片的亲水性。大多数降解碎片具有水溶性,形成酚型钠盐溶解在蒸煮液中。"硫酸盐木素"(在烧碱法制浆中是"碱木素")通常指在黑液中可溶性木素降解产物,结构不同于天然木素和纸浆中残留木素。

碱法制浆中木素主要发生亲核反应。脱木素反应中,木素结构单元苯基丙烷间的连接键的反应活性和稳定性十分重要。木素降解通常取决于芳醚键 $C_{脂肪族}—O—C_{芳基}$ 的断裂,而二芳基醚($C_{芳基}—O—C_{芳基}$)和碳碳键(尤其是 $C_{芳基}—C_{芳基}$)非常稳定。α 芳醚键、β 芳醚键是针叶木和阔叶木中最主要的键型,约占所有键型的 50% ~70%(见第 1 章)。木素的降解主要是 α 芳醚键、β 芳醚键的断裂。脱木素过程中木素结构单元之间会形成新的 C—C 键而发生缩合,得到大分子的难溶木素。碱法制浆最重要的反应如下:

① 游离酚结构(非醚化的酚型结构)中 $\alpha-$ 芳醚键断裂;

② 游离酚结构(非醚化的酚型结构)中 $\beta-$ 芳醚键断裂;

③ 非酚型结构(醚化的酚型结构)中 $\alpha-$ 芳醚键断裂;

④ 非酚型结构(醚化的酚型结构)中 $\beta-$ 芳醚键断裂;

⑤ 脱甲基反应;

⑥ 缩合反应。

在初始脱木素阶段,游离酚型结构中 $\alpha-$ 芳醚键容易断裂。苯基香豆酸和松香醇结构的化学键也容易断裂,通常会产生甲醛或者一个质子。该反应只有在 $\alpha-$ 醚键打开的情况下才会导致木素的降解,并非所有非酚型结构中的 $\alpha-$ 醚键是稳定的。

在初始脱木素阶段,游离酚型结构中 $\beta-$ 芳醚键也相对容易断裂。$\alpha-$ 取代基(氢氧化物,醇盐或酚离子)消除后形成亚甲基醌结构,HS^- 与亚甲基醌反应形成单质硫和不饱和的苯乙烯型结构。在烧碱制浆中,当有 OH^- 存在时,主要的反应是羟甲基(即羟基化的 $\gamma-$ 碳原子)的消除反应,即亚甲基醌中间体形成甲醛和苯乙烯芳醚结构(β-芳氧基苯乙烯结构),β-醚键不发生断裂。非酚型β-芳醚键断裂较慢,HS^-对反应没有影响,C-原子和通过环氧乙烷中间体(环氧乙烷中间体随后形成α,β-乙二醇结构而被打开)得到的酚羟基阴离子能够促进该反应。木素甲氧基主要与HS^-反应而断裂,具有较弱亲核性的OH^-离子也可以与甲氧基反应生成甲醇从而引起木素甲氧基断裂。在硫酸盐法制浆中,针叶木木素中大约10%的甲氧基被断裂。HS^-离子存在时会形成甲硫醇(CH_3SH,MM,沸点6.2℃),甲硫醇以离子化形式存在时可以和另一甲氧基反应形成二甲基硫醚(CH_3SCH_3,DMS,沸点37.3℃),有氧存在时甲硫醇可氧化成二甲基二硫醚(CH_3SSCH_3,DMDS,沸点109.7℃)。甲硫醇和二甲硫醚极易挥发、气味难闻,造成空气污染。这些气体连同H_2S(沸点-60.7℃)统称为总还原性硫(TRS),相应的排放通常称为"TRS"排放。

硫酸盐法制浆过程中也会发生一系列的缩合反应,即酚盐加成到甲基醌中间体上,使得质子不可逆释放而形成新的碳碳键。由于缩合反应主要发生在酚型单元的碳-5位上,故形成了大量的α-5碳碳键。共轭的支链结构单元可能也会参与反应形成缩合产物,同时释放一分子甲醛(即二次缩合)。生成的甲醛可与两分子酚型单元进一步反应,最后生成二芳基甲烷结构。缩合反应在一定程度上阻碍了木素的溶解。在这一系列的反应中,高度共轭的不饱和木素结构及其前驱物会溶解在浆中,使未漂浆呈现棕黑色。

(2)碳水化合物反应

硫酸盐法制浆中脱木素选择性较低,在采用白液蒸煮木片之前,木片一般使用白液或黑液预浸渍。木材中碳水化合物在较低的温度下会发生反应,其中纤维素因结晶度和聚合度高而不易反应,所以主要发生反应的是半纤维素。碱法制浆中,以下反应和现象都会导致碳水化合物降解及链缩短:

① 初始碳水化合物溶解、降解了的碳水化合物溶解;

② 半纤维素中乙酰基脱除;

③ 碳水化合物末端基的脱除(剥皮反应);

④ 碳水化合物形成对碱稳定的末端基(终止反应);

⑤ 碳水化合物中糖苷键以及剥皮反应形成的碱稳定性末端基的碱性水解(二次剥皮);

⑥ 纤维上木聚糖的再吸附。

传统硫酸盐法制浆中,当温度大于或等于100℃时会发生剥皮反应,在升温至约170℃时,碳水化合物降解形成大量的酸。碳水化合物在剥皮反应中脱除一个单糖单元,相应地形成一分子羧酸,同时碳水化合物链长降低。羧酸分为非挥发性酸和挥发性酸,其中非挥发性酸主要是羟基单羧酸和羟基二羧酸,以及少量未羟基化的二羧酸和三羧酸,挥发性酸主要是甲酸和乙酸。

半纤维素比纤维素更容易发生剥皮反应,半纤维素剥皮反应的反应速率取决于半纤维素的类型。例如,聚木糖比聚葡萄糖甘露糖稳定,在针叶木中聚木糖对阿拉伯糖侧链有稳定作用。碱性剥皮反应中,针叶木和阔叶木中木聚糖上的4-O-甲基葡萄糖醛酸能稳定木聚糖。在剥皮反应中,纤维素中平均有50~65个葡萄糖单元断裂,直到发生终止反应才停止降解,若不发生与之竞争的终止反应,整个分子会通过剥皮而降解。发生剥皮反应的前提条件是碳水化合物中含有还原性末端基,即还原性末端基异构化为2-酮类中间体,之后发生β-烷氧基消除反应,形成可溶解的单糖单元以及具有新的还原性末端基的碳水化合物链,脱下来的单糖转化为二羰基化合物。该化合物进一步反应,通过二苯乙醇酸的重排形成异变葡萄糖酸(来自葡萄糖甘露糖和纤维素)和异变木糖酸(来自木糖)。此外,还可形成乳酸、2-羟基丁酸、

3,4 - 双脱氧 - 戊酸、3 - 脱氧戊酸。

终止反应过程如下:首先多糖发生 β - 羟基消除反应,单糖末端基上羟基断裂,不需异构化直接形成还原性末端基。形成的二羰基中间体通过二苯乙醇酸重排转化为偏变糖酸基。形成的其他末端基有 2 - 甲基甘油酸和 2 - 甲基核糖酸末端基,如一些醛糖酸(甘露糖酸、阿拉伯糖酸、赤糖酸)末端基,会参与氧化反应。通过还原性末端基的异构化,在单糖上形成碱性稳定的羧酸基从而阻止剥皮反应。在 160 ~ 170℃ 的较高温度下,除了剥皮反应,碳水化合物还发生碱性水解,其反应速率相对较慢,糖苷键随机断裂形成新的还原性末端基而进一步降解(二次剥皮)。在碱法制浆的初期,剥皮反应会生成甲酸,由于阔叶木中聚木糖和针叶木中聚葡萄糖甘露糖侧链的乙酰基被脱除,而形成乙酸。

在脱木素过程中,部分已脱除乙酰基的木聚糖在溶解过程中会吸附在纤维上,在传统蒸煮末期,木聚糖中大量糖醛酸发生溶解。碱法制浆时糖醛酸发生碱性水解,含量迅速下降。在硫酸盐法制浆中,木聚糖上的部分 4 - O - 甲基葡萄糖醛酸基转化为己烯糖醛酸基,己烯糖醛酸基在碱性氧漂和过氧化氢漂白阶段不发生反应,然而由于它具有不饱和双键,所以在许多化学漂白过程中会与化学试剂,如二氧化氯、氯气、臭氧、过氧酸,发生反应。浆料的卡伯值是通过高锰酸钾与己烯糖醛酸反应进行测定的。在 ECF 和 TCF 漂白前,己烯糖醛酸能够通过酸水解转化为呋喃衍生物,因此,酸处理可以降低漂白试剂和螯合试剂的消耗量。

(3)抽出物

根据在针叶木硫酸盐法制浆中作用的不同,抽出物可分为两类:可挥发组分(天然松节油)和不可挥发组分(塔罗油)。在蒸煮过程中,大部分抽出物会在蒸煮初期脱除,通过蒸馏可收集得到松节油。塔罗油由脂肪酸、松香酸钠盐、松香酸钙盐和一些未皂化中性物质组成。皂类成分悬浮或者溶解在黑液中,大部分可以通过蒸发回收。由于酯类的皂化反应和脂肪羧酸的中和反应,抽出物消耗了蒸煮试剂。碱性条件下蜡比脂肪更加稳定,在硫酸盐法制浆中,可挥发性松节油具有一定的化学稳定性,而木材的脂肪酸酯键则易发生水解。一些不饱和脂肪酸和松香酸在碱性蒸煮条件下局部异构化,一般松香酸中左旋海松酸部分异构化为枞香酸,其他少数松香酸在硫酸盐制浆时基本稳定。

2.2.4 亚硫酸盐法制浆

2.2.4.1 工艺流程概述

从 20 世纪 50 年代开始,硫酸盐法制浆成为生产化学浆的最主要方法,而亚硫酸盐法生产的纸浆不到 10%,主要原因是硫酸盐法所得纸浆强度性能高,对木材种类和质量要求低,蒸煮试剂易回收,能耗低,可获得副产物,蒸煮时间短。但在一些国家以及制备特种纸时,仍然会采用亚硫酸盐法制浆。与硫酸盐法制浆相比,亚硫酸盐制浆具有未漂浆白度高,得率高,臭气释放少以及设备投资成本低的优点。亚硫酸盐蒸煮过程需要控制 pH,蒸煮不具可控性,浆料得率和性质不均一。

亚硫酸盐制浆中,含硫活性物质(二氧化硫,SO_2),亚硫酸氢根离子(HSO_3^-)和亚硫酸根离子(SO_3^{2-})的浓度取决于蒸煮液 pH。依据化学平衡,在 pH 约为 4 时,溶液以 SO_2 为主(总 SO_2 值为绝干木料的 20%),HSO_3^- 几乎不存在;当 pH 低于或高于 4 时,SO_2 和 SO_3^{2-} 的浓度升高。蒸煮液中存在两种形式的 SO_2,即游离 SO_2 和结合 SO_2。通常以每 100mL 溶液中含有二氧化硫的克数来计算。一般酸性亚硫酸盐蒸煮液中每 5g 二氧化硫中含有 1g 游离二氧化硫,亚硫酸氢盐蒸煮液中每 5g 二氧化硫中含有 2.5g 游离二氧化硫。准确定量蒸煮液中的 SO_2 可以通过标准滴定曲线得到"亚硫酸"("H_2SO_3")、HSO_3^- 和 SO_3^{2-} 的实际含量来确定。与硫酸盐法制浆类似,亚硫酸盐法制浆中活性蒸煮试剂因发生各种不同的化学反应而消耗和失活。活性碱是阳离子与 HSO_3^- 和 SO_3^{2-} 形成的化合物,活性碱浓度用每升溶液中氧化钠(Na_2O)的质量(g)来计算。钙盐价格低廉(来自于石灰石,$CaCO_3$),环保要求低时不需要进行回收,故传统方法采用钙盐。亚硫酸钙($CaSO_3$)溶解度低,钙盐基适用于酸性亚硫酸盐法制浆。酸性亚硫酸盐法会产生大量的 SO_2,从而形成亚硫酸氢钙〔$Ca(HSO_3)_2$〕,阻止生成 $CaSO_3$。用易溶解的镁盐为碱,pH 会增加到将近 5,超过这个值时亚硫酸镁($MgSO_3$)会在碱性条件下以氢氧化物的形式沉淀。钠和铵的亚硫酸盐和氢氧化物都易溶解,对蒸煮液的 pH 没有要求。现代的亚硫酸盐蒸煮主要采用钠盐和镁盐,它们可再生和回收。

目前,改变蒸煮液的 pH,可以生产不同特性的浆料产品,通过酸性亚硫酸盐法和亚硫酸氢盐法制得的纸浆适用于不同用途,碱性亚硫酸盐蒽醌法生产的纸浆质量优于硫酸盐浆。同时还开发了改良的亚硫酸盐制浆法,即中性亚硫酸盐半化学浆法(NSSC)制浆。NSSC 生产时,先采用亚硫酸钠(Na_2SO_3)和亚硫酸氢钠($NaHSO_3$)混合溶液蒸煮木片,然后用盘磨机机械分离部分脱木素的木材纤维。阔叶木中性亚硫酸盐半化学浆适合于生产瓦楞夹芯原纸。

表 2-2 亚硫酸盐法制浆过程

方法	pH 范围	盐基	活性试剂	浆的类型
酸性亚硫酸盐法	1~2	Na^+,Mg^{2+},Ca^{2+},H_4N^+	HSO_3^-,H^+	溶解浆 化学浆
亚硫酸氢盐法	2~6	Na^+,Mg^{2+},H_4N^+	HSO_3^-,H^+	化学浆 高得率浆
中性亚硫酸盐法(NSSC)	6~9	Na^+,H_4N^+	HSO_3^-,SO_3^{2-}	高得率浆
碱性亚硫酸盐蒽醌法(AQ)	9~13	Na^+	HSO_3^-,HO^-	化学浆

除了表 2-2 列出的一些基本制浆方法,工业上亚硫酸盐法制浆在不同 pH 条件下进行,以增强浆料的使用特性。亚硫酸盐法制浆大致可分为两步法或者三步法。两步法:第一步,将木片在 pH 为 6~7 的亚硫酸钠和亚硫酸氢钠溶液中预蒸煮;第二步,采用酸性亚硫酸盐法制浆条件对木片进行蒸煮。在第一步时,木素在一定温度下发生磺化,主要保留在木材中,当在第二步加入液态的二氧化硫时伴随着脱木素过程。与传统酸性亚硫酸盐法制浆相比,两步法大大改进了木素磺酸盐的不均一性,纸浆得率较高(纸浆得率最大可提 8%),但只适用于针叶材,可能与聚葡萄糖甘露糖在浆中保留较长时间有关。与传统制浆方法相比,采用两步法处理阔叶材仅能一定程度上提高木聚糖得率,现代制浆工业生产中一般不采用。松木心材原料不宜采用传统酸性亚硫酸盐法制浆,可采用两步法进行。在第一步中,pH 为 6~7,木素的活性基团发生磺化并得到保护,阻止了木素与酚类物质(如:3,5-二羟基苯乙烯和紫杉叶素)的缩合反应。采用两步法制浆时,浆的得率可通过改变第一步的 pH 来调节,可根据目的优化浆料性质。钠盐三步法制浆法中第一步 pH 为 6~8,第二步 pH 为 1~2,最后一步为弱碱性,这种方法较适用于阔叶木制浆,用来生产高纤维素含量的溶解浆。

与硫酸盐法制浆相比,亚硫酸盐法制浆过程中存在着许多不确定因素从而影响脱木素效果,故亚硫酸盐法制浆的制浆条件变化较大。影响亚硫酸盐法制浆的主要因素是木材的种类和质量、浸渍条件、蒸煮液化学成分和主要蒸煮参数。一定温度下脱木素的程度主要取决于蒸煮液的酸性。典型的酸性亚硫酸盐法制浆条件为 pH 1~2,温度 140℃,蒸煮时间 6~8h,这可以有效脱除木素。中性亚硫酸盐溶液处理后少量木素溶解,而大部分以残渣的形式存在。中和时需要一定量的碱中和木素磺酸和木材的其他酸性降解产物。木素磺酸盐是指中和后溶解在蒸煮液中的木素成分。酸性亚硫酸盐蒸煮中碱浓度太低,pH 急剧下降,木素缩合反应速率加快,木片内部的蒸煮酸加速分解,使木片中心变硬,颜色变深。这些不利的反应降低了木素的脱除效率,甚至会完全阻止木素的脱除。

一般极少使用碳酸钙,早期的亚硫酸盐法制浆只对过量的二氧化硫进行简单回收,将废液进行燃烧用于供能,而没有回收药品。随着碱价格的升高和环保要求的提高,回收能源与无机化学药品(碱和亚硫酸)是十分重要的。现在除了石灰石亚硫酸盐法制浆厂外,都要求对药品进行回收。钠盐基废液在回收炉中燃烧,同时回收蒸煮药品;镁盐基亚硫酸盐废液燃烧时不产生任何气味,在集尘器中碱以氧化镁的形式回收,释放的二氧化硫会吸附在洗气罐中;铵盐基亚硫酸盐废液在燃烧钙盐废液的锅炉中燃烧,产生的化合物完全挥发,不存在飞尘的问题,燃烧气体中释放的一部分二氧化硫采用氨水吸收。

2.2.4.2　亚硫酸盐法制浆的反应

(1)木素的反应

在亚硫酸盐制浆中,脱木素过程的反应有磺化反应和水解反应(图 2-11)。磺化反应产生亲水性亚硫酸基($-SO_3H$),水解反应中苯基丙烷结构单元之间的芳基醚键断裂,木素平均分子量降低,产生新的游离酚羟基,这两个反应都增加木素的亲水性,使其具有水溶性。酸性亚硫酸盐法制浆中,木素磺化程度高,导致木素大量溶解,但水解反应比磺化反应更快。相反,中性和碱性亚硫酸盐法蒸煮中,木素磺化程度低,水解反应比磺化反应慢,脱木素过程很慢。平均磺化度用亚硫酸基与木素甲氧基的摩尔比来表示,未溶解的针叶木木素的平均磺化度较低($-SO_3H/OCH_3$ 约为 0.3),而溶解的木素磺酸盐约为 0.5 或更高。磺化值的差异在阔叶材的木素中同样存在,但是都比针叶材的值低。无论是针叶木还是阔叶木,木素磺化时消耗了少量的含硫活性试剂,其中 80%~90% 的硫以磺酸基的形式存在。

糖苷键对酸水解较敏感,在酸性亚硫酸盐法制浆时木材碳水化合物发生降解(图 2-11)。半纤维素为无定形物且聚合度较低,半纤维素比纤维素更易降解。降解的半纤维素溶解在蒸煮液中,水解为单糖,伴随着脱乙酰基、氧化和脱水反应。

大部分磺酸基会取代木素的羟基或者是在烷基侧链的 α-碳原子上发生醚化取代,无论 pH 为多少,游离的酚型结构(未被醚化)均快速磺化;无论木素单元是游离型还是醚化型,只有在酸性条件下才能发生磺化。在酸性亚硫酸盐蒸煮中,α-

木素

• 降解(水解)
(分子量下降)

• 亲水性增加
(磺化,酚羟基的释放)

　　—→ 水/酸-溶性木素磺酸盐

半纤维素

• 乙酰基的断裂

• 糖苷键的水解

　　—→ 水/酸-溶性单糖,低聚糖和多糖,羧酸和呋喃

提取物

• 脂肪和蜡的水解

• 脱氢反应

• 磺化反应

• 蒸发

　　—→ 水/酸-溶性成分,亚硫酸盐松节油(对异丙基甲苯)

图 2-11　原料在酸性亚硫酸盐制浆和亚硫酸氢盐制浆中发生的主要反应和现象,在这些条件下纤维素相对较稳定

羟基和醚键容断裂形成正碳离子中间体(苯醌离子)。针叶木木素中存在少量已打开的 α 芳基醚键,但酸性亚硫酸盐蒸煮中首先 α 芳基醚键打开形成大量木素降解产物,之后存在于蒸煮液中的亲水性二氧化硫和亚硫酸氢根离子攻击苯醌离子,发生磺化反应。与磺化反应形成竞争的是正碳离子的缩合反应,随着酸性增强,缩合反应速率加快,当苯醌离子与其他苯丙烷单元亲核位置发生反应时,形成大量碳碳键;缩合反应增加了木素磺酸盐的分子量,阻碍着木素溶解。木素也可与活化酚型抽出物发生缩合反应,如松树心材中银松素以及银松素的甲基醚作为亲核试剂与木素发生交联反应。另外,蒸煮液中硫代硫酸盐也会使木素之间发生交联反应,阻碍脱木素,在一定情况下脱木素会完全终止("黑煮")。

在中性和碱性亚硫酸盐法蒸煮中,酚型结构的木素才能发生反应。羟基或者醚键断裂形成亚甲基醌中间体,亚硫酸根离子或者亚硫酸氢根离子进攻非环形结构中的亚甲基醌结构,形成的 α 磺酸基有利于 HSO_3^- 或 SO_3^{2-} 在 β 芳基醚键结构上的 β 位发生亲核取代反应。在较高 pH 时,α 磺酸盐基团消除后形成 β 磺酸基结构,α 和 β 芳基醚键断裂形成新的酚型单元。在碱性亚硫酸盐法蒸煮中,非酚型 β 芳基醚键大量断裂。在硫酸盐法制浆时,缩合反应与 β 芳基醚键形成的竞争并不重要。甲氧基在酸性条件下稳定,在中性或者碱性的亚硫酸盐蒸煮条件下形成甲烷磺酸离子($CH_3SO_3^-$)而脱除。在亚硫酸盐蒸煮脱木素过程中形成大量的低分子量的芳香化合物,主要有 4 – 羟基苯甲酸、香兰素、香草酸、香草乙酮、二氢松柏醇、紫丁香醇、丁香醛、紫丁香酸、乙酰丁香酮等单体以及一些二聚体。

(2)碳水化合物反应

在酸性亚硫酸盐法和亚硫酸氢盐法蒸煮中,最主要的碳水化合物反应是半纤维素糖苷键断裂,产生单糖、可溶性低聚糖和降解多糖。一般而言,在脱木素过程中纤维素并没有溶出,但生产溶解浆过程中,当大量木素脱出后且反应条件十分剧烈时,纤维素才有溶出。在亚硫酸氢盐和中性亚硫酸盐蒸煮中,溶解的碳水化合物主要为低聚糖和多糖;相反,碱性亚硫酸盐蒸煮时,用碱量过高,碳水化合物会发生剥皮反应,一般阔叶木半纤维素损失率都高于针叶木半纤维素。在酸性亚硫酸盐蒸煮中挪威云杉和白桦的半纤维素损失率分别为52% 和49% 。

在普通酸性亚硫酸盐蒸煮条件下,针叶木乙酰化的聚半乳糖葡萄糖甘露糖中的乙酰基和半乳糖糖苷键均发生水解,葡萄糖甘露糖保留在浆中。针叶木阿拉伯糖葡萄糖醛酸木糖转化生成葡萄糖醛酸木糖,这是因为在蒸煮早期阿拉伯糖单元的呋喃糖苷键对碱极其不稳定,而葡萄糖醛酸对酸极其稳定。浆中残留木聚糖的葡萄糖醛酸含量比原料中木聚糖的葡萄糖醛酸含量低。醛酸基含量高的木聚糖易于溶解,而含支链少的木聚糖保留在浆中。阔叶木乙酰化的葡萄糖醛酸木聚糖乙酰基大量脱除,葡萄糖醛酸含量较低的木聚糖保留在浆中。针叶木和阔叶木中的少量多糖,如淀粉和果胶,在蒸煮早期就已经溶解,并形成一系列脱水产物和降解产物(如糠醛)。

在蒸煮条件下,水解溶出碳水化合物并不稳定,除少量的各种降解产物,15% ~20% 的单糖被 HSO_3^- 氧化为醛糖酸,生成的硫代硫酸根($S_2O_3^{2-}$)不利于脱木素,催化反应后形成连多硫酸盐(如蒸煮酸的降解)。除形成醛糖酸之外,少量单糖转化为糖磺酸,在亚硫酸盐废液中,α 羟基磺酸形成"不稳定结合二氧化硫",在滴定或者某些处理之后会缓慢释放。

(3)抽出物

酸性亚硫酸盐和酸性亚硫酸氢盐蒸煮中,脂肪酸的酯键发生一定程度的皂化,部分树脂磺化后亲水性增强,溶解度增加。抽出物发生脱氢作用,如 α – 蒎烯反应后生成对 – 异丙基甲苯,紫杉叶素反应后则生成槲皮素。松香酸等双萜类化合物具有不饱和结构,聚合后生成大分子而引起树脂障碍。碱性亚硫酸盐制浆中抽出物的反应与碱法蒸煮发生的反应较类似。

2.2.5 有机溶剂制浆

非木材原料传统脱木素方法是烧碱法和烧碱蒽醌法,也可以采用亚硫酸盐法和硫酸盐法。有机溶剂方法研究始于 20 世纪 30 年代,直到 20 世纪 80 年代才在实际生产中得到应用。有机溶剂制浆方法主要采用木素溶剂进行制浆,人们对这种新型的制浆体系进行了系统全面的研究(图 2 – 12)。

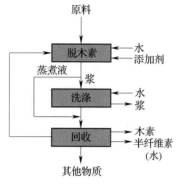

图 2 – 12　有机溶剂法简易流程
(注:不加水和添加剂均可脱木素)

大量文献报道了完全使用有机溶剂或者部分使用有机溶剂的制浆方法,但大部分仅为实验室研究。有机溶剂制浆采用的溶剂主要有醇(如甲醇、乙醇、丙醇、丁醇、乙二醇和四氢糠醇),脂肪族羧酸及酯(如甲酸、乙酸、乙酸乙酯),酚类(如苯酚和甲酚)和一些其他试剂(如过氧甲酸、甲基亚砜、丁氧基乙醇、甲醛)。蒸煮液一般是有机溶剂的水溶液,还可加入一些催化剂,如氢氧化钠、硫酸、盐酸、氯化镁、氯化铝和蒽醌,以增强脱木素程度、提高纸浆得率及纸浆强度。许多溶剂体系用于木质纤维原料脱木素的研究,相关研究主要集中在生产高档纸浆的工艺优化方面,复杂的有机溶剂制浆方法有 ASAM 法(碱性亚硫酸盐 – 蒽醌 – 甲醇)和 Organocell 法(甲醇 – 碱 – 蒽醌)。

最初,能源问题是开发有机溶剂制浆的主要推动力,目前有机溶剂制浆的重点是设计一种无硫、环境友好型的制浆流程,生产易漂浆和副产品(木素和半纤维素)。目前,有机溶剂制浆研究重点是:降低脱木素过程的污染,简化溶剂的回收系统,改进副产品的回收,降低浆厂的规模以及拓宽原料的范围(注:松木不适宜采用酸性亚硫酸盐法制浆)。有机溶剂制浆,特别是酸法有机溶剂,可以有效解决非木材原料制浆中硅回收的问题,而碱法制浆需要采用脱硅处理(见 2.2.1)。与硫酸盐浆相比,有机溶剂纸浆的强度较差。有机溶剂制浆生产能力较低,而规模较大的有机溶剂制浆设备成本过高,不具备经济可行性。另外,溶剂回收系统(有机溶剂和碱回收)需要进一步优化。上述工艺已有中试和工业生产,如使用甲醇和碱的 MD 流程和使用乙醇的 Alcell 流程,但是并没有实现真正的突破。

基于生物精炼,有机溶剂制浆不仅生产化学浆,还利用木素和碳水化合物。最近,在甲酸法制浆方面,新开发了 Formicofib 流程生产纤维和 Formicobio 流程用于生产乙醇。新型无硫制浆方法,以及木材的氧脱木素正受到广泛的关注。氧法制浆适合用于非木材原料,但不适合用于木材原料。氧脱木素可于化学浆的漂白工段之前。

一般不采用蒸汽爆破脱木素,蒸汽爆破中,木材原料在 200~300℃ 条件下经过短暂带压处理(<4min),随后快速减压至常压。蒸汽爆破后纤维的质量较差(特别是对溶解浆而言),该技术尚未取得重大突破。蒸汽爆破是一种有效的预处理方法,特别是在处理非木材原料方面。非木材原料蒸汽爆破后可进行酶处理和化学处理,例如溶出的半纤维素经糖化后可发酵生产乙醇(见 2.1.2)。蒸汽爆破温度高、保温时间短,避免了生物质组分进一步降解,水洗后半纤维素组分得率较高,可作为一种预处理方法用于分离生物质组分。

2.3 实际问题

2.3.1 引言

作为一种多功能的资源,林木资源受到了越来越多的关注,林木资源的一些新用途也正在研究之中。林木资源在建筑材料和纤维行业将继续扮演重要角色,它的主要功能也不会改变。目前,北半球的制浆造纸工业正面临着严峻的挑战,需要开发高附加值产品来保持其竞争力。除了能源之外,开发产品的新功能以及新的副产物,均可直接提高传统硫酸盐法制浆的利润,这是一种可行的方案,实现有效回收的前提是将产品开发与制浆相整合,工艺对蒸煮药品的回收影响小,并对纸浆质量无不良影响。

过去几年,酸处理受到了广泛关注。在酸处理中,首先进行稀硫酸处理以去除半纤维素并增强固体残渣中纤维素的反应活性,之后再对纤维素进行酸或者酶水解,这与工业中利用农林生物质中木聚糖生产糠醛过程类似。其他去除生物质中半纤维素的预处理技术有自水解、蒸汽爆破和酶处理等。自水解中水是唯一的试剂,具有环境友好和成本低的优点。传统自水解废液(水解液,pH3~4)含有各种碳水化合物(低聚糖、多糖、单糖),少量其他有机物和无机物,其中有机物包括脂肪族羧酸(乙酸和甲酸)、呋喃衍生物(5-羟甲基-2-呋喃甲醛或HMF和糠醛)和原料的无定形成分,如木素和抽出物。碱性预处理(如氢氧化钠预处理)通过浸渍纤维增加纤维素的内表面,降低纤维素的聚合度和结晶度,从而增加了纤维素的水解率。与酸处理相比,碱处理溶出木素较多,而纤维素和半纤维素溶出较少。

化学制浆中大量原料在脱木素时发生溶解,因此原料的全组分利用显得十分重要。一种行之有效的方法是主产物用于生产纸和纸板,回收废液中的降解产物用作燃料。"综合精炼"是一种从生物质提取碳水化合物,木素和其他物质,并将其转化为燃料,化学品等产品的零浪费的工艺。在硫酸盐法制浆过程中,一种常用的有效方法是酸预水解(图2-13)。酸水解中可大量脱除半纤维素,而纤维素的降解可以忽略。降解得到的低聚糖等碳水化合物能水解为单糖,可用于生产乙醇和通过发酵得到高附加值产物。木片预水解方面,已经有热水处理(自水解)和稀硫酸水解的研究。热水处理与传统硫酸盐预水解过程相似,传统硫酸盐预水解生产

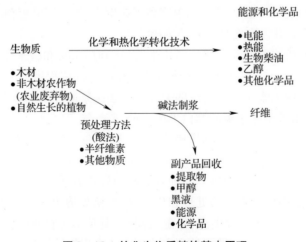

图2-13 林业生物质精炼基本原理

溶解浆时在第一步的高温酸处理阶段半纤维素大量脱除(见 2.2 和第 7 章)。自水解条件会影响反应过程和碳水化合物的成分,在脱木素前,木材于 130 ~ 160℃ ,液料比为 5L/kg 的条件下反应约 2h,损失为 10% ~ 15% ,得到的水解产物中碳水化合物约占 3/4(其中单糖占 1/5)。

预处理阶段应避免对蒸煮药品的回收产生干扰,不损害浆的强度性能。酸法预水解对浆的性质会产生不利影响。可在不同的条件下用弱碱抽提半纤维素,半纤维素碱抽提有利于后续蒸煮过程中碱液对木片的渗透。与酸法预处理相比,碱预处理时木素和抽出物的溶出较多,经处理的木片蒸煮后纸浆得率与强度没有降低。

碱法制浆中大量半纤维素转化为脂肪族羧酸,木素降解产物和抽出物溶解于蒸煮液中(见 2.2.1 和 2.3.2)。从碱法蒸煮液中回收有机物要注意以下"限制因素"(包括各种经济因素):

① 纤维素纤维作为主要产物,须保持其强度性能;

② 流程应避免干扰蒸煮药品和部分溶出物的回收,这将增加硫酸盐浆厂的回收能力;

③ 保留未完全分离的抽出物;

④ 主要的目标是最大化回收低热值碳水化合物,最小化回收高热值木素;

⑤ 生产无硫副产品;

⑥ 分离技术简单;

⑦ 分离所得成分进一步改性以得到高附加值产品。

蒸煮初期,脱木素过程进行缓慢,碳水化合物损失较大。针叶木硫酸盐法制浆选择性低,例如,在传统升温阶段的后期(大量脱木素阶段后)脂肪酸与木素的质量比为 1.1 ~ 1.2(黑液中最终比例为 0.8 ~ 0.9)。由此推断,与普通的预处理方法相比,在脱木素的早期采用剧烈的碱性条件得到的木素含脂肪族羧酸较高,表明在碱预处理时溶出的脂肪族羧酸没有明显的降解。该法应遵循以上限制因素,不形成含硫有机物。在现代硫酸盐法制浆中,若完全燃烧黑液所产生的能源过剩时,可在不改变现存蒸煮工艺的条件下回收已溶解的有机物并加以利用。

图 2-14 为黑液分离过程示意图,其目标是回收脂肪族羧酸并改进回收工艺。预处理液首先蒸发至固液比为 25% ~ 30% 以回收天然塔罗油,随后通过两步碳化技术,第一步采用燃气,接着在一定压力下使用纯净的二氧化碳(pH 约为 8),使 75% ~ 80% 的无硫木素沉淀,将沉

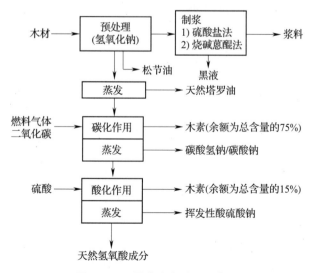

图 2-14　黑液分离过程示意图

淀后的母液蒸发至碳酸二氢钠和碳酸氢钠晶体析出,酸水处理后聚合的木素几乎完全沉淀。在 pH 为 9 ~ 11 时,硫酸盐木素的酚羟基发生中和反应,沉淀出大部分的木素,进一步降低 pH 至 2 时会释放出羧酸基,更多的木素析出,通常加热液体(80℃)有利于过滤。在 pH 为 9.5,8.0 和 2.0 时,硫酸盐木素的得率约为 35%,75% 和 90%,而水溶性木素(大约为总共硫酸盐木素的 10%)主要为低聚物,因此不能析出。在这个过程中,经硫酸调至 pH 为 3 后,脂肪族羧酸会完全以游离的形式存在,同时大约一半的木素沉淀出来。液体蒸发时,硫酸钠几乎完全以晶体的形式析出。蒸发可回收挥发性酸(甲酸和乙酸),挥发性酸与羟基酸的质量比取决于处理条件和木材原料,针叶木木片约为 1.5,阔叶木木片约为 4.5,仅少量的脂肪酸能够以钠盐的形式得到利用,如碳化后得到的酸和蒸发后去除的碳酸二氢钠/碳酸钠。

释放脂肪酸需要强无机酸,而生成的硫酸钠是一种很廉价的产物,所以找到一种合适的方法控制大量硫酸钠的生成是当前面临的一大难题。硫酸钠化学稳定性很好,只有在高温下才能被还原为硫化钠。电化学膜处理(电渗析;反应式 $Na_2SO_4 \rightarrow H_2SO_4 + NaOH$)技术能够实现硫酸钠的部分回收和再利用。生成的甲酸和乙酸(挥发性酸)几乎能完全回收,在二氯乙烯的作用下,通过共沸蒸馏能实现甲酸和乙酸的大规模分离。相反,羟基酸的纯化过程较难,仅能分离少量酸,主要是 2 ~ 4 个碳原子的低分子量酸(羟基乙酸、乳酸和 2 - 羟基丁酸)和 5 ~ 6 个碳原子的高分子量酸(3,4 - 脱氧戊糖酸、3 - 脱氧戊糖酸、异木糖精酸和异葡萄糖精酸)。在减压下(0.067 ~ 0.173 kPa)进行简单蒸馏能回收 70% ~ 80% 的脂肪酸,或者通过离子排阻色谱技术,生成的钠盐可以用电渗析方法进行分离。脂肪类羧酸纯化后用途广泛,其中甲酸、乙酸、羟基乙酸和乳酸已成为现代工业重要的化学品。另外,大部分不常用的羟基酸能够通过还原反应(聚醇类产物)、氧化反应(聚羧酸类产物)或者酯化反应(乳化剂产品)转化为相应的衍生物,可作为合成其他化学品和聚酯类产品的起始物。

无硫抽出物能热解生产生物柴油,并同步回收钠盐。应用生物转化技术还有一些其他优点,如避免使用硫酸生成天然塔罗皂酸,在热解时生成的碳酸钠可重复使用。工业木素主要用途是作为燃料,未经改性的高分子木素用途广泛,如作为表面活性剂或者分散剂,工业上的低分子木素与相应的石化产品形成了竞争。分离的无硫木素可用于生产酚类树脂(酚醛树脂类黏合剂)或者木素聚氨酯,热解可生产碳纤维和酚类产品。

回收脂肪酸是一个复杂的分离过程,现阶段只限于实验室规模。当回收设备以满负荷运行时,分离的有机物质能否达到脂肪酸总量的 1/3 还有待进一步证实。几十年来,酸沉淀木素已成为一种常见的分离技术,最近应用于"LignoBoost"流程,若要利用木素则需进行进一步酸洗。黑液中不能作为燃料的、热值相对较低的有机固体的应用很复杂,并受到许多经济因素的影响。

在实际应用中,如果溶出物回收率达到 15%,那么年产 50 万 t 的硫酸盐浆厂大约可回收 2.5 万 ~ 4 万 t 抽出物,4 万 t 木素和 8.5 万 t 脂肪类羧酸,黑液热值将降低 20% ~ 27%。在脱木素的过程中应用分离技术,将有望增加现有硫酸盐制浆厂的回收能力。回收锅炉是工厂的一大瓶颈,并引起了硫酸盐制浆厂的极大关注。

图 2 - 15 是林业资源的应用实例,其中包括之前提到的改良蒸煮方法,此图显示了原料采集和制浆过程得到的固体和液体生物质残余物的大概分布情况。分布区域主要是北欧,同时也能反映许多其他的化学纤维生产地的情况,数据显示的是与木材干重(100)的质量比。由图 2 - 15 可知,采伐剩余物(如:树桩、树根、树顶端、树枝或者树叶)以及树皮约为木材原料的 47%,去皮的木材(占 53%)经过脱木素后仅剩 25% 的纤维,在制浆以及氧脱木素和漂白后得率会降低 1% ~ 2%。

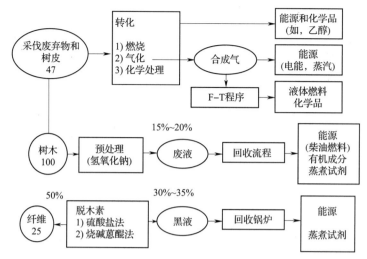

图 2-15 林木生物质利用过程物料守恒

去皮后的木材和采伐剩余物还需使用不同的化学和热化学方法进行处理,以生产能源和制备化学品(见 1.2 和 1.3 节,第 7 章和第 8 章)。如何在对纤维生产流程进行简易改变的情况下增加能源和化品的回收率至关重要,其中一个主要的原因是制浆工业属于资金密集型产业,并且设备一旦安装就必须有较长的运行时间,因此在大多数情况下,对工厂的流程进行一些较大的改变不太现实。

2.3.2 硫酸盐法制浆的副产品

针叶木硫酸盐法制浆主要化学副产品是天然松节油和塔罗油皂(见第 6 章)。松节油和塔罗油皂的利用取决于制浆时木材的种类,原木和木片的储存方法、时间,以及树木的生长环境。即使是在富含抽出物的松树树种中,副产品的用途也不尽相同。抽出物回收后,黑液中除含有无机物外,还含有木素,碳水化合物的降解产物(脂肪类羧酸和半纤维素降解物)以及残留的抽出物(主要是树脂和脂肪酸)(表 2-3)。

表 2-3　欧洲赤松(*Pinus sylvestris*)和白桦(*Betula pendula*)硫酸盐黑液的
化学组成的干重(相对于原料总干重的百分比)

单位:%

组成	松木	桦木	组成	松木	桦木
木素[a]	31	25	异木糖精酸	1	3
HMM(>500u)组分	28	22	异葡萄糖精酸	6	3
LMM(<500u)组分	3	3	其他	3	3
芳香族羧酸	29	33	其他有机物	7	9
甲酸	6	4	抽出物	4	3
乙酸	4	8	碳水化合物[b]	2	5
羟基乙酸	2	2	杂质	1	1
乳酸	3	3	无机物[c]	33	33
2-羟基丁酸	1	5	钠有机物	11	11
3,4-脱氧-戊糖酸	2	1	无机化合物	22	22
3-脱氧-戊糖酸	1	1			

注:a HMM 和 LMM 分别对应高相对分子质量和低相对分子质量。

　　b 主要是半纤维素碎片。

　　c 由于恒载无机物,所以其质量比稍高。

黑液的大部分成分相似,目前已对黑液中的主要化合物进行了详细的研究,而对于热带阔叶木和非木材原料碱法制浆黑液成分的研究相对较少。为满足制浆造纸厂的能源需求,木素和脂肪族羧酸常用作燃料,其降解产物作为化学品也同样值得关注(见第2.3.1节)。

减压蒸馏可回收天然松节油,间隙式蒸煮回收系统与连续蒸煮回收系统有较大差异,间隙式蒸煮回收系统是通过减压捕集的。生产1t松木浆,天然松节油的平均得率为5~10kg,这比杉木浆松节油的得率低。可采用精馏方法对天然松节油进行纯化,将MM、DMS等杂质去除。松节油主要成分是单萜烯类物质,包括α-蒎烯(占所有化合物的50%~80%),β-蒎烯和莰烯,以及羟基化单萜。单萜类化合物可用作油漆涂料的稀释剂,橡胶溶剂和再生剂。松节油主要用于化学工业(如制备α-蒎烯和天然莰烯,合成樟脑,薄荷醇和杀虫剂),医药行业(搽剂)以及香料行业。松节油用途非常广泛,如制备乳化剂和分散剂,以及用于浮游选矿。单萜类物质能水解为合成松油(α-松油醇)。松节油另外一个重要的用途是聚合为聚萜烯树脂,这类树脂可制备压力敏感型黏合剂或者热溶性黏合剂。

在蒸发黑液时撇取浮沫(除去塔罗油皂)之后,添加硫酸可生成树脂和脂肪酸从而得到天然塔罗油(CTO)。每吨纸浆的CTO得率为30~50kg,相当于起始物料的50%~70%。减压蒸馏(0.3~3kPa,170~290℃)可分离纯化CTO,其主要成分的质量比例和用途如下:轻油,10%~15%,可用于燃烧,工业用油和防锈;脂肪酸,20%~40%,可作为展色剂、肥皂、油墨、除泡剂、润滑剂和油脂、浮选剂和工业油;松香,25%~35%,可用作醇酸树脂、油墨、黏合剂、乳化剂、展色剂和定型剂和肥皂;松脂残余物,20%~30%,可用于燃烧、沥青添加剂、防锈剂、印刷油墨和油井钻探泥浆。塔罗油(TOFA)生产的各种商业脂肪酸产品,其纯度和成分不尽相同,其中最常见的是油酸和亚油酸,商业松节油中最主要的树脂酸是枞烷(如松香酸和脱氢松香酸)和海松烷(如海松酸,长叶松酸和左旋海松酸),也存在少量的花烷型。轻油中的中性化合物会降低其他成分的得率和质量,在进行蒸馏之前可采用多种提取方法以除去中性化合物。一种称为"CSR"的提取方法的产物是谷甾醇,还原得到的二氢谷甾醇酯化后可用于食用脂肪,以降低人体血液的胆固醇含量。

硫酸盐法制浆的重要副产品是硫酸盐黑液,在回收炉里燃烧得到能源和蒸煮化学品(见第2.2.1)。但是,与其他常见商业燃料不同,黑液的热能较低,这是因为无机物含量和水含量高而降低了黑液的热值(12~15kJ/kg固体)[126],另外在燃烧时黑液会大量积聚,黑液的成分对黑液的热化学性能起着至关重要的作用。在实验室条件下,对黑液的燃烧过程进行研究的主要方法是在动态或静态气氛下,在锅炉中燃烧一滴或者大量的黑液[127,128]。实验已总结出一些燃烧参数,如不同燃烧阶段(干燥,热解和炭烧)的持续时间、在热解和燃烧生成气体产物时液滴的膨胀率(一般为10~60次)以及热解和炭烧产物的得率。热重仪也广泛应用于各种黑液的热化学性能的测定[127-131]。

单滴技术[127]结果证明与黑液燃烧相关的许多因素,可用于比较不同黑液的燃烧性能。该技术广泛应用于传统实验室制浆[131-135],研究发现阔叶木的制浆黑液比针叶木的燃烧时间短(热解时间和炭烧时间),膨胀率高,大量抽出物降低了膨胀,半纤维素会增加膨胀,延长蒸煮时间会降低燃烧时间和增加膨胀,有关影响整个过程的详细机理仍缺乏有效的数据支撑。有机物成分与黑液的不同燃烧阶段之间的关系影响着黑液的燃烧性能。脂肪族羧酸对黑液的干燥速率有很大影响,其原因是脂肪族羧酸可能与水分子形成分子间氢键(图2-16)。与其他成分相比,脂肪酸遇热不稳定,因此在热解阶段挥发性降解产物来源于相应的酸,这对黑液膨胀不可或缺。而木素在燃烧时比较复杂(热解和炭烧阶段),具有芳香族结构的残余物比较容易转化为可挥发的化合物,而其芳环部分对焦炭的形成也很重要。与半纤维素连接的大分子木素对阻止黑液中挥发性产物的释放起着重要的作用,木素和半纤维素在一定温度下燃烧形成"高弹性的外层"。图2-17所示为黑液燃烧时常见的反应路径,其机理与生物质热解相似。

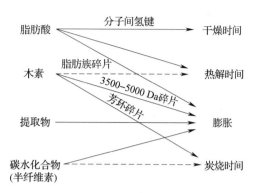

图2-16 硫酸盐黑液的主要有机成分和
不同燃烧阶段的关系[18,135]

注:实线:强相关 虚线:弱相关

在过去的70年中,回收炉生产的生物质能源发展快速,已成为世界上最大的生物质燃料[136]。制浆造纸厂在能源的生产和消耗两方面的效率已经得到了改进,最新的制浆生产线在不用燃烧树皮、木材残渣和其他昂贵燃料的情况下也能保证充足的能源,黑液固体产生较多的蒸气动力。尽管能源在不断的更新换代,但由黑液产生的电能仍然很重要。林木生物质的气化(基于气化的生物精炼)成为一种常见的技术,大量的中试方案采用合成气和生物质能源生产液体燃料,主要是电能(见第2.1.3节和第8章)。第一代商业黑液气化器的诞生给回收能源和蒸煮试剂的回收炉带来了挑战,黑液气化器(BLG)主要有两个应用:a. 大气-空气吹制辅助系统,用于增加回收炉的生产能力;b. 压力-氧吹气化系统,可代替传统的回收炉。压力-氧吹气化系统可显著提高硫酸盐制浆厂能源和化学品的回收效率,同时为生产生物燃料和化学品提供了可能。

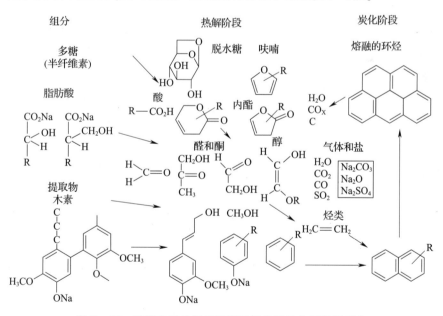

图2-17 黑液在回收炉里燃烧时发生的热化学降解反应

2.3.3 酸性亚硫酸盐法制浆的副产物

亚硫酸盐法制浆废液(SSLs)可生产一系列产品。溶解的有机物热量高,可燃烧产生热能,少数亚硫酸盐法制浆厂从制浆废液中回收化学品。亚硫酸盐法制浆废液与碱法制浆废液差异较大,其有机物来自于木素磺酸盐和半纤维素(表2-4)。由于分离抽出物存在问题,从亚硫酸盐法制浆废液中分离抽出物并未受到重视。亚硫酸盐法制浆中,异丙基苯是制浆副产物中的单一抽出物,它可以通过蒸馏纯化从蒸煮锅中分离得到。天然产物在工厂可用作树脂清洁剂,蒸馏产物可用于油漆涂料行业。采用超滤可将 SSLs 中的大分子木素磺酸盐与小分子木素磺酸盐相分离。分离纯化后,溶液蒸发浓缩,喷雾干燥后得到木素磺酸盐粉末。木素磺酸盐具有黏合性和分散性,具有广泛的市场应用。工业上以针叶木木素磺酸盐为原料,采用不同的碱性氧化方法制备香兰素。木素磺酸盐应用广泛,但新的应用还有待深入研究和开发。

在 SSLs 中碳水化合物的工业利用方面,发酵方法十分重要(见第 2.1.2 节)。废液主要用于生产乙醇和单细胞蛋白质,该项技术曾一度作为降低工厂污染的有效方法,但从副产物利用角度来看并不具有经济可行性。采用复杂的分离方法可从 SSLs 中分离出单一化合物,但最终产品的价格必须高于分离成本才具备技术可行性。阔叶木中性亚硫酸盐制浆废液中醋酸含量高于其他有机物的含量,可以采用一些技术分离得到醋酸,之后使用共沸精馏的方法可除去其中的少量甲酸。理论上可以从废液中分离出各种单糖及其降解产物,但是操作成本较高,在实际生产中该工艺受到限制。

表 2 - 4 　　挪威云杉(*Picea abies*) 和白桦(*Betula pendula*) 的酸性亚硫酸盐
制浆废液主要成分[18]　　　　　　　　　　　　单位:kg/t 浆

成分	云杉	桦树	成分	云杉	桦树
木素磺酸盐	510	435	甘露糖	105	45
碳水化合物	270	380	低聚糖和多糖	55	75
单糖	215	305	羧酸	70	130
阿拉伯糖	10	5	乙酸	30	75
木糖	45	240	醛糖酸	40	55
半乳糖	30	5	抽出物	40	40
葡萄糖	25	10	其他	30	55

参考文献

[1] Herrick, F. W. and Hergert, H. L. Utilization of chemicals from wood: Retrospect and prospect, in The Structure, Biosynthesis, and Degradation of Wood, Recent Advances in Phytochemistry, Volume 11, F. A. Loewus and V. C. Runecles (Eds.), Plenium Press, New York, NY, USA, 1977, pp. 443 – 515.

[2] Sinsky, A. J. Organic chemicals from biomass: An overview, in Organic Chemicals from Biomass, D. L. Wise (Ed.), The Benjamin/Cummins Publishing Company, London, England, 1983, pp. 1 – 67.

[3] Alen, R. Conversion of cellulose – containing materials into useful products, in Cellulose Sources and Exploitation—Industrial Utilization, Biotechnology, and Physico – Chemical Properties, J. F. Kennedy, G. O. Phillips and P. A. Williams (Eds.), Ellis Horwood, Chichester, England, 1990, pp. 453 – 464.

[4] Kamm, B. , Kamm. M. , Gruber, PR. and Kromus, S. Biorefinery systems — An overview, in Biorefineries — Industrial Processes and Products, Status Quo and Future Directions, Volume 1, B. Kamm, P. R. Gruber and M. Kamm (Eds.), Wiley – VCH, Weinheim, Germany, 2006, pp. 3 – 40.

[5] Dale, B. E. and Kim, S. Biomass refining global impact — The biobased economy of the 21st century, in Biorefineries — Industrial Processes and Products, Status Quo and Future Directions, Volume 1, B. Kamm, P. R. Gruber and M. Kamm (Eds.), Wiley – VCH, Weinheim, Germany, 2006, pp. 41 – 66.

[6] Ragauskas, A. J. , Williams, C. K. , Davison, B. H. , Britovsek, G. , Cairney, J. , Eckert, C. A. , Frederick, W. J. Jr. , Hallett, J. P. , Leak, D. J. , Liotta, C. L. , Mielenz, J. R. , Murphy, R. , Templer, R and Tschaplinski, T. 2006. The path forward for biofuels and biomaterials, Science, 311, 484 – 489.

[7] Clark, J. H. and Deswarte, E. L The biorefinery concept — An integrated approach, in Introduction to Chemicals from Biomass, John Wiley & Sons, New York, NY, USA, 2008, pp. 1 – 20.

[8] Amidon, T. 2006. Forest Biorefinery: A new business model, Pulp Pap. Can. , 107(3)19.

[9] Penvaiz, M. and Sain, M. 2006. Biorefinery: opportunities and barriers for petrochemical industries, Pulp Pap. Can. , 107(6)31 – 33.

[10] Mabee, W. E. and Saddler, W. E. 2006. The potential of bioconversion to produce fuels and chemicals, Pulp Pap. Can. , 107(6)34 – 37.

[11] Clements, L. D. and Van Dyne, D. L. The lignocellulosic biorefinery — A strategy for returning to a sustainable source of fuels and industrial organic chemicals, in Biorefineries — Industrial Processes and Products, Volume 1, B. Kamm, PR. Gruber and M. Kamm (Eds.), Wiley – VCH, Weinheim, Germany, 2006, pp. 115 – 128.

[12] Katzen, R. and Schell, D. J. Lignocellulosic feedstock biorefinery: History and plant development for biomass hydrolysis, in Biorefineries — Industrial Processes and Products, Volume 1, B. Kamm, PR. Gruber and M. Kamm (Eds.), Wiley – VCH, Weinheim, Germany, 2006, pp. 129 – 138.

[13] Koukoulas, A. A. 2007. Cellulosic biorefineries – Charting a new course for wood use, Pulp Pap. Can. , 108(6)17 – 19.

[14] Chambost, V. , Earner, R. and Stuart, P. R. 2007. Systematic methodology for identifying promising biorefinery products, Pulp Pap. Can. , 108(6)31 – 35.

[15] Amidon, T. E. and Liu, S. 2009. Water – based woody biorefinery, Biotechnol. Adv. , 27, 542 – 550.

[16] Thorp, B. A. and Akhtar, M. 2010. Is the biorefinery for real?, Paper360°, 5(4)8 – 12.

[17] Janssen, M. and Stuart, P. 2010. Drivers and barriers for implementation of the biorefinery, Pulp Pap. Can. , 111(3)13 – 17.

[18] Alén, R. Basic chemistry of wood delignification, in Forest Products Chemistry, Book 3, P. Stenius (Ed.), Fapet Oy, Helsinki, Finland, 2000, pp. 58 – 104.

[19] Kotilainen, R. Chemical Changes in Wood During Heating at 150 – 260℃, Doctoral Thesis, University of Jyvaskyla, Laboratory of Applied Chemistry, Jyvaskyla, Finland, 2000, 57 p.

[20] Goldstein, I. S. Composition of biomass, in Organic Chemicals from Biomass, 2nd printing, I. S. Goldstein (Ed.), CRC Press, Boca Raton, FL, USA, 1981, pp. 9 – 18.

[21] Piskorz, J. Fundamentals, mechanisms and science of pyrolysis, in Fast Pyrolysis of Biomass: A Handbook, Volume 2, A. V. Bridgwater (Ed.), CPL Press, Newbury, England, 2002, pp. 103 – 125.

[22] Murwanashyaka, J. N., Pakdel, H. and Roy, C. Fractional vacuum pyrolysis of biomass and separation of phenolic compounds by steam distillation, in Fast Pyrolysis of Biomass: A Handbook, Volume 2, A. V. Bridgwater (Ed.), CPL Press, Newbury, England, 2002, pp. 407 – 418.

[23] Cao, N., Darmstadt, H. and Roy, C. 2001. Activated carbon produced from charcoal obtained by vacuum pyrolysis of softwood bark residues, Energy & Fuels, 15, 1263 – 1269.

[24] Hemingway, R. W. Bark: Its chemistry and prospects for chemical utilization, in Organic Chemicals from Biomass, 2nd printing, I. S. Goldstein (Ed.), CRC Press, Boca Raton, FL, USA, 1981, pp. 189 – 248.

[25] Rydholm, S. A. Pulping Processes, John Wiley & Sons, New York, NY, USA, 1965, 1269 p.

[26] Goldstein, I. S. (Ed.). Organic Chemicals from Biomass, 2nd printing, CRC Press, Boca Raton, FL, USA, 1981, 310 p.

[27] Wise, D. L. (Ed.). Organic Chemicals from Biomass, The Benjamin/Cummins Publishing Company, London, UK, 1983, 465 p.

[28] Hakkila, P. Utilization of Residual Forest Biomass, Springer – Verlag, Heidelberg, Germany, 1989, 568 p.

[29] Klass, D. L. Biomass for Renewable Energy, Fuels, and Chemicals, Elsevier Academic Press, Burlington, MA, USA, 1998, 651 p.

[30] Zoebelein, H. (Ed.). Dictionary of Renewable Resources, VCH, Weinheim, Germany, 1997, 320 p.

[31] Brown, R. C. Biorenewable Resources — Engineering New Products from Agriculture, A Blackwell Publishing Company, Ames, IA, USA, 2003, 286 p.

[32] Kamm, B., Gruber, P. R. and Kamm, M. (Eds.). Biorefineries — Industrial Processes and Products, Status Quo and Future Directions, Volume 1, Wiley – VCH, Weinheim, Germany, 2006, 441 p.

[33] Kamm, B., Gruber, P. R. and Kamm, M. (Eds.). Biorefineries — Industrial Processes and Products, Status Quo and Future Directions, Volume 2, Wiley – VCH, Weinheim, Germany, 2006, 497 p.

[34] Minteer, S. (Ed.). Alcoholic Fuels, Taylor & Francis, Boca Raton, FL, USA, 2006, 270 p.

[35] Argyropoulos, D. S. (Ed.). Materials, Chemicals, and Energy from Forest Biomass, ACS Symposium Series 954, American Chemical Society, Washington, DC, USA, 2007, 530 p.

[36] Rosillo – Calle, F., de Groot, P., Hemstock, S. L. and Woods, J. (Eds.). The Biomass Assessment Handbook — Bioenergy for a Sustainable Environment, Earthscan, London, England, 2007, 269 p.

[37] Clark, J. H. and Deswarte, E. l. (Eds.). Introduction to Chemicals from Biomass, John Wiley & Sons, New York, NY, USA, 2008, 184 p.

[38] Belgacem, M. N. and Gandini, A. (Eds.). Monomers, Polymers and Composites from Renew-

able Resources, Elsevier Academic Press, Burlington, MA, USA, 2008, 560 p.

[39] Himmel, M. (Ed.). Biomass Recalcitrance: Deconstructing the Plant Cell Wall for Bioenergy, Wiley – Blackwell, Hoboken, NJ, USA, 2008, 528 p.

[40] Hetemäki, L. , Sedjo, R . and Seppälä, R . (Eds.). Forest Products and Bioenergy — Future Opportunities in Nordic Countries and North America, Springer – Verlag, Heidelberg, Germany, 2009, 310 p.

[41] Demirbas, A. Biorefineries — For Biomass Upgrading Facilities, Springer – Verlag, Heidelberg, Germany, 2010, 240 p.

[42] Vertès, A. A. , Qureshi, N. , Blaschek, H. P. and Yukawa, H. (Eds.). Biomass to Biofuels — Strategies for Global Industries, John Wiley & Sons, New York, NY, USA, 2010, 559 p.

[43] Crocker, M. (Ed.). Thermochemical Conversion of Biomass to Liquid Fuels and Chemicals, RSC Energy Series, Volume 7, Royal Society of Chemistry, Cambridge, UK, 2010, 532 p.

[44] Alén, R. and Sjöström, E. Degradative conversion of cellulose – containing materials into useful products, in Cellulose Chemistry and its Applications, T. P. Nevell and S. H. Zeronian (Eds.), Ellis Horwood, Chichester, England, 1985, pp. 531 – 544.

[45] Gírio, F. M. , Fonseca, C. , Garvalheiro, F, Duarte, L. C. , Marques, S. and Bogel – Lukasik, R . 2010. Hemicelluloses for fuel ethanol: A review, Biores. Technol. , 101, 4775 – 4800.

[46] Chandra, R. P. , Esteghlalian, A. R. and Saddler, J. N. Assessing substrate accessibility to enzymatic hydrolysis by cellulases, in Characterization of Lignocellulosic Materials, T. Q. Hu (Ed.), Blackwell Publishing, Oxford, UK, 2008, pp. 60 – 80.

[47] Mosier, N. , Wyman, C. , Dale, B. , Elander, R. , Lee, Y. Y. , Holtzapple, M. and Ladisch, M. 2005. Features of promising technologies for pretreatment of lignocellulosic biomass, Biores. Technol. , 96, 673 – 686.

[48] Ugar, G. 1990. Pretreatment of poplar by acid and alkali for enzymatic hydrolysis, Wood Sci. Technol. , 24, 171 – 180.

[49] Kaparaju, P. , Serrano, M. , Thomsen, A. B. , Kongjan, P. and Angelidaki, I. 2009. Bioethanol, biohydrogen and biogas production from wheat straw in a biorefinery concept, Biores. Technol. , 100, 2 562 – 2 568.

[50] Arshadi, M. and Sellstedt, A. Production of energy from biomass, in Introduction to Chemicals from Biomass, J. H. Clark and F. E. I. Deswarte (Eds.), John Wiley & Sons, New York, NY, USA, 2008, pp. 143 – 178.

[51] Anon. A European strategic energy technology plan (SET – plan) 'Towards a low carbon future", the Commission of the European Communities, COM(2007)723, Brussels, Belgium, 14 p.

[52] Fagernäs, L. , Johansson, A. , Wilén, C. , Sipilä, K. , Mäkinen, T. , Helynen, S. , Daugherty, E. , den Uil, H. , Vehlow, J. , Kåberger, T. and Rogulska, M. Bioenergy in Europe — Opportunities and barriers, VTT Research Notes 2 352, Technical Research Centre of Finland, Espoo, Finland, 2006, 118 p.

[53] Anon. Bio fuels in the European Union—A vision for 2030 and beyond, Final report of the Biofuels Research Advisory Council, European Communities, Luxembourg, Belgium, 2006, 33 p.

[54] Lee, S. Y. , Hubbe, M. A. and Saka, S. 2006. Prospects for biodiesel as a byproduct of wood pul-

ping — A review, BioResourses, 1 (1) 150 – 171.

[55] Maher, K. D. and Bressler, D. C. 2007. Pyrolysis of triglyceride materials for the production of renewable fuels and chemicals, Biores. Technol. ,98 ,2 351 – 2 368.

[56] Lappi, H. and Alén, R. 2009. Production of vegetable oil – based biofuels — Thermochemical behaviour of fatty acid sodium salts during pyrolysis, J. Anal. Appl. Pyrolysis, 86 ,274 – 280.

[57] Arpiainen, V. Production of Light Fuel Oil from Tall Oil Soap Liquids by Fast Pyrolysis Techniques, Licentiates Thesis, University of Jyvaskyla, Laboratory of Applied Chemistry, Jyvaskyla, Finland, 2001 ,51 p. (in Finnish).

[58] Qureshi, N. , Saha, B. C. and Cotta, M. A. 2007. Butanol production from wheat straw hydrolysate using Clostridium beijerinckii, Bioprocess Biosyst. Eng. ,30 ,419 – 427.

[59] Qureshi, N. and Blaschek, H. P. Clostridia and process engineering for energy generation, in Biomass to Biofuels — Strategies for Global Industries, A A. Vert&s, N. Qureshi, H. P. Blaschek and H. Yukawa (Eds.) , John Wiiey & Sons, New York, NY, USA, 2010 , pp. 347 – 358.

[60] Worden, R. M. , Grethlein, A. J. , Jain, M. K. and Datta, R. 1991. Production of butanol and ethanol from synthesis gas via fermentation, Fuel, 70 ,615 – 619.

[61] Yusuf, C. 2007. Biodiesel from microalgae, Biotechnol. Adv. ,25 ,294 – 306.

[62] Ruohonen, L and Tamminen, T. Microbes and algae for biodiesel production — Microfuel, in BioRefine Programme 2007 – 2012, Yearbook 2009, T. Makinen and £ . Alakangas (Eds.) , Tekes, Helsinki, Finland, 2009 , pp. 13 – 28.

[63] Huesemann, M. , Roesjadi, G. , Benemann, J. and Blaine Metting, F. Biofuels from microalgae and seaweeds, in Biomass to Biofuels — Strategies for Global Industries, A. A. VertSs, N. Qureshi, H. P. Blaschek and H. Yukawa (Eds.) , John Wiley & Sons, New York, NY, USA, 2010 , pp. 165 – 184.

[64] Brink, D. L. Gasification, in Organic Chemicals from Biomass, 2nd printing, I. S. Goldstein (Ed.) , CRC Press, Boca Raton, FL, USA, 1981 , pp. 45 – 62.

[65] Soltes, E. J. and Elder, T. J. Pyrolysis, in Organic Chemicals from Biomass, 2nd printing, I. S. Goldstein (Ed.) , CRC Press, Boca Raton, FL, USA, 1981 , pp. 63 – 99.

[66] Bridgwater, A. V. , Czernik, S. and Piskorz, J. The status of biomass fast pyrolysis, in Fast Pyrolysis of Biomass: A Handbook, Volume 2, A. V. Bridgwater (Ed.) , CPL Press, Newbury, England, 2002 , pp. 1 – 22.

[67] Alén, R. , Kuoppala, E. and Oesch, P. 1996. Formation of the main degradation compound groups from wood and its components during pyrolysis, J. Anal. Appl. Pyrolysis, 36 ,137 – 148.

[68] Oasmaa, A. Fuel Oil Properties of Wood – Based Pyrolysis Liquids, Doctoral Thesis, University of Jyväskylä, Laboratory of Applied Chemistry, Jyväskylä, Finland, 2001 ,46 p.

[69] Oasmaa, A. and Peacocke, C. A guide to physical property characterisation of biomass – derived fast pyrolysis liquids, VTT Publications 450, Technical Research Centre of Finland, Espoo, Finland, 2001 ,65 p.

[70] Higman, C. and van derBurgt, M. Gasification, Elsevier Science, Burlington, MA, USA, 2003 , 391 p.

[71] Brown, R. C. Biomass refineries based on hybrid thermochemical – biological processing — An

overview, in Biorefineries — Industrial Processes and Products, Status Quo and Future Directions, Volume 1, B. Kamm, P. R. Gruber and M. Kamm (Eds.), Wiley – VCH, Weinheim, Germany, 2006, pp. 227 – 252.

[72] Huber, G. W., Iborra, S. and Corma, A. 2006. Synthesis of transportation fuels from biomass: Chemistry, catalysts, and engineering, Chem. Rev., 106, 4 044 – 4 098.

[73] Anon. Review of technologies for gasification of biomass and wastes, Final report, E4tech, London, UK, 2009, 126 p.

[74] Kerton, F. M. Green chemical technologies, in Introduction to Chemicals from Biomass, J. H. Clark and E. l. Deswarte (Eds.), John Wiley & Sons, New York, NY, USA, 2008, pp. 47 – 76.

[75] Smith, R. 2002. Extractions with superheated water, J. Chromatogr. A, 975, 31 – 46.

[76] Wiboonsirikul, J. and Adachi, S. 2008. Extraction of functional substances from agricultural products or by – products by subcritical water treatment — Review, Food Sci. Technol. Res., 14 (4) 319 – 328.

[77] Teo, C. C., Tan, S. N., Yong, J. W. H., Hew, C. S. and Ong, E. S. 2010. Pressurized hot water extraction (PHWE), J. Chromatogr. A, 1217, 2 484 – 2 494.

[78] Leppänen, K., Spetz, P., Pranovich, A., Hartonen, K., Kitunen, V. and llvesniemi, H. 2010. Pressurized hot water extraction of Norway spruce hemicelluloses using a flow – through system, WoodSci. Technol., DOI 10. 1007/s00226 – 010 – 0320 – z.

[79] Pozar, D. M. Microwave Engineering, 3rd editon, John Wiley & Sons, New York, NY, USA, 2004, 720 p.

[80] Grönroos, A. Ultrasonically Enhanced Disintegration — Polymers, Sludge, and Contaminated Soil, Doctoral Thesis, University of Jyväskylä, Laboratories of Applied Chemistry and Organic Chemistry, Jyväskylä, Finland, 2010, 100 p.

[81] Mason, T. J. and Lorimer, P. J. Sonochemistry: Theory, Applications and Use of Ultrasonic Chemistry, Ellis Horwood, Chichester, England, 1988, 252 p.

[82] Suslick, K. S. 1989. The chemical effects of ultrasound, Sci. Amer., 260(2)80 – 86.

[83] Lancaster, M. Green Chemistry: An Introduction Text, Royal Society of Chemistry, Cambridge, England, 2002, 310 p.

[84] Lehtomäki, A. Biogas Production from Energy Crops and Crop Residues, Doctoral Thesis, University of Jyväskylä, Department of Biological and Environmental Science, Jyväskylä, Finland, 2006, 91 p.

[85] Rasi, S. Biogas Composition and Upgrading to Biomethane, Doctoral Thesis, University of Jyväskylä, Department of Biological and Environmental Science, Jyväskylä, Finland, 2009, 76 p.

[86] Jönsson, O., Potman, E., Jensen, J. K., Eklund, R., Schyl, H. and Ivarsson, S. Sustainable gas enters the European gas distribution system, Danish Gas Technology Center, 2003. (http://www. dgc. dk/publikationer/konference/jkj sustain_gas. pdf). (read 15. 8. 2010).

[87] Anon. FAO Yearbook — Forest Products 2007, FAO Forestry Series No. 42, Rome, Italy, 2009.

[88] Kleinert, T. N. and von Tayenthal, K. 1931. Überneuere Versuche zur Trennung von Cellulose und Inbrusten Verschiedener Hdlzer, Z. Angew. Chem., 44(39)788 – 791.

[89] Johansson, A., Aaltonen, O. and Ylinen, P. 1987. Organosolv pulping—Methods and pulp prop-

erties, Biomass, 13, 45 – 65.

[90] Aziz, S. and Sarkanen, K. 1989. Organosolv pulping — A review, Tappi J. , 72(3)169 – 175.

[91] Sarkanen, K. V. 1990. Chemistry of solvent pulping, Tappi J. , 73(10)215 – 219.

[92] Rousu, P. Holistic Model of a Fibrous Production of Non – Wood Origin, Doctoral Thesis, University of Oulu, Department of Process and Environmental Engineering, Oulu, Finland, 2003, 203 p.

[93] Zimmermann, M. , Patt, ft, Kordsachia, O. and Densmore, H. W. 1991. ASAM pulping of Douglas – fir followed by a chlorine – free bleaching sequence, Tappi J. , 74(11)129 – 134.

[94] Rousu, P. Chempolis Oy — Sustainable non – wood fibre and non – food bioethanol, in High Technology Finland 2010, Finnish Academies of Technology and the Finnish Foreign Trade Association, Espoo and Helsinki, Finland, pp. 120 – 121.

[95] Converse, A. O. , Kwarteng, I. K. , Grethlein, H. E. and Ooshima, H. 1989. Kinetics of thermochemical pretreatment of lignocellulosic materials, Appl. Biochem. Biotechnol. , 20/21, 63 – 78.

[96] Sun, Y. and Cheng, J. 2002. Hydrolysis of lignocellulosic materials for ethanol production: A review, Biores. Technol. , 83, 1 – 11.

[97] Kumar, P. , Barrett, D. M. , Delwiche, M. J. and Stroeve, P. 2009. Methods for pretreatment of lignocellulosic biomass for efficient hydrolysis and biofuel production, Ind. Eng. Chem. Res. , 48, 3 713 – 3 729.

[98] Garrote, G. , Domínguez, H. and Parajó, J. C. 2001. Generation of xylose solutions from Eucalyptus globules wood by autohydrolysis – posthydrolysis processes: posthydrolysis kinetics, Biores. Technol. , 79, 155 – 164.

[99] Tunc, M. S. and van Hein ingen, A. R. P. 2008. Hemicellulose extraction of mixed southern hardwood with water at 150℃. Effect of time, Ind. Eng. Chem. Res. , 47, 7 031 – 7 037.

[100] Alvira, P. , Tomás – Pejó, M. , Ballesteros, M. and Negro, M. J. 2009. Pretreatment technologies for an efficient bioethanol production process based on enzymatic hydrolysis: A review, Biores. Technol. , 101, 4 851 – 4 861.

[101] Axegård, P. Utilization of black liquor and forestry residues in a pulp mill biorefinery, Forest Based Sector Technology Platform Conf. , Lahti, Finland, November 22 – 23, 2006.

[102] van Heiningen, A. 2006. Converting a kraft pulp mill into an integrated forest biorefinery, Pulp Paper Can. 107(6)38 – 43.

[103] Mateos – Espejel, E. , Marinova, M. , Schneider, S. and Pans, J. 2010. Simulation of a kraft pulp mill for the integration of biorefinery technologies and energy analysis, Pulp Pap. Can. , 111(3)19 – 23.

[104] Carvalheiro, F. , Duarte, L. C. and Gfrio, F. M. 2008. Hemicellulose biorefineries: a review on biomass pretreatments, J. Sci. Industr. Res. , 67, 849 – 864.

[105] Amidon, T. E. and Liu, S. 2009. Water – based woody biorefinery, Biotechnol. Adv. , 27, 542 – 550.

[106] Li, H . , Saeed, A. , Jahan, M. S. , Ni, Y. and van Heiningen, A. 2010. Hemicellulose removal from hardwood chips in the pre – hydrolysis step of the kraft – based dissolving pulp production process, J. Wood Chem. Technol. , 30, 48 – 60.

［107］Frederick，W. J. Jr. ，Lien，S. J. ，Courchene，C. E. ，DeMartini，N. A. ，Ragauskas，A. J. and lisa，K. 2008. Co – production of ethanol and cellulose fiber from southern pine：A technical and economical assessment，Biomass & Bioenergy，32，1 293 – 1 302.

［108］De Lopez，S. ，Tissot，M. and Delmas，M. 1996. Integrated cereal straw valorization by an alkaline pre – extraction of hemicellulose prior to soda – anthraquinone pulping. Case study of barley straw，Biomass & Bioenergy，10，201 – 211.

［109］Al – Dajani，W. and Tschirner，U. W. 2008. Pre – extraction of hemicelluloses and subsequent kraft pulping. Part I：alkaline extraction，Tappi J. ，7（6）3 – 8.

［110］Helmerius，J. ，von Walter，J. V. ，Rova，U. ，Berglund，K. A. and Hodge，D. B. 2010. Impact of hemicellulose pre – extraction for bioconversion on birch kraft pulp properties，Biores. Technol. ，101，5 996 – 6005.

［111］Aurell，R. and Hartler，N. 1965. Kraft pulping of pine. Part 1. Svensk Papperstidn. ，68（3）59 – 68.

［112］Sjöström，E. Wood Chemistry — Fundamentals and Applications，2nd edition，Academic Press，San Diego，CA，USA，1993.

［113］Alén，R . ，Moilanen，V. – P. and Sjöström，E. 1986. Potential recovery of hydroxy acids from kraft pulping liquors，Tappi J. ，69（2）76 – 78.

［114］AIén，R . ，Patja，P. and Sjöström，E . 1979. Carbon dioxide precipitation of lignin from pine kraft black liquor，Tappi，62（11）108 – 110.

［115］Uloth，V. and Wearing，J. 1989. Kraft lignin recovery：Acid precipitation versus ultrafiltration. Part I：Laboratory test results，Pulp Pap. Can. ，90（9）67 – 71.

［116］Uloth，V. and Wearing，J. 1989. Kraft lignin recovery：Acid precipitation versus ultrafiltration. Part II：Technology and economics，Pulp Pap. Can. ，90（10）34 – 37.

［117］Biggs，W. A. Jr. ，Wise，J. T. ，Cook，W. R. ，Baxley，W. H. ，Robertson，J. D. and Copenhaver，J. E. 1961. Commercial production of acetic and formic acids from NSSC black liquor，Tappi 44，385 – 392.

［118］AIén，R . ，and Sjöström，E . 1980. Isolation of hydroxy acids from pine kraft black liquor，Part 2. Purification by distillation，Paperi Puu，62，469 – 471.

［119］AIén，R . ，Sjöström，E . and Suominen，S. 1990. Application of ion – exclusion chromatography to alkaline pulping liquors，Separation of hydroxy carboxylic acids from inorganic solids，J. Chem. Tech. Biotechnol. ，51，225 – 233.

［120］AIén，R . 1998. Utilisation of the aliphatic carboxylic acids formed as byproducts in kraft pulping，Kemia – Kemi，15，565 – 569. （in Finnish）.

［121］AIén，R . Collection of Organic Compounds — Properties and Uses，Consalen Consulting，Helsinki，Finland，2009，1 370 p. （in Finnish）.

［122］Glasser，W. and Sarkanen，S. （Eds. ）. Lignin：Properties and Materials，ACS Symposium Series 397，American Chemical Society，Washington，DC，USA，1989，545 p.

［123］Öhman，F. and Theliander，H. 2007. Filtration properties of lignin precipitated from black liquor，Tappi J. ，6（7）3 – 9.

［124］Wallmo，H. ，Richards，T. and Theliander，H. 2007. Lignin precipitation from kraft black liquors: kinetics and carbon dioxide absorption, Paperi Puu, 89, 436 – 442.

[125] Wallmo, H. Lignin Extraction from Black Liquor — Precipitation, Filtration and Washing, Doctoral Thesis, Chalmers University of Technology, Department of Chemical and Biological Engineering, Goteborg, Sweden, 2008, 73 p.

[126] Vakkilainen, E. Chemical recovery, in Chemical Pulping, J. Gullichsen and C. – J. Fogelholm (Eds.), Fapet Oy, Helsinki, Finland, 1999, pp. B95 – B132.

[127] Hupa, M., Solin, P. and Hyoty, P. 1987. Combustion behavior of black liquor droplets, J. Pulp Pap. Sci., 13, J67 – J72.

[128] Whitty, K., Backman, R. and Hupa, M. 1994. An empirical rate model for black liquor char gasification as a function of gas composition and pressure, Proc. Adv. Forest Prod., AlChE Symp. Series, 90(302)73 – 84.

[129] Frederick, W. J., Noopila, T. and Hupa, M. 1991. Combustion behavior of black liquor at high solids firing, Tappi J., 74(12)163 – 170.

[130] van Heiningen, A. R. P., Arpiainen, V. T. and Alen, R. 1994. Effect of liquor type and pyrolysis rate on the steam gasification reactivities of black liquor, Pulp Pap. Can., 95, T358 – T363.

[131] Miller, T., Clay, D. T., Lonsky, W. F. W. 1989. The influence of composition on the swelling of kraft black liquor during pyrolysis, Chem. Eng. Comm., 75, 101 – 120.

[132] Noopila, T., Alen, R. and Hupa, M. 1991. Combustion properties of laboratory – made black liquors, J. Pulp Pap. Sci., 17, J105 – 109.

[133] AIén, R ., Hupa, M. and Noopila, T. 1992. Combustion properties of organic constituents of kraft black liquors, Holzforschung, 46, 337 – 342.

[134] AIén, R. 1997. Analysis of degradation products: A new approach to characterize the combustion properties of kraft black liquors, J. Pulp Pap. Sci., 23, J62 – 66.

[135] Alén, R. Combustion behavior of black liquors from different delignification conditions, Proc. 40 Years Recovery Boiler Co – Operation in Finland, Inti Recovery Boiler Conf., Haikko Manor, Porvoo, Finland, May 12 – 14, 2004, pp. 31 – 42.

[136] Vakkilainen, E. K., Kankkonen, S. and Suutela, J. 2008. Advanced efficiency options: Increasing electricity generating potential from pulp mills, Pulp Pap. Can., 109(4)14 – 18.

[137] Larson, E. D., Consonni, S., Katofsky, R. E., lisa, K. and Frederick, W. J. Jr. 2008. An assessment of gasification – based biorefining at kraft pulp and paper mills in the United States, Part A. Background and assumptions, Tappi J., 7(11)8 – 14.

[138] Landälv, I. Black liquor gasification and conversion of the pulp mill into a biorefinery, Proc. Seminar on Biorefining for the Pulp and Paper Industry, Arianda, Stockholm, Sweden, December 10 – 11, 2007, 4 p.

第③章 原料资源

3.1 树木及其他植物作为生物炼制原料

生物质资源包括动植物组织、可回收生物废弃物等,是生物炼制的潜在原料。本章重点介绍木质生物质和农业生物质资源,主要对生产大宗化学品(如液体燃料)的利用进行讨论。泥炭、水生藻类和细菌等生物质不作讨论。

植物通过光合作用从大气中吸收二氧化碳(CO_2),并将其转化为碳水化合物储存在植物组织中,主要利用太阳光作为能量得到生物质资源。从生物炼制角度来讲,不同生物质成分具有不同的特性,但大部分生物质原料的能量十分接近,1kg 干生物质含有 5~6kW·h 的能量(表3-1)。

表3-1　　　　　　不同生物质的化学成分(干物质)和净热值[1]　　　　　　单位:kW·h/kg

	碳	氢	硫	氮	氯	钠	钾	净热值
锯屑	48~52	6.2~6.4	<0.05	0.3~0.4	0.01~0.03	0.001~0.005	0.02~0.15	5.28~5.33
树皮	48~52	6.2~6.8	<0.05	0.3~0.5	<0.05	0.007~0.020	0.1~0.5	5.14~6.39
胶合板木片	48~52	6.2~6.4	<0.05	0.1~0.5	0.01~0.03	0.25~0.50	0.7	5.28~5.33
木屑	49~50	6.0~6.1	<0.007	<0.16	0.01~0.03	0.001~0.002	0.02~0.15	5.26~5.42
洋苏木	48~52	6.0~6.5	<0.05	0.3~0.5	0.01~0.03	0.001~0.002	0.02~0.15	5.14~5.28
干材	48~52	5.5~6.0	<0.06	0.3~0.5	0.01~0.03	0.001~0.002	0.02~0.15	5.14~5.56
原木残留	48~52	6.0~6.2	<0.05	0.3~0.5	0.01~0.04	0.075~0.030	0.1~0.4	5.14~5.56
全株	48~52	5.4~6.0	<0.05	0.3~0.5	0.01~0.03	0.001~0.002	0.02~0.15	5.14~5.56
芦苇 (春季收获)	45~49	5.3~5.8	0.04~0.13	0.65~1.10	0.04~0.09	<0.03	0.3~0.5	4.75~5.17
芦苇 (秋季收获)	44.6~46.7	5.6~5.9	0.06~0.25	0.7~1.1	0.4	<0.001	1.2~2.3	4.64~4.92
谷物	45	6.5	0.14	2.0	0.04	0.002~0.005	0.4~1.0	4.8
稻草	45~47	5.8~6.0	0.10~0.20	0.4~0.6	0.14~0.97	0.01~0.6	0.69~1.30	4.83
切碎的芒草	48	5.5	0.05	0.46	0.7	n.a.	n.a.	5.0
油橄榄	48~50	5.5~6.5	0.07~0.17	0.5~1.5	0.1(灰分中)	0	30(灰分中)	4.9~5.3

去皮后的温带木材含有 48% ~52% 碳,5.8% ~6.5% 氢,38% ~42% 氧和 0.5% ~2.0% 的灰分和氮[2],超过一半的干木质生物质可以转换成燃料或直接燃烧转化为能量。

3.2 全球生物质资源及其利用

对全球森林和农业生物质资源进行估算需要一个合理的单位标准。当前,世界粮农组织(FAO)的数据以及其他报告中出现了生物质产值的评估标准,估算生物炼制中可用生物质的量的单位有立方米(m^3,固体),吨(t,干重)和艾焦(EJ,即 10^{18} 焦耳)等。2007 年,在全球陆地资源中森林和农业用地约为 90 亿 hm^2(图 3-1),其中 49 亿 hm^2 为农业用地,39 亿 hm^2 为森

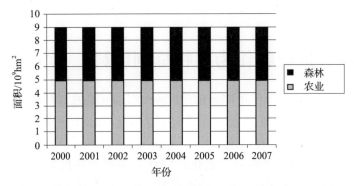

图 3-1 2003 至 2007 年全球农业和森林面积[3]

林用地。全球森林面积约占陆地面积的 30%[3]。自 2000 年以来,农业用地面积减少了 3000 万 hm^2,森林面积减少了 5000 万 hm^2。但各大洲的情况有所不同(图 3-2):欧洲、北美以及亚洲的森林面积呈增长趋势,但非洲、南美以及大洋洲的森林面积逐步减少。据统计,目前全球的干材储量为 4340 亿 m^3。

全球每年木材使用量达 37 亿 m^3(含皮)[3],其中发展中国家有超过一半(19 亿 m^3)的木材直接燃烧。17 亿 m^3 的木材用于林产工业,其中 40%(含皮)的木材用作副产品或以残渣形式转化成能源[2],木材总供应量的 70% 用作能源。世界农田大部分是草地(35 亿 hm^2),其余为耕地[5],耕地中约 5 亿 hm^2 用于种植谷类作物。2007 年,耕地作物的总生物质产量为 69 亿 t,而粗放型管理的草地生物质产量达 120 亿 t(干重)。

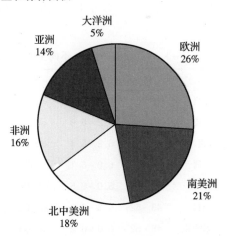

图 3-2 全球森林面积的分布比例[4]

3.3 用于生物炼制森林生物质的来源

3.3.1 森林生物质

近些年,锯木厂、制浆造纸厂和其他木材利用企业开始用部分木材生物质制备生物能源。新产品的利润或由此获得的纯利润超过传统产业的利润,因此企业迅速发展。生物炼制的目

的是提高木材生物质的利用率,并充分利用其他形式的生物质。这些资源分为两部分:初级采伐剩余物和过剩的森林增长(每年净生产量减去当前森林木材的使用量)。初级采伐剩余物包含采伐剩余物和树桩、根部,过剩的森林增长包含干材。过剩森林增长是指森林年变化率,它代表未利用的原材用于生物炼制或者制备能源的能力;生产林产品,或者目前暂未收获但确实存在的森林资源(这些部分应当采伐,但是由于缺乏需求而未采伐的立木)。森林的年度变化率是通过年度增长和采伐数量的差来计算的,因此可以作为木材供应可持续性的重要指标,这表明年度净增长和采伐是发生在同一地区和时间。从长远来看,可以加强现存的森林土地的木材生产,如前面所提的粗放型管理的草原。人工林具有在较小土地面积生产大量木材生物质,满足林业产业需求的巨大潜力。今后,大型生物炼制工厂需要建立大型农场以保证原料供应。

3.3.2 估算资源以及可利用性的原则

Asikainen 估算出了每年用于生物质精炼的工业木材供应量[5]。如果全球工业可利用圆木的 10% 用于生物炼制,那么每年生物质的量将是 1.7 亿 m³ (7 100 万 t)。这相当于目前用于生产化学和机械的木材消耗量的四分之一。依据目前全球木材产量和增长的数据,可估算出采伐剩余物和过剩森林增长的生物量[7,8]。图 3 - 3 显示了可用作商品的干材,通过引入生物量的扩展因子,枝桠材以及非商品材被加入其中,增加了生物质的量(表 3 - 2)。Anttila 等人基于可利用全球生物量的扩展因子,将全球森林划分成三个气候带(寒带,温带和热带)和两个种群(针叶林和阔叶林)(表 3 - 2)[8]。此外,他们还估算了能源生产中木材的消耗量。

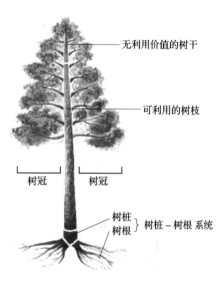

图 3 - 3 树木的生物质组分[9]

无利用价值的树干

可利用的树枝

树冠 树冠

树桩 树根 } 树桩 - 树根 系统

表 3 -2　　　　　　　　种群和气候带的生物量扩展因子(BEF)[10]

气候带	种群	BEF 低值	BEF 平均值
寒带	针叶林	1.15	1.35
	阔叶林	1.15	1.30
温带	针叶林	1.15	1.30
	阔叶林	1.15	1.40
热带	针叶林	1.15	1.30
	阔叶林	1.15	1.40

根据表 3 - 2 中的因子可计算出所有可用做能源生产的潜在生物质总量。假设每年森林过剩生长总量的 25% 可用于生产能源[8],那么根据统计,全球潜在生物质总量最高值是 8.8EJ (12 亿 m³),最低值是 4.7EJ(7 亿 m³)[8]。当生物量拓展因子和干材损失量高时,潜在生物总量也高,结果发现生物量最大为美国、加拿大、俄罗斯和巴西。但是,如果考虑能源生产的生物

质密度(m³/km²·a),则欧洲北部和中部最多(图3-4)。Smeets 和 Faaij 估算了未来用于能源生产的森林生物质潜在总量[11]。假设在 2050 年,生物质潜能总量是每年 100EJ,那么每年可收获的潜能将是 10EJ。然而,生物质用于发热和发电的需求快速增加,这不仅出现在欧洲,全球亦是如此,但问题在于这些剩余的森林生物质是否可用于生物质精炼。假设将 25% 过剩的森林生长直接用于生物质精炼,将有 3.4 亿 m³ 生物资源(干重 1.43 亿 t)可利用。即使如此,仍有 50% 的过剩森林生长量没有得到利用。如果直接用于能源和生物质炼制,将能实现其完全利用。

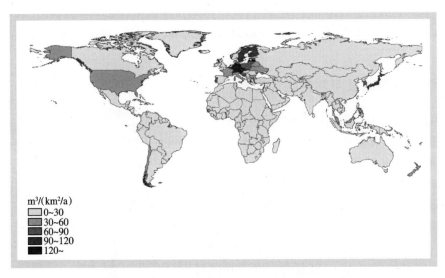

图 3-4 单位土地面积的林木生物质能源的密度[8]

目前,人类正在现有林地上加速人工林的种植及集约化生产木材制品,预计未来将有大量的生物质来源。人工林面积有望从 2005 年的 1.9 亿 hm² 增加到 2020 年的 4.43 亿 hm²(图3-5),森林产业可以从人工林得到它所需的所有原料。由于并非所有的林场都需产业化,纸张和木制品咨询委员会预测:到 2020 年每年人工林所生产的木材将达到 18 亿 m³,相当于目前工业用材的总量。

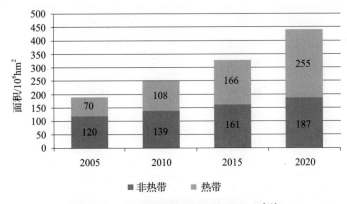

图 3-5 人工林面积发展趋势的估算[12]

木材生物质产品的快速增加将为生物质精炼提供大量原料,假设到 2020 年,增加总量的 1/3(8 亿 m³/a)用于生物质精炼,每年的生物质的量将会达到 2.7 亿 m³。总之,生物精炼所需木材生物质的供应量可以通过重新分配现存的原料,开发更多森林生物质,提高生物质的产量等措施加以改善。预计到 2020 年,用于生物精炼的木材生物质将达到每年 7.8 亿 m^3(327 t,或 6.2EJ)(图 3-6),其产出的能量相当于 1.475 亿 t 石油产出的能量(1m^3 含水率 40% 的木材 = 8.2GJ)[2]。假设原材料所含内能的 50% 可以转化为液体生物燃料,那么从这些生物质中可得到 7380 万 t 的液体燃料,这将相当于 2020 年全球交通运输消耗总量的 2.6%(117EJ)[13]。

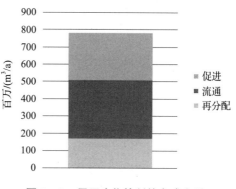

图 3-6 用于生物炼制的全球木质生物质原料估算[6]

3.3.3 农业生物质

生物精炼所需农业生物质的可利用性一般通过可用森林生物质的评估方式评价,但目前农业原料很难再重新分配于生物质精炼,因为这样意味着减少食品来源,而且目前大量的农业副产品已经用于生物炼制,所以使用稻壳和稻草等其他生物质资源,可以增加原材料的来源。从 Pahkala 等人统计数据可以看出每年从农业废弃物中获得的理论和实际能量分别为 61.9EJ 和 44.0EJ(图 3-7)[5]。存在这样的差异是因为在收获季节,由于天气等其他原因会影响农业废弃物的回收,并且人们需要一定量的农业废弃物改善土壤的质量,如防止风和水的侵蚀等。所以,实际上每年农林废弃物用于生物质精炼生产的能力为 42EJ。如果其中的 1/4 能够得到有效利用,将会有 11EJ 的能量产出。

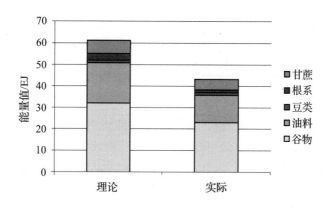

图 3-7 农业残留物作为能源生产的理论和实际能量(来自 Pahkala 等数据[5])

3.4 木材能源与工业的国际贸易

目前,许多地区和国家木材生物质的产量尚不能满足其需求,美国、中国、日本、以及其他几个欧洲国家仍需进口大量木材,而一些地区木材的产量超过了需求量,如俄罗斯、撒哈拉以南的非洲和拉丁美洲。2007 年,全球工业原木的贸易量达到顶峰为 1.4 亿 m^3。目前在木材燃料方面的直接贸易仍比较少,但增长稳定,如 2009 年约为 610 万 m^3(图 3-8)[14]。根据 2008 年的木材贸易数据显示,木材出口大国依次为俄罗斯联邦(3680 万 m^3)、美国(1020 万 m^3)和新西兰(670 万 m³)。木材进口大国为中国(3800 万 m³)、芬兰(1340 万 m³)和日本(680 万 m³)。但是由于全球经济衰退,2008 年和 2009 年全球木材交易量出现了明显下降。

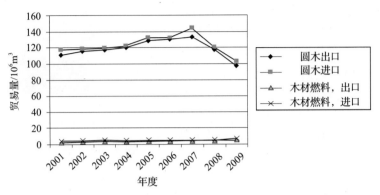

图 3-8　全球工业圆木和木材燃料的进口量和出口量[14]

　　虽然生物质原料和生物质燃料的进口量限制着全球生物能源的消耗比例,但是从国际生物质贸易的交易量看这一现状已有所改善。图 3-9 显示了现有生物质材料的国际交易,如原材料、半加工品、成品等。由于用途各异,生物质材料的贸易形成了一个复杂的进出口贸易。

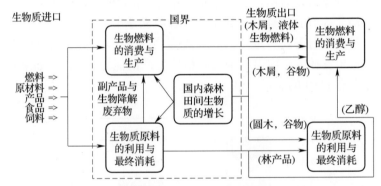

图 3-9　国内以及国际的生物质流(括号中的表示的是产品例子)[16]

　　进口生物质或产品的国家,可以将进口产品进行精加工,然后在本国消费或者重新出口。从国外进口的生物质有些可用作燃料,例如木屑燃料。有些产品,如乙醇和一些森林工业副产品,既能用作能源,又能用作原材料,因此必须清楚这些产品的消耗方式。另外,生物质也可以被转化成生物燃料出售。如将棕榈油制成生物柴油。由于生物质精炼制成液体生物燃料用于交通运输业将是普遍的趋势,最终,使包含生物质的产品回收用于能源生产。乙醇、植物油、薪材、木炭和木屑是国际上生物质最重要的能源贸易产品。然而,在生物质的国际贸易中,能源的贸易量最少。表 3-3 为从 2004 至 2006 年全球生物质的国际贸易情况。产品大多数在生产国消费,但是也有相当一部分产品,如锯材、纸和纸板、棕榈油和木屑用于出口。

　　固体生物燃料和液体生物燃料的直接贸易增长十分迅速。在过去的几年里,生物燃料的间接贸易量相当高,例如在 2004 年间接贸易是直接贸易的 3 倍多。液体生物燃料的贸易得以快速发展,主要是由于近年来欧美国家对于乙醇和生物柴油的巨大需求,促进了来自巴西的乙醇,植物油(棕榈油,黄豆油)和来自东南亚和拉丁美洲的生物柴油的出口。加拿大到欧洲的固体燃料出口贸易规模仅次于欧洲内陆的大规模贸易,并呈现出强劲的增长势头。在大型工厂中,一种新型的产品——烘焙木以及用其做成的固体燃料(详见第 8 章)已经能替代煤炭,

表 3-3 　　　　　　　2004 至 2006 年农林商品的世界生产与贸易量概述[16]

产品/年	单位	世界产量			国际贸易量		
		2004	2005	2006	2004	2005	2006
工业木材与林产品							
工业圆木	Mm³	1656	1709	1684	121	131	129
木片和木屑	Mm³	215	222	232	39	43	44
锯材	Mm³	421	426	427	133	134	133
造纸用材	Mt	190	189	190	42	42	43
纸和纸板	Mt	355	354	354	111	113	114
农产品							
玉米	Mt	727	713	695	83	90	95
小麦	Mt	633	629	606	118	121	125
大麦	Mt	154	141	139	22	25	24
燕麦	Mt	26	24	23	3	3	3
黑麦	Mt	18	15	13	2	2	2
稻米	Mt	607	632	635	2	2	2
棕榈油	Mt	31	34	37	23	26	29
油菜	Mt	46	50	49	9	8	11
菜子油	Mt	15	16	17	2.6	3.1	4.1
固体和液体生物燃料							
酒精	Mm³	40.8	46.0	51.1	2.7	3.0	4.3
生物柴油	Mt	2.3	3.6(2.7~3.8)	5.3	n.a.	0.2	0.4
薪材	Mm³	1771	1824	1827	4	4	4
木炭	Mt	46	43	43	1.1	1.3	1.4
木屑	Mt	4.0(3.7~4.8)	5.5(4.6~6.5)	7.8(7.1~8.4)	1.5(1.2~1.7)	2.4	3.6

其在未来的几年内直接贸易量有望超过间接贸易量。据统计,2006 年,生物燃料量的国际贸易约为 0.9EJ,但这与每年 80EJ 到 150EJ 的长期目标还有很大差距,所以生物质贸易仍然有很长远的路要走。欧盟和美国的现有政策刺激了生物燃料的使用,加之原油价格的走高和能源储备的日渐减少,生物燃料的贸易在未来很可能持续增加。然而一些政策会减缓国际生物能源贸易的增长。如近期提出的对可再生能量资源指导的修订,体现了生物燃料可持续标准的不断进步[17]。此外,改变乙醇等商品的贸易关税等都会放缓甚至减少某些生物燃料的增长势头。

3.5　供应成本

单独生物质资源本身作为燃料不能展现出较强的竞争力。在规划生物质炼制工厂或者政府决定制订可再生能源政策时,方案的可行性和供应成本是具有决定性因素。图3-10列举了部分欧洲国家供应量和成本之间的差异。一些国家某一块区域的生物质量较大,但产量和运输成本较低,这也意味着付出同样的成本,这些国家的生物质炼制产业所需的原料供应量更大。

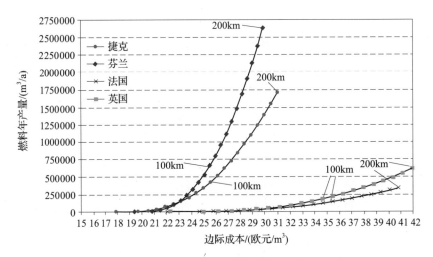

图3-10 在一个既定的边际成本(植物作为燃料的成本)
和各自采购区域半径的实例下,采伐剩余物的累计可用性可定义为沿着曲线的距离[7]

东欧国家采伐剩余物的收割、切碎和运输成本为20～25欧元/m³[7];西欧国家由于较高的劳动力成本和燃料成本,其成本为30～35欧元/m³。加上采伐和打包的成本,小径材制备木片的成本与来自采伐剩余物的木片的成本相比,每立方的成本要高出7至10欧元。目前,芬兰的燃料价格为30～40欧元/m³。因此,采伐剩余物的木片是相当有价格优势的燃料,小径材的碎片因为需要政府补贴而处于劣势。在捷克和波兰,有政府补贴的生物质燃料才能与煤炭资源竞争[18]。

3.6 可持续发展和生物质产品认证

Lunnan等人认为生物能源供应链必须根据可持续发展的方式进行管理,农林产品生产、运输、生物精炼以及分配等过程必须遵从可持续发展原则[19]。Brundtland认为[20],可持续发展是一种满足现有的需求但不会危及下一代需求的发展方式。在讨论生物质产品的可持续发展时,可以从环境,经济和社会三个方面进行,有时文化可持续性也被纳入讨论的范畴。根据这些可持续发展的规模能否被互相取代,可以分为强、弱以及敏感的可持续发展[21]。具体来讲,强可持续性,要求每一种资本独立保留,这意味着不同类型的资本可以补充但是不能相互替代。弱的可持续性意味着总资本有所保留,但这三个不同类型的资本能够相互替代。敏感的可持续性意味着总资本有所保留,而且对每种资本也有重要的限制,一定不能低于相应的库存量。这样的阈值既要达到环境友好型的标准,还必须保证人类权益。

环境的可持续发展包括能使产品和生物质精炼能够保持土壤长期肥沃,水域管理,保持生物多样性和减缓气候变化。改变土地的使用方式会带来积极或者消极的影响。例如,在粗放型管理的土壤种植生物质,可以减少对自然资源,原始森林或者牧场的压力,并且能为当地社会创造就业。而如果将原始森林转变成能源种植场,会导致土壤碳储存和生物多样性的减少或者变化,甚至使人们赖以生存的天然森林日渐消失(图 3-11)[21-22]。生物质能源的利用促进了生物精炼制的发展。目前,许多组织、国家和政府机构对生物炼制产生了浓厚的兴趣,以生物质的使用和生物基产品的生产来确保其可持续发展。生物质资源的进出口贸易必须遵循可控的持续发展原则。部分可持续发展准则、方案和系统正处于不同的发展阶段,这需要一个或多个运营商来经营这些生物质供应链(与 Asikainen 等[22]进行比较)。如

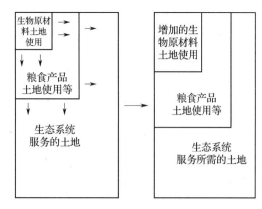

图 3-11 在用于粮食和生态系统服务的土地上,增加生物质的生产可能产生的影响[21]

欧盟在 2008 年咨询了所有对生物质能源可持续发展方案感兴趣的国际机构之后,颁布了一些政策以促进可再生能源的使用[17]。目前,全球可持续发展标准和指令已被证实存在一些问题,因为农业生物质、藻类以及森林生物质的生产系统具有明显的差别,另外生物质的使用也存在差异,这主要取决于材料以及它们能够取代的能源载体。在林业部门中,已有一些部门严格建立起认证系统(FSC 森林管理委员会和 PEFC 泛欧森林认证体系),这些认证系统覆盖着广阔的森林区域。由于其包含了某些可持续发展的认证,所以上述标准通常要定期审查。

参考文献

[1] Alakangas, E. and Virkkunen, M. Biomass supply chains for solid biofuels from small to large scale, EUBIONET Ⅱ, December 2007, 32 p. (http：‖ www. eubionet. net).

[2] Hakkila, P. and Parikka, M. Fuel resources from the forest, in Bioenergy from Sustainable Forestry, Guiding Principles and Practise, J. Richardson, R. Björheden, P. Hakkila, A. T. Lowe and C. T. Lowe and C. T. Smith (Eds.), Kluwer Academic Publishers, Forestry Sciences, Vol. 71, London, UK, 2002, pp. 19 - 48.

[3] Anon. FAO Statistics, Food and Agricultural Organization of the United Nations, Rome, Italy, 2009.

[4] Anon. FAO Statistics, Food and Agricultural Organization of the United Nations, Rome, Italy, 2006.

[5] Pahkala, K., Hakala, K., Kontturi, M. and Niemeläinen, O. Peltobiomassat globaalina energianlähteenä, Maa - ja elintarv. 137, Maa - ja elintarviketalouden tutkimuskeskus, 2009, 53 p.

[6] Asikainen, A. 2010. Availability of woody biomass for biorefining, Cellulose Chem. Technol., 44 (4 - 6), 111 - 115.

[7] Asikainen, A. Liiri, H., Peltola, S., Karjalainen, T. and Laitila, J. Forest energy potential in Europe (EU 27), Working Papers of the Finnish Forest Research Institute 69, Joensuu, Finland, 2008, 33 p. (http：‖ www. metla. fi/julkaisut/workingpapers/2008/mwp069. htm).

[8] Anttila, P., Karjalainen, T. and Asikainen, A. Global potential of modern fuelwood, Working Papers of the Finnish Forest Research Institute, Joensuu, Finland, manuscript, 2010, 29 p.

[9] Röser, D., Asikainen, A., Stupak, I. and Pasanen, K. Forest energy resources and potentials, in Sustainable Use of Forest Biomass for Energy, A Synthesis with Focus on the Baltic and Nordic region, D. Röser, A. Asikainen and K. Raulund – Rasmussen (Eds.), Springer, Dortrecht, Germany, 2008, pp. 9 – 28.

[10] Penman, J., Gytarsky, M., Hiraishi, T., Krug, T., Kruger, D., Pipatti, R., Buendia, L., Miwa, K., Ngara, T., Tanabe, K. and Wagner, F. Good practice guidance for land use, Land – use change and forestry, Intergovernmental Panel on Climate Change, 2003.
(http://www. ipcc – nggip. iges. or. jp/public/gpglulucf/gpglulucf. html).

[11] Smeets, E. M. W. and Faaij, A. P. C. 2007. Bioenergy potentials from forestry in 2050, An assessment of the drivers that determine the potentials, Climatic Change, 81, 353 – 390.

[12] Anon. Global Wood and Wood Products Flow – Trends and Perspectives, Advisory Committee on Paper and Wood Products, Shanghai, China, 2007, 13 p.

[13] Anon. Key World Energy Statistics 2008, International Energy Agency (IEA), Paris, France, 82 p.

[14] Anon, FAO Statistics, Food and Agricultural Organization of the United Nations, Rome, Italy, 2010.

[15] Heinimö, J. 2008. Methodological aspects on international biofuels trade: international streams and trade of solid and liquid biofuels in Finland, Biomass & Bioenergy, 32(8), 702 – 716.

[16] Heinimö, J. and Junginger, M. 2009. Production and trading of biomass energy – An overview of the global status, Biomass & Bioenergy 33(9), 1310 – 1320.

[17] Anon. Directive 2009[28] EC of the European Parliament and of the Council of 23 April 2009 on the promotion of the use of energy from renewable sources, Commissioon of the European Communities, Brussels, Belgium.
(http: ‖ www. energy. eu/directives/pro – re. pdf).

[18] Asikainen, A., Laitila, J., Parikka, H., Leinonen, A., Virkkunen, M., Heiskanen, V. – P., Ranta, T., Heinimö, J., Kässi, T., Ojanen, V. and Pakarinen, V. EU's forest fuel resources, energy technology market and international bioenergy trade, in llmastonmuutoksen hillinnän liiketoimintamahdollisuudet, J. Jussila (Ed.), ClimBus – teknologiaohjelman katsaus, teknologiakatsaus 211, 2007, pp. 188 – 2041. (in Finnish).

[19] Lunnan, A., Vilkriste, L., Wilhelmsen, G., Mizaraite, D., Asikainen, A. and Röser, D.. Policy and economic aspects of forest energy utilization, in Sustainable use of forest biomass for energy, A synthesis with focus on the Baltic and Nordic region, D. Röser, A. Asikainen, K. Raulund – Rasmussen and I. Stupak (Eds.), Managing Forest Ecosystems 12, 2008, pp. 197 – 234.

[20] Brundtland, G. H. (Ed.). Our Common Future: The World Comission on Environment and Development, Oxford University Press, Oxford, UK, 1987.
(http: ‖ www. worldinbalance. net/ agreements/ 1987 – brundtland. php).

[21] Soimakallio, S., Antikainen, R. and Thun, R. Assessing the sustainability of biofuels from evolving technologies, A Finnish approach, VTT Research Notes 2 482, 2009, 268 p.

[22] Asikainen, A., Anttila, P., Heinimö, J., Smith, T., Stupak, I. and Ferreira Quirino, W. Forest and bioenergy production, in Forest and Society – Responding to Global Drivers of Change, G. Mery, P. Katila, G. Galloway, R. Alfaro, M. Kanninen, M. Lobovikov and J. Varjo (Eds.), IUFRO World Series, Vol. 25, Vienna, Austria, 2010, pp. 183 – 200.

第④章 林木生物质精炼——商业挑战与机遇

4.1 背景

在全球气温逐年升高、气候变暖的背景下,生物质能源的开发与研究日益受到人们的重视。当前,科研工作者广泛开展了利用非粮生物质原料转化为经济、低碳、环保的生物燃料的研究。同时,由于可开发利用的石化资源日益减少,许多国家由于能源紧缺导致对生物质能源的开发日益紧迫。虽然从 2008 年开始国际石油价格有了快速下降的趋势,但未来石油的价格仍不乐观。作为一种丰富的可再生资源,生物质燃料可以替代价格昂贵的进口石油从而保障国家能源安全[1-4],但与此同时也排放了温室气体,对环境造成了污染。

欧盟一条重要的能源与环境政策是利用可再生资源来降低二氧化碳排放,同时保障国家能源安全[5]。欧盟明确规定到 2010 年可再生能源占总能源消耗从原来的 6% 上升到 12% ,并积极响应节能减排号召,与《京都议定书》规定的 1990 年的排放标准相比,规定到 2010 年温室气体排放量降低到 8% 。此外,8 国集团经一致协商提出一项关于节能减排的新方案,并商定于 2009 年底制订出新的方案,并计划到 2050 年温室气体的排放量降低到 1990 年水平的50% 。2008 年 1 月,欧盟委员会出台了到 2020 年关于能源生产及消耗的一揽子政策[7],包括提议到 2020 年温室气体排放量降低 20% ,增加可再生能源比例等,使得可再生能源占总能源消耗的 20% 。这一新举措于 2008 年 12 月正式被欧洲议会通过。

以往数据表明,基于生物质资源的产品已经呈现稳定上升的趋势,而且生物质原料的供给也在稳定增长。生物质燃料具有相对较低的价格、先进的生产技术和生产装置等优势条件,已经成为许多国家经济政策的重要组成部分(尤其在芬兰和瑞典)。但是这些保证林产工业健康发展的优势已经慢慢消失[8]。由于全球能源竞争日益激烈,林产工业的地位已经发生改变,并已经逐步转向了东欧、南美洲以及亚洲国家。这些国家资源丰富,生产成本较低,重要的是在未来他们对生物质资源的依靠程度比其他国家都要强烈。而受到拉丁美洲和亚洲等国的大规模现代工业、森林面积及劳动力成本等因素的影响,北欧和北美一些国家的林产工业企业也面临空前挑战。这种激烈的竞争导致林产品的价格持续走低,除此之外,过去 10 年对林产工业的低成本投入使大部分林产品企业濒临淘汰[9-11]。

在这种不稳定的发展环境下,许多林产品生产企业已经进行大规模的重组和兼并,同时采取集约的资产管理方式来降低生产成本。但是,从长远来看,林产工业企业必须注入新的资产以获得新的发展方向,才能立于不败之地。生物质能源的研发和基于林产工业新产品的生产为发展壮大林产工业集群创造了无限的机遇,在生物炼制方面尤为突出,因为它不仅可以与造纸行业融为一体,而且能在很大程度上促进林产工业的发展[9,12-14]。

生物质精炼可以应用到很多方面,但也存在大量的科技及商业风险。生产林产品的企业需要重新构架他们当前的企业模式和商业战略,保证核心产品的生产,促进新能源产品的研发和生产。在企业发展这条路上,还没有国家和企业能很好的解决这些问题。如今在美国、加拿大和瑞典很多在研项目都是有关木质纤维原料生产生物制产品的[2],政府部门投入了大量的资金来进行科学研究。在美国,造纸工业与国家能源部和农业部已经密切合作来研发和生产生物质基制品[4,15,16],美国能源部宣布在2007—2008年间美国将给未来4年中的6个大规模的生物质精炼项目投入3.85亿美元的资金,而在过去的4年时间里,美国已经向4个小型的生物质炼制项目投入了1.14亿美元用来研发和生产。为了确保这些方案成功实施,关于生物质精炼的挑战不能仅被看作是纯粹的技术问题,而是与社会发展息息相关。一般来说,对于生物质精炼研发的宣传与新科技的宣传一样,受到很多因素的影响和制约。研发和推广能促进产品的商业化,而市场的改革驱动力也必不可少。由于各地区不同的政策和补贴机制,不同的企业合作和经济因素,加之文化差异和投资者的眼光不同致使生物质精炼研发工作受到很大的影响。生态要素及对自然资源的可持续利用这些关键因素将影响新技术的成功与否[17-20],而行之有效的经济刺激政策和新的商业模式对发展生物炼制必不可少。最后,生物质精炼行业对国家经济、原材料市场以及其他形式的林业资源利用都会产生重大的影响[2]。为了振兴传统的林业经济,发展新的商业模式,成功的发展和生产生物质能源及相关产品,国际还是国内都必须要有最新的全球化商业环境资讯。对国际商业环境和前沿研究项目的掌握为不同国家之间的合作提供了可能,同时,增强了国家的经济实力,促进了一些企业、公司的国际一体化发展。

本章主要阐述了生物质炼制的概念以及所面临的商业挑战,相关的新产品及林产工业集群遇到的商业机遇,以及新的贸易战略及模式。

本章的内容主要源于2008年6月的网上调查结果(详见文献[21])。在这份调查中,对比总结了北欧、北美及南美不同国家促进生物质精炼的成功经验,调查结果包含了145位来自不同国家和不同科研机构、政府部门和企业的生物质能源领域专家的意见。他们一致认为芬兰、瑞典、美国、加拿大以及巴西等国的林木生物质精炼行业拥有先进的科研机构和丰富的生物质资源,具有较好的发展环境,生物质精炼的黄金时机已经到来。

4.2　林业生物质精炼的驱动力

逐年上涨的石油价格被认为是林业生物质精炼和生产生物乙醇的最大刺激因素。除此之外,生态环境因素、对生物能源的大量需求、能源供应对国家安全的影响都被看作是发展林业生物质精炼项目的驱动因素。生态环境因素是北欧及巴西等国最为看重的刺激因素,而美国则把保障国家能源安全视为发展生物质能源的目标。对巴西而言,促进能源生产的主要原因是大的国际环境及政府出台的一系列激励政策,而生态环境的变化对于林产工业和生物质能源的发展而言促进作用最小。尤其在研究人员强调的发展生物质能源是为了保障国家能源安全的口号下,这种刺激效果微乎其微。

显然,以全新的视角来重新评估木质生物质资源和利用木质生物质资源进行生物质精炼势在必行。北美国家一致认为生物质精炼避免了大规模的林产工业集群的倒闭和林业资源的浪费,而在北欧国家,尤其在芬兰,基于木质生物质资源的生物燃料生产已被看作是林产工业中最具有前景、最具商业机遇的产业。在巴西和北欧等国,可持续发展是政府部门制定林产工业财政预算的条件和标准(有关未来林产工业前景请参考文献[22])。我们相信,在遵循生态价值观念和林业资源可持续利用的国家,林产工业集群的发展是健康合理的,而且会取得丰硕的成果。对于林产品的生产,更多的研究将面向能源领域,原材料的高效利用也将成为研究的热点,这将保证其健康可持续发展。

4.3　基于林业生物质精炼的生物能源生产前景

在未来的 5 至 10 年时间里,生物质精炼和生物质燃料的生产在林产工业中的地位仍然无法撼动。不久的将来,生物质精炼被看作是美国最具有前景的行业,同样,在未来 20 年里,它也将在北欧和南美洲国家扮演重要的角色。

有一份关于估算在未来 12 至 15 年中纤维素乙醇产量的调查问卷,受访者被要求评价产量等几个因素,并且从几个选项中选出一个较好的发展路线,其中包括了以燃料生产达到某种政治目的这一项,他们还被要求回答在商业环境根本不变的前提下怎样的生产方式才是合理的[1,7,23]。图 4 – 1 是专家们关于未来欧盟、美国、加拿大的纤维素乙醇产量的"基本方案"。

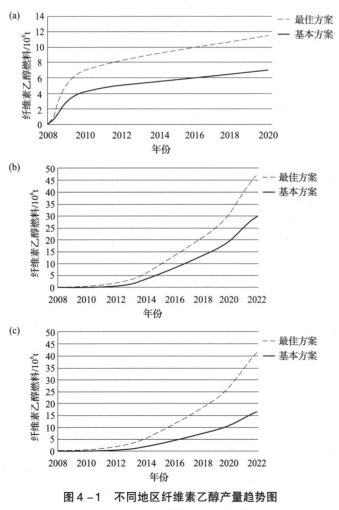

图 4 – 1　不同地区纤维素乙醇产量趋势图
(a)欧盟　(b)美国　(c)加拿大

从图中可以看出假设贸易环境没有巨大变化,那么欧盟 2010 年纤维素乙醇产量估计在 400 万 t,2020 年将达到 700 万 t。而在美国,2020 年纤维素乙醇的产量将会达到 100 亿加仑(约为 3 000 万 t),加拿大的产量大约为 500 万加仑(约为 1400 万 t)。

　　基于以上这些调查结果,在贸易环境促进生物质精炼的前提下我们预测出了这些地区纤维素乙醇产量的"最佳方案"。表 4-1 总结了被调查者认为在他们生活的地区实现最佳产量的先决条件。在巴西,政府部门没有生产或者使用乙醇的硬性规定,因此,巴西的受调查者未能提供生产乙醇的高产量路线,而是简单的评估了 2020 年潜在的产量。结果表明,根据"基本方案"的数据 2020 年巴西的纤维素乙醇的产量将会少于 2000 万 t,而根据"最佳方案"这一产量将高达 2500 万 t。

表 4-1　　　　　　　　　　　　实现最佳产量方案的必要条件

外部商业环境的主要因素
不断攀升的石油价格促使新能源生产成为可能
生物质燃料市场需求量大
市场供给和需求的统一
联邦和州政府对能源和环境问题政策的长期高度统一
非农生物质燃料的外界政治力量驱动
持续增加的个人和公共资金降低了生物质燃料项目的投资风险(包括补贴、税收优惠和贷款担保)
企业和政府在生物质精炼项目上的共同努力
中小企业得到更多的资金融资链
对生物质燃料的投资超过造纸工业中的电能生产
研发部门的增多,例如微地形技术的应用,节省木材分流成本,先进的转化技术及短期的高产原料
公众和政府对于生物质集群、林场管理、多种能源生产多渠道的了解
原材料持续供应和使用标准的制定
公众对原料采伐对环境影响的了解
采伐、运输和使用现有的生物质资源成为可能
通过完善林场管理制度和动员私人林场主来提高原料产量,增加原料供给
综合使用其他生物质资源
加强生物质能源企业与能源企业、石油企业及研发部门的合作
内部商业环境的主要因素
重新评价和评估生物质炼制产业链的形式
积极参加并且寻找生物质精炼新的商业机遇
有效利用现存的基础设施,允许其应用在生物质精炼企业
建造新的基础设施
改进能源效率和生产技术
使得大企业的单一生产成为可能
增长的专业知识和完善的咨询服务体系
持续的产品和技术创新,理解市场和贸易的关系,掌握如何管理木材供应的知识
应变管理
加强林产工业、石油企业、能源企业和研发部门之间的沟通和合作
加强生物质联盟企业之间的合作与分工
对生物质联盟企业强有力的领导
制定生物质联盟企业的新发展规划
根据市场变化,适时调整生物质能源生产计划

如何使得这些条件应用到现实生产中,这些条件能不能做到? 采用什么样的发展战略才能确保生物质精炼产业的繁荣和发展? 哪个过程会取得成功? 在这个领域谁将是最后的胜者? 各个国家的发展情况是否一样? 这些相关的问题将在下面的章节中详细叙述。

4.4　生产、技术及原材料

根据现有的技术,费-托法合成的柴油和燃料乙醇具有很大的市场潜力。在北美和巴西,最重要的生物质精炼产品是生物乙醇。在芬兰,费-托柴油被看作是最重要的生物质产品,而在瑞典则是甲醚。而在生物化学领域,聚合物的生产则被认为最具有市场潜力,这些企业最有可能与制浆造纸企业一起进行新产品的开发。例如,巴西和北美的生物质炼制企业和锯木厂合作来完成一小部分的生产任务,除加拿大每年有 5 万到 10 万 t 的生物质燃料产量以外,大多数国家的年产量都超过了 10 万 t。

通过调查,固体生物质气化、造纸黑液气化、快速热裂解、酸水解和发酵、酶水解和发酵等工业规模的生产任务已经提上日程,所有这些技术都会在 5 年内或者 5~10 年的时间里实现,其中固体生物质气化和合成过程气体净化技术会首先实现商业化,而酶水解和发酵技术的工业化可能会晚于其他技术。美国和芬兰的固体生物质气化技术要早于巴西,美国的酶水解和气化技术的发展则快于其他国家,瑞典的黑液气化技术被认为会在 5 年内在瑞典实现商业化。然而芬兰研究者则质疑黑液气化技术这一目标能否早日实现。在选择技术路线方面,最重要的因素是该路线能不能广泛应用于各种生物质原料,其次考虑的是生产成本和产量。

林业生物质废弃物在未来将是生产生物燃料最重要的木质原料,除此之外还有专门的能源作物、造纸黑液和城市有机废弃物。在北美和巴西种植能源作物为生物质燃料的生产提供了大量的原料,而在北欧国家则种植很少。造纸黑液是瑞典重要的生物质原料,而城市有机废弃物为芬兰提供了源源不断的生物质原料。除了以上这些生物质原料外,巴西和加拿大锯木厂的木屑以及在北美因病虫灾害而枯死的木材都被认为是生产生物燃料的重要生物质资源。利用这些原料的最大挑战是物流和运输,其次是因原料的差异性导致产量的不同。在北美,公众对生物质资源的认识和环保问题决定了原料的利用程度,美国有关部门对林业管理和利用的议案一直争辩不休,悬而未决。图 4-2 到图 4-6 总结了不同国家生物质炼制的技术路线和原料选择。

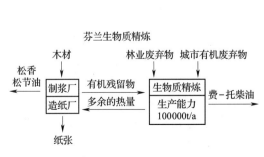

图 4-2　芬兰生物质精炼的技术路线及原料选择

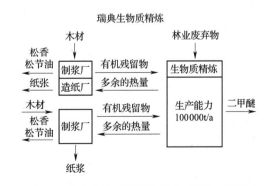

图 4-3　瑞典生物质精炼的技术路线及原料选择

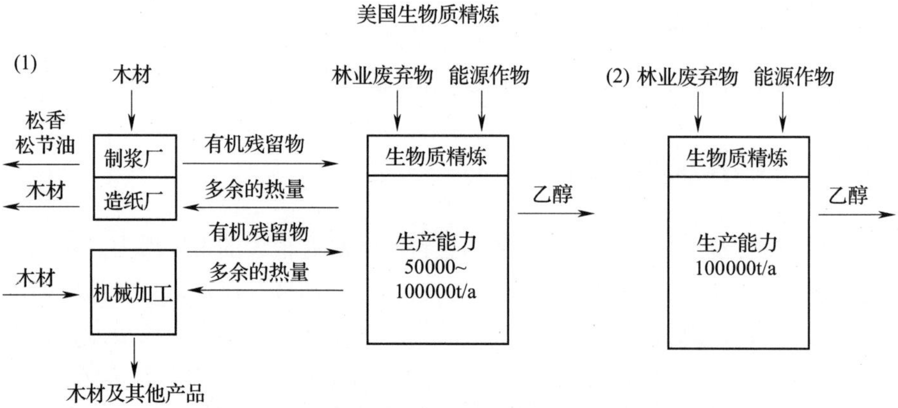

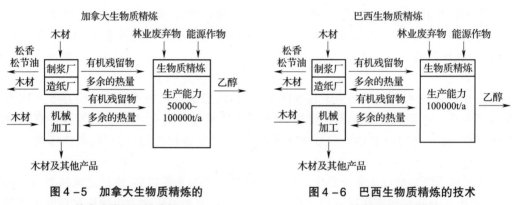

图 4-4　美国生物质精炼的技术路线及原料选择

图 4-5　加拿大生物质精炼的
技术路线及原料选择

图 4-6　巴西生物质精炼的技术
路线及原料选择

　　不同国家有不同的自然环境和原料来源,并且他们的生物质精炼技术发展状况迥异。最为突出的是巴西和北美,这两个国家的生物燃料的生产技术走在最前列。巴西有着广泛种植的甘蔗原料,自从 1970 年以来甘蔗就被用来生产生物乙醇,而在美国,玉米秸秆是主要的生产原料。芬兰早在 1980 年就开始了气化技术的研究和费-托柴油的生产,费-托柴油生产是该国生物质炼制的首要选择。芬兰对城市有机废弃物的研发利用将会有很多新的技术应用到这个领域,减少废弃物对环境的污染。因此,有机废弃物的利用也被看作是芬兰生物质精炼新的发展方向,同时也得到了大众的广泛认同和支持。此外与芬兰相比,瑞典的黑液气化技术研究有很久的历史积累,同时也生产了相关的产品。瑞典有很多独立的造纸企业,对造纸黑液的研究让这些企业物尽其用。

4.5　生物质炼制发展的障碍和先决条件

　　生物质精炼的发展受到经济、技术、政策、生态条件、原材料以及合作等相关方面的制约,最重要的先决条件是实现制备液体燃料的政治目标,包括公共和私募融资,发展示范技术以及基于林业炼制工业同石油化工行业的合作,其他的则包括对政府部门公众的教育引导以及一个可长期预测的环境政策和立法。此外,林产工业和政府在这一领域应该提高关注度和投入更多的精力。

4.5.1 经济和市场因素

如前所述,石油价格的不断上涨是促进林业生物质精炼和新生物质能源产品不断发展的最强大驱动力。生物燃料在 2008 年夏天具有较强的价格竞争力[21]。木质纤维原料制备生物能源成本相对低廉。在 2008 年 6 月到 7 月,石油价格为 150 美元/桶,随后的全球经济危机造成了油价的大幅度下跌,但这也为可再生能源的发展创造了机会。不过从长远来讲,石油价格还会回升,但是这已经为生物质精炼工业的发展和生物质燃料的生产提供了新的竞争潜力。

林业生物精炼的经济阻力主要来自于公共和私人资金的不足,而且有关生物质精炼投资的不确定性又进一步阻碍了林业生物质精炼的发展。在瑞典,该问题显得尤为突出。一方面中小型公司的投资能力不足,另一方面对示范工厂及中试工厂的支持不够。此外,林业专家和非林业专家对制浆造纸行业的对立认识也是阻碍林业生物质精炼的发展的又一因素,林业专家坚信依靠制浆造纸行业生产电力能源比制备生物能源利润更多,而非林业专家则认为制浆造纸行业制备生物能源更具前景。

4.5.2 技术因素

在研发方面,专业知识的缺乏造成的技术因素也是阻碍林业生物精炼发展的因素。以美国为例,林业产业公司难以找到合适的针对生物质精炼的咨询服务。此外,用于制备生物燃料和化学品的复杂技术手段充满了多样性,从而也让人们难以选择。

4.5.3 政治因素

政治上对林业生物质精炼发展的阻碍有多方面因素,而且能源和环境方面的政策往往没有得到很好的执行和预见。这一非预见性的政策问题在美国显得尤为严重。在北美地区,这些因素表现在以下方面:不同政党关于林产工业利用的政见不一造成了政治上的紧张局势,各州或省制定的能源和环境法律法规与国家制定的不一致,此外政治家和决策者对于林业部门和森林管理问题也缺乏足够的了解。

4.5.4 生态和原材料相关因素

要发展林业生物质精炼产业,其原料来源不仅包括木材,还包括非木材原料,例如农业生物质。但是,收集并利用现有的生物质资源的能力成为了林业生物精炼发展的一个瓶颈。相比北美地区,北欧国家更觉得不能用于生产高附加值产品的木质纤维素来制备生物能源。许多林业和生物质能源专家们则认为人们就采集木质纤维原料对环境造成的影响认识还不够充分,从而不利于林业生物质精炼企业的建立。因此,公众对森林管理知识的了解,对生物质精炼对环境影响的意识亟待提高。

4.5.5 合作

合作被认为是促进生物质精炼产业发展的决定性因素。但是,林产工业公司似乎并不愿意跟同行合作来发展林业生物质精炼,反而更乐意与非林产工业公司或研究所合作。这一现象在北美地区显得尤为突出。此外,在针对合作的态度方面各国表现不一,北美最消极,北欧最积极,其中芬兰态度尤为积极。

4.6 商业模式

制备生物基燃料和化学品被世界各国,尤其是北欧国家,认为是一个富有挑战性的商业机遇[21]。芬兰不仅将生物精炼工厂生产的生物燃料在国内市场销售,而且将此出口到国外。生物质精炼和相关新能源产品被认为是林业产业公司可持续发展道路上成功的保障。木质生物燃料具有巨大的潜力替代传统的农业纤维素燃料、城市垃圾燃料以及绿色电力和氢气。只有巴西例外,因为该国传统的农业纤维素燃料发展很好。虽然制备生物化工产品不仅仅局限于生产木质生物燃料,但其潜在的市场价值将促使全球商业竞争变得更加激烈。

尽管北欧国家对于林业生物精炼提供的商业机会充满了更多期待,但是北美国家期待着生物质精炼能在短期内产生更大的林产工业竞争力。北美地区面临的是 10 年前北欧地区所面临的挑战:林产工业产品的需求下降、生产成本增加、海洋开发以及制浆造纸工厂的关闭和减少。表 4-2 列举了不同国家关于发展林业生物质精炼的林产工业的最主要优势和劣势,其中优势方面重点强调了技术范畴、生物质资源利用量、现有的基础设施这几个方面。此外,表中还突出了芬兰、瑞典和巴西三国现有的生物质精炼网络和合作。芬兰因其具有完善的林业体系和先进的技术知识,因此被认为是林业生物炼制领域的领头羊;而瑞典则自认为在技术上更引领全球;美国是唯一一个认为在当前形势下林业生物质精炼的挑战大于威胁的国家;巴西一方面由于利于生物质生长的得天独厚的气候,另一方面因为原材料成本低廉,因此生物质产业蓬勃发展。从表 4-2 还可以看出,各国在劣势这点上体现出一致性:缺乏研发和创新、资金不足、对原材料的竞争以及安于现状。美国的最大劣势在不愿意承担风险,从而使得其在林业生物质精炼行业的投资过于谨慎,但这反而为其他国家赢得了广阔的发展空间。巴西由于在林业上采取保护措施用于商业开发,这在一定程度上影响了生物质的生长,破坏了环境的可持续发展。此外,产自农业甘蔗的燃料乙醇在巴西的市场上占有稳固的地位,因此基于木材的生物燃料难以获得足够的支持。

表 4-2　　　　　　　　　　　林业生物质精炼的最重要的优势和劣势

	芬兰	瑞典	美国	加拿大	巴西
优势	1. 化工技术强 2. 商业诀窍 3. 生物质资源丰富 4. 原材料供应充足	1. 生物质处理过程了解深入 2. 处理流程专业 3. 现有的基础设施完善 4. 技术引领	1. 收获、运输和处理大量的木材生物质能力强 2. 生物质资源丰富 3. 过程工程专业	1. 生物质资源丰富 2. 现有的基础设施完善 3. 存在供应链	1. 林业活动 2. 商业诀窍 3. 产学研合作紧密
劣势	1. 缺乏公共和私人资金 2. 投资能力弱 3. 反对变革 4. 面临新的业务领域的行业外的技术挑战	因循守旧(缺少对新的可能性的把握)	1. 不愿意承担风险 2. 反对变革 3. 目光短浅	1. 缺乏资金	1. 研发不足 2. 对原材料的竞争 3. 制浆造纸领域缺乏灵活性 4. 环境的可持续发展

　　人们意识到了来自于发展林业生物质精炼的外部经营环境的挑战，但是对于生物炼制财团中的管理和领导、责任和收入及协同效益等方面则认识不够清楚。林业生物质精炼企业最重要的竞争力来自于产品和技术创新、对新兴市场的了解和商业模式的发展，其他还包括流程知识、控制木材供应链的技能和长远的眼光。对于生物质精炼，供应链的生产和收集原材料被认为是最具挑战性的两部分，因此在这两个领域的竞争力也显得尤为重要。生物能源专家认为变革管理、创建和管理网络从而积极影响经营环境是最不重要的竞争力。因为这些都涉及管理和领导的"软件"而非技术。尽管林业部门专家认为这些方面仍然重要，但是其在林业工业中的真正意义并不明确[21]。

　　尽管林产工业不乐意与同行合作发展林业生物质精炼，但他们还是抱着积极的合作态度。这点在北欧尤为明显，他们认为商业网络的创建和管理是一项重要的技能，这也将使得林业生物质精炼企业在整个价值链中的合作越来越重要。在林业生物炼制价值链中的新成员也具备一定的商业机会，大的财团给予中小型企业进入新的、更大的市场提供可能性，如原材料采购、技术创新、咨询服务以及生产，然而中小型企业要让他们的知识商业化还需要强大的网络支持。在林业生物质精炼中，财团的任务因其在生物炼制价值链中的角色不同而任务不同，同时他们在战略决策和领导力方面需要适应和面临挑战。因此，要成为林业生物炼制行业的领导者，必须仔细评估所制定战略的可行性，新兴业务更呼唤这样富有远见卓识的领导者。生物质精炼企业最重要的因素是林产工业公司和集群技术提供商的技术，而在瑞典还包括汽车行业，在巴西则包括生物技术工业。

　　一项关于林产工业企业对生物精炼的态度、改变的意愿以及这一改变率的国际调查显示，关于林产工业商业潜力的看法以及敢于承担生物精炼风险的意愿对于林业生物炼制的发展具有决定性的影响[21]。林产工业认为制浆造纸行业生产电力比制备生物能源利润更多。此外，大型的企业似乎更重视优化整个组织的业务运作模式，而没有充分认识到单一生产单元的潜力。这些现象表明林产工业处于一个被动的角色，而更积极的态度将是进入一个新的业务所必备的。

　　如果没有持续的创新性，林产工业难以维持其在解决方案中的领导力[24]。长远来说，林产工业的生命力将依赖于新的投资、产品和业务营运。生物质能源和生物基产品为市场的多元化和新技术的探索提供了可能性[12,13]。林产工业仍具有较大的创新空间和需求，这是因为木材加工链和林业生物精炼厂的潜力还未充分挖掘利用，完善的商业网络环境还未创建。此外，这些部门的技术还需要有效的商业化和市场化运作。1/3 的调查者预见在不久的将来木质生物燃料的生产将会发生彻底的革新。这主要体现在半纤维素和木质素提取方法的创新以及开发新的酶等方面。但是，在芬兰的受访者并不期望在这一领域有过激的创新行为，巴西对这个问题也持怀疑态度。针对林产工业的不同态度在一定程度上反应了变革的阻力，但是对于新业务的需求似乎得到了广泛的认可。林产工业在将来的发展中，传统的产品如纸和纸板仍将起到主导的作用，而新业务与新产品，如木质生物燃料，也将起到一定的作用。与其他因素相比，林产工业现有的基础设施和许可证为其提供了强有力的竞争优势，此外林产工业被公认在生物炼制行业中扮演最重要的角色。

　　林产工业在以下两方面需要重新进行评估：一是林业生物精炼厂的盈利能力，二是在商业环境的变化中对新业务的敏感性。由于林业生物精炼在商业环境的变化中具有一定的敏感性，因此需要根据市场情况给出一定的灵活性以增加利润。林业专家所认为，林业生物炼制相比传统的林产工业的投资回报率要高，可以达到 10% ～ 15%。这也侧面反映出新业务具有较高风险性和其盈利能力的不确定性。调查显示,北欧国家可接受的投资回报率要比其他国家低,这是因为他们认为生产生物燃料是一个充满活力的商业机遇,因此其所涉及的风险也较低。当被问及林业部门的长处和弱点时,美国人表示不愿承担风险是他们最显著的缺点,这与调查结果中他们理想的投资回报率是一致的。

4.7　结论和未来前景

要能够创建成为一家成功的林业生物质精炼企业,有一点很重要,那就是视当前的形势为挑战而非威胁。特别是生物炼制可以与制浆造纸行业集成,这一模式具备巨大的潜力,而这将为林产工业确立一个先行者的自然地位。不过林业部门需要尽早行动,因为每一个竞争对手都渴望成为林业生物质炼制领域的领头羊。

参考文献

[1] Anon. Biomass Research and Development Technical Advisory Committee. Roadmap for Bioenergy and Biobased Products in the United States,2007.

[2] Hetemäki,L. and Verkasalo,E. Puunjalostuksen uudet tuotteet ja kehitys Suomessa [new products of wood processing and its development in Finland],in Suomen metsiin perustuva hyvinvointi 2015 [Welfare Based on Finnish forests 2015],L. Hetemäki,P. Harstela,J. Hynynen,H. llesniemi and J. Uusivuori (Eds.),Reports of Melta 26,Finland,2006. (http://www. metla. fi/julkaisut/woring papers/2006/mwp026. htm).

[3] Mabee,W. E.,Gregg,D. J. and Saddler,J. N. 2005. Assessing the emerging biorefinery sector in Canada. Appl. Biochem. Biotechnol. ,123(1−3) 765−778.

[4] Mabee, W. E, Fraser, E. D. G. , McFarlane, P. N, Saddler, J. N. 2007. Canadian Biomass Reserves for Biorefining,Appl. Biochem. Biotechnol. ,129(1−3) 22−40.

[5] Anon. EU Biomass Production Potential,Biomass Action Plan COM(2005)628,2005.

[6] Anon. EU Green Paper:Towards a European Strategy for the Security of Energy Supply,COM (2000)769,2000.

[7] Anon. EU Directive 2003/30/EC of the European Parliament and of the Council on the Promotion of the Use of Biofuels of Other Renewable Fuels for Transport,2003.

[8] Seppälä,R. (Ed.). Suomen metsäklusteri tienhaarassa,Metsäalan tutkimus−ohjelma WOOD WISDOM [Finnish Forest Cluster at a Crossroads],WOOD WIOSDOM Research Program of Forest Sector,Helsinki,Finland,2000.

[9] Chambost,V. and Stuart,P. R. 2007. Selecting the most appropriate products for the forest biorefinery,Ind. Biotechnol. 3(2)112−119.

[10] Janssen,M.,Chambost,V. and Stuart,P. R.,2008. Successful partnerships for the forest biorefinery,Ind. Biotechnol. 4(4)352−362.

[11] vam Heiningen,A. 2006. Converting a kraft pulp mill into an integrated forest biorefinery,Pulp Pap. Can. 107(6)38−43.

[12] Hetemäki, L. , Harstela, P. , Hynynen, H. , IIesniemi H. and Uusivuori, J. (Eds.). Suomen metsiin perustuva hyvinvointi 2015 [Welfare Based on Finnish forests 2015], Reports of Melta 26,2006.

（http://www. metla. fi/julkaisut/woring papers/2006/mwp026. htm）.

[13] Anon. Metsäneuvoston linjaukset metsäsektorin painopisteiksi ja tavoitteiksi [Future Review for Forest Sector, Focuses and Targets for Forest Sector According to Forest Council of Finland], 2006.

[14] Ragauskas, A. J. , Nagy, M. , Kim, D. H. , Eckert, C. A. , Hallett, J. P. , and Liotta, C. L. 2006. From wood to fuels: Integrating biofuels and pulp production, Ind. Biotechnol. ,2(1)55 – 65.

[15] Anon. Agenda 2020 Technology Alliance. A Special Project of the American Forest & Paper Association. (http:www. agenda2020. org/) .

[16] Thorp, B. , 2005. Biorefinery offers industry leaders business model for major change, Pulp Pap. ,79(11)35 – 39.

[17] Kruijsen, J. Sunny developments, the diffusion of photovoltaic technologies in the Netherlands, in Partnership and Leadership, T. de Bruijn and A. Tukker, (Eds.), Kluwer Academic Publishers, The Netherlands, 2002, pp. 157 – 175.

[18] Rennings, K. 2000. Redefining innovation – eco – innovation research and the contribution from ecological economics. Ecological Economics, 32, 319 – 332.

[19] Rogers, E. M. Diffusion of Innovations, Free Press, New York, 2003.

[20] Freeman, C. 1996. The greening of technology and models of innovation, Techno. Forecast. Social Change, 53, 27 – 39.

[21] Näyhä, A. , Hämäläinen, S. and Pesonen, H. – L. Forest Biorefineries – Future Business Ppportunity for Forest Cluster, Reports from School of Business and Economics N:o 39/2009, University of Jyväskylä, Jyväskylä, Finland, 2009.

[22] Häyrynen, S. , Donner – Amnell, J. and Niskanen, A. Globalisaation suunta ja metsäalan vaihtoehdot [Direction of the Globalization and Options for the Forest Sector], Research Notes 171, University of Joensuu, Joensuu, Faculty of Forest, Joensuu, Finland, 2007.

[23] Anon. Government of Canada. Renewable Fuels Strategy.
http://www. ecoaction. gc. ca/ECOENERGY – ECOENERGIE/renewablefuels – carburantsrenouvelables. eng. cfm.

[24] Niskanen, A. , (Ed.) Menestyvä metsäala ja tulevaisuuden haasteet [Successful Forest Sector and Future Challenges], Gummerus Kirjapaino Oy, Saarijärvi, Finland, 2005.

第⑤章　实木材料的利用

5.1　绪论

木材作为一种重要的可再生资源,从人类活动开始就已经被广泛的使用。由于其良好的机械性能和美学特性,在建筑和室内装修领域具有很高的应用价值。近两个世纪以来,成型木材在建筑领域中的应用明显增多:一方面,通过大量利用木材可以解决全世界人口增长带来的能源需求;另一方面,来自于非可再生资源的传统和现代的合成材料在许多应用方面取代了木材基材料。然而,随着非可再生资源的激烈竞争、成本提高以及公众对全球环境的关注,将引起木材和木材纤维产品的再次重要变革。

近几年,生物基材料取代化石基材料的需求逐渐增强,多学科正努力致力于开发更多的可持续产品技术和环境友好型木材产品。尽管在许多方面有所发展,但是由于大多数的木材产品容易受到生物细胞侵袭和天然降解,木材产品的利用仍然存在许多困难[1,2]。大部分的热带阔叶木树种具有良好的性能,例如,抗生物袭击和恶化的耐久性,可以有效延长木材产品的使用寿命,因此木材工业普遍利用热带阔叶木树种作为原料而不是生长在温和或凉爽气候区的阔叶木树种。然而,在过去几十年,可用的热带阔叶木树种急剧减少。最近联合国粮农组织报告指出,在2000—2005年期间,世界森林面积每年净损失730万 hm^2,最严重的损失发生在南美洲和非洲的热带雨林区[3]。由于热带阔叶木是世界上最重要的碳储存资源,因此世界各国都对其表示高度关注。如今,许多国家限制了热带阔叶木的工业利用,并且通过立法控制其海外运输。

为了解决木材在使用过程的老化问题,传统木材工业通常使用防腐剂,但是大多数防腐剂对人体有害。越来越多的人们意识到防腐剂对生物体的危害,同时这些防腐剂可通过渗透作用将有毒物质释放到生物圈中从而危害人类。因此,目前有害防腐剂在许多国家已经被立法限制使用[1,4]。随着木材工业的需求不断改变,人们将更多的兴趣投向了木质纤维原料的新改性方法,目的就是为增强纤维原料性能。本章将介绍木材化学改性及新型木塑复合材料的发展状况,将其作为木材替代物可以延长木材产品使用寿命,同时提供了一种减缓木材自然降解的绿色环境友好方法[4-6]。

5.2　木材改性

木材改性指木材原料通过化学、热化学、生物化学或物理处理等方法进行改性,从而增长木材的使用寿命[1]。木材产品本身在使用过程中无毒,并且在使用或回收过程中也不会释放任何毒性物质。因此,如果想通过改性方法改进其抗生物降解性,那么这种方法本身应该也不具有危害性。按照以上的定义,木材改性应该是指改变或者不改变木材化学结构的多种处理方法。改变木材化学结构的改性方式称为活化改性,该方式通过化学、热化学反应或者是酶解反应改变木材表面。而另外一种称为积极改性,例如,浸渍可以改变木材性能但并没有改变木材的化学结构。

5.2.1　化学改性

受微生物和环境因素影响,木材在自然状况下很容易降解。作为一种天然的复合材料,木材主要由大分子结构的纤维素、半纤维素和木质素组成(见第 1 章)。所有这些高聚物分子中都含有大量的羟基,使木材成为一种吸湿性材料。目前木材利用最大的困难是羟基的高活性,易受生物影响(例如:真菌、细菌、昆虫或白蚁)或酶解反应导致降解发生。另外,自然界不同的化学和物理现象都可能造成木材降解,如湿度、降雨、风、热量、低温、紫外辐射和机械压迫。通过化学改性可以有效防止这些因素带来的自然降解,同时不破坏木材产品的特有性能[1,6,7]。

木材化学改性的研究历史可以追溯到 20 世纪中叶,这一概念首次由 H. Tarkow 在 1946 年提出[8]。此后,木材科学家们就进行了大量的研究工作,改进了木材外观性能,使木材抵抗生物、化学和物理过程的能力显著增强。同时,在改进木材的其他性能方面也进行了大量研究,如尺寸稳定性和耐用性(防紫外辐射、降低易燃性和增强抗风化能力)、防潮性、防腐性以及力学(强度和硬度)和声学性能[1,2,7,9-12]。木材化学改性是指化学试剂和木材中的化学组分发生反应形成共价键[1],化学改性的主要目的是将亲水性基团(半纤维素和木质素中的大量羟基[1,7,13])转变为疏水性基团,主要生成了酯键和醚键[1,6,7]。迄今为止,乙酰化是利用最为广泛的改性方法,如木材与乙酸酐(H_3C—CO—O—CO—CH_3)反应生成乙酰化木材(Wood—O—CO—CH_3)(见第 9 章)。

乙酰化的概念是由 W. Fuchs 在 1928 年从松木中分离木质素时首次提出,是一种简单的酯化反应,可以应用于实木、薄木板和木材组分中[6,8,14]。影响该反应进行的几个因素中,首先是与木材原料有关的影响因素,如木材的种类(主要分为针叶材和阔叶材)、抽提物含量、木片大小、木材密度和木材水分含量。抽提物在木材中大量存在,可能通过渗透作用降低木材反应活性,木材样品的尺寸大小和密度对乙酰化试剂的渗透性和分布具有显著影响,可能导致试剂渗透不均一和反应性差。第二,反应体系具有重要作用。放热反应可在酸碱催化下进行,也可以在液相或气相条件下进行,然而,在大规模的生产中,并没有发现使用催化剂带来的优势,因此,在商业生产中,更好的方式是使用液态乙酸酐在没有催化剂的条件下进行反应。另外,反应得率和乙酸酐浓度密切相关。总之,该方法产生的乙酸作为副产物,可以通过对改性后的木材处理将其除去。第三,其他影响反应的条件。在实验室规模下已经对反应温度(通常在 100 ~ 140℃)、反应时间和压力,以及预处理过程中使用的散装化学品和微波技术进行了广泛的研究[1,12,14,15]。除了乙酸酐之外,还有许多其他试剂用来改进木材性能[1]。这些化学试剂包括酸酐类(丙酸酐、丁酸酐、马来酸酐、琥珀酸酐和邻苯二甲酸酐)、烯酮类气体(H_2C=C=O,例如,"乙酰化")、羧酸类(R—CO_2H)、酰氯类(R—COCl)、异氰酸类(R—N=C=O)、环氧化物(R—CH(—O—)CH_2)、烷基氯(R—Cl)、甲醛(HCHO)或其他醛类(R—CHO)和丙烯腈(R—

$CH_2 = CH - CN$)。

5.2.2 浸渍改性

木材浸渍改性是指把木材表面(主要是细胞腔和微孔)浸泡到惰性材料中从而达到理想的外观性能[1]。在此方法中,首先将单一溶剂通过渗透作用进入到木材中,然后发生原位聚合,一些化学试剂可以运用这种方法处理木材,如树脂和含硅化合物[1,16]。另外,一种非常具有应用前景的新型渗透木材改性方式称之为糠醇树脂改性,已在挪威进行了商业化利用。此外,1,3 - 二羟甲基 - 4,5 - 二羟基乙烯脲树脂(DMDHEU)改性木材是一种最近使用的方法[17]。

木材热处理属于木材热改性方法,通常反应温度为 160 ~ 260℃,反应时间为 1 ~ 5 h(见第 2 章)[18]。热处理可以有效增强木材抵抗真菌侵害的能力,以及影响其特定的物理性能(如密度、强度、尺寸稳定性、水分吸收和外观颜色)。通过热处理改性后的木材可以制造不同性能的木材产品,如户外家具、木建筑墙体、音乐器具、防水家具、防潮或防菌家具等。

5.2.3 改性木材性能

木材的尺寸不稳定性是一种自然现象,也是木材使用中一种最不期望发生的因素,主要由于木材本身具有吸湿性,在含水的环境中其尺寸容易发生改变。通过木材改性处理可以改进木材尺寸不稳定性。在实验条件下,尺寸稳定性取决于木片在干燥和水浸渍条件下外在尺寸的数值,被称之为膨胀系数(S),如下式所示[1]:

$$S(\%) = [(V_{ws} - V_{od})/V_{od}] \times 100 \tag{5-1}$$

V_{ws} 代表着吸收水分饱和后木材的体积,V_{od} 代表着干燥条件下木材的体积。

木材改性既可以通过试剂膨胀木材基体,也可以通过交联木材聚合物组分改进木材尺寸稳定性。如果通过膨胀作用使得木材尺寸稳定性增强,那么木材在饱和吸水和烘干条件下的差异将减小。木材尺寸稳定性的增强被称之为膨胀系数(ASE),如下式所示[1]:

$$ASE(\%) = [(S_u - S_m)/S_u] \times 100 \tag{5-2}$$

S_u 表示未改性木材的膨胀系数,S_m 表示改性后木材的膨胀系数。

另一种改进木材尺寸稳定性的方法是化学改性,通过交联木材组分从而限制细胞壁的流动,参数(ASE′)被引入描述为改进后的木材尺寸稳定性[1]:

$$ASE'(\%) = [(S_u - S_{m'})/S_u] \times 100 \tag{5-3}$$

$S_{m'}$ 表示改性木材样品吸水饱和后的体积与未改性烘干条件下木材样品的体积之差。

木材化学改性处理后可以增加木材的干重,增加的含量通常用质量增加百分比(WPG)表示,如下式所示[1,11]:

$$WPG = [(M_m - M_u)/M_u)] \times 100 \tag{5-4}$$

M_m 表示改性后木材的干质量,M_u 表示未改性木材的干质量。

在分析影响木材改性的因素过程中,质量增加百分比(WPG)是一种简便的方法,可用来表示试剂和木材组分之间的化学键形成。少量木材样品的反应程度可以由热重测定,然而,对于大量的木材样品而言,需要更可靠分析技术去获得新共价键生成的详细信息,并且需要得到木材样品均相反应的整个分布。采用各种光谱分析方法,如红外光谱和衰减全反射光谱,以及飞行时间二次离子质谱和扫描电子显微镜可以获取关于羟基反应的详细信息[19,20]。木材化学改性后增强了木材的尺寸稳定性并且减少了含水量。最新研究结果表明[21]，乙酰化增加了欧洲赤松(*Pinus sylvestris*)、挪威云杉(*Picea abies*)和欧洲水青冈木(*Fagus sylvatica*)的密度，而没有破坏木材组织的完整结构。Thygesen 和 Elder[22]研究表明挪威云杉细胞壁乙酰化和糠醇树脂化后变为疏水性。Mahlberg[23]等研究发现通过乙酸酐化学改性可以明显改进木材纤维/聚丙烯和聚丙烯/胶合板复合材料的机械性能和尺寸稳定性。另外一些研究还表明乙酰化可以改进木材的电气绝缘性能，同时木材的声学性能够得到改变，从而使乙酰化木材适用于声乐器材的利用。增强木材的抗生物降解性是木材改性当中最重要的改进措施[1]，在目前的研究方法中评价木材改性后的功效和生态毒理性是主要评价指标之一[24,25]。

5.2.4　商业化前景

虽然化学改性后的木材可以作为一种新产品，但是化学改性技术在木材加工领域还没有被广泛利用。尽管近年来人们在这项技术上做了大量的开创性研究，但是仅在某些方面进行了商业开发。造成工业化程度低有各种原因，包括产品成本相对高以及尚缺乏与产品相关的市场开发运作。其中，具有商业化应用前景的有荷兰 Titan 木材公司，自从 2003 年使用商标名"Accoya"进行乙酰化改性生产木材，挪威的 Kebony 公司已经使糠醇树脂改性后的木材商品化。当今，木材化学改性有多种途径，包括改性后的木材产品取代热带阔叶林木材树种，将来会有更多的消费者愿意使用具有价值而且安全的"绿色产品"。然而，化学改性技术依然存在很多问题，因此，深入理解与这项技术发展密切相关的化学和物理现象非常重要。另一方面，木材与其他材料的竞争日益加剧，在这样的社会大背景下，研究不同改性方法所得木材产品的可回收性，阐明回收木材作为能源生产的可行性就显得非常重要，同时相关的测试方法需要进一步改进。

5.3　木材聚合物复合材料

5.3.1　前言

"复合材料"表示一种固体产品包含两种或两种以上不同的相，包括基体材料和纤维或颗粒材料[26]。木材－聚合物复合材料，又被称为"木材－塑料复合材料"，其中包括以木材刨花作为填充物或增强剂，以热固性或者热塑性塑料作为基体材料。因此，木材－塑料复合材料指木材(含量在 10%～70%，通常为 50%)、合成聚合物和少量的添加剂按照生产要求和产品性能来进行选定和设计的材料，可以应用于诸多领域，如建筑、汽车工业、家具和包装消费品等。

木材－塑料复合材料是一种较为新颖的材料，具有很大的增长潜力和应用前景。虽然共混物的研究历史可以追溯到 1910 年热固性树脂的利用，但是目前大部分木材－塑料复合材料是以热塑性材料为基础，热固性和热塑性材料不仅在形貌上有区别，而且在制作技术上差别也比较大。接下来的章节主要讲述基于热塑性材料的木塑复合材料，热固性材料由于其很少被利用，因此在这里仅对其作简要介绍。总体来说，热固性材料是一种塑料，硬化后可以通过加热将再次重复融化，如三聚氰胺和环氧树脂[27]。

5.3.2　研究历史

木塑复合材料的研究历史可以追溯到 1900 年,早期销售的商品化复合材料产品商标名为"Bakelite",由酚醛树脂和木粉组成。在 1916 年,首次将其商业利用制造劳斯莱斯的换挡把手[28]。在 1930 年左右,亨利福特开发了另外一种有价值的木塑复合材料产品。当时使用大豆粉末制作塑料模型,其中包含 48% 的蛋白质用来硬化甲醛,这些大豆甲醛部件可以吸收 20% 多的水分,造成严重的翘曲和开裂。苯酚树脂以抗水性著称,因此将其与大豆甲醛树脂相互混合可以增强抗水性。这些热固性苯酚 – 大豆 – 甲醛塑料复合物包含 30% 的木粉,与单一的苯酚树脂相比更加便宜,同时质量更轻以及避免了昂贵的表面精加工费用。

在 1936 年,福特公司使用了 300 多万吨的无油大豆粉,平均每生产 100 万辆汽车就需要使用 15t 大豆塑料用于生产汽车换挡把手、窗框、电子开关、喇叭按钮和分电器盖。如图 5 – 1 所示,在 1913 年,亨利福特驾驶一辆大豆蛋白车体外壳的汽车。在 1942 年,福特公司生产了 6.75 万 t 大豆粉末挤塑成型塑料,这些塑料由酚醛树脂、大豆粉末和木粉组成。因为大豆粉末塑料吸水性较强,所以容易导致汽车车体外壳过度翘曲。因此,大豆粉末在工业中的利用仍然存在诸多不确定因素,更

图 5 – 1　亨利福特驾驶一辆大豆蛋白车体外壳的汽车(亨利福特博物馆)[28]

不幸的是,新时代以来不可再生石化资源的广泛利用,导致了可再生塑料和燃料资源边缘化。

与木材热固性复合材料相比,木材热塑性复合材料的利用在美国最近几年显著增长,虽然木塑复合材料在美国的加工生产已经有几十年,而在欧洲更早一些。在 1983 年,位于威斯康星州希博伊根市的李尔公司使用意大利挤出成型技术开始为汽车内部生产木塑复合材料的仪表盘部件,通过聚丙烯塑料与大约 50% 的木粉挤压形成平板,然后形成各种样式的汽车内部仪表盘部件,这是木塑复合材料技术在美国的首次重要应用之一[27]。早在 1990 年,Strandex 公司(位于威斯康星州麦迪逊市)对高木材纤维的挤出成型技术申请了专利保护,同时领取了相关技术生产执照,高木材纤维可以直接用于最后成型而无需球磨或再次成型。同期,先进环境回收技术公司(AERT,德克萨斯州)和美孚化学公司的一个部门合并后成立了 Trex 公司(弗吉尼亚州),该公司生产的木塑复合材料中包含大约 50% 的木材纤维和聚乙烯。这些复合材料可以作为货架顶板、景观木材、野炊餐桌和工业地板用来销售,类似的复合材料被磨成门窗等组成构件,现如今装潢市场是木塑复合材料规模最大和发展最快的市场。

5.3.3　原料

聚合物原料。木塑复合材料中的聚合物是高分子材料,以重复一种或多种类型的单一结构单元为特征,它们的性质主要由分子空间构型决定,是典型的低成本共混物(如聚苯乙烯、聚乙烯和聚氯乙烯醇),在加热时可以自由流动,与木材自由成型。虽然聚合物材料随着外界温度收缩和膨胀,但是在设计合理的木材聚合物中,它的低水分吸收特性可以构成有效的防潮层[29]。当聚合物中包含其他材料时,我们称此聚合物为"塑料",如稳定剂、塑化剂或其他添加

剂。在木塑复合材料中,聚合物(塑料)包围木材组分形成连续相,同时根据木材的形状、大小、性能,可将其视为填充物或增强物。另外也使用其他少量添加剂,如生产过程中的添加剂(润滑剂、脱模剂和发泡剂)、稳定剂(加热,紫外和可见光稳定剂,抗氧化剂和抗菌剂)和外观形貌添加剂(惰性填充物、颜色试剂、抗冲击改性剂、阻燃剂、抗静电剂和塑化剂)[26]。添加剂的最佳使用量依据生产加工技术和目标产物的外观形貌而决定。表 5 – 1 举例说明了聚乙烯为基体的木塑复合材料的成分组成[30]。

表 5 – 1 聚乙烯基木塑复合材料[30]

功能	材料	添加量
基质成分	聚乙烯	其他组分所占百分比
增强填料	天然纤维	30% ~60%
偶联剂	聚烯烃接枝马来酸酐	2% ~5%
润滑剂	硬脂酸盐/酯类/乙撑双硬脂酰胺/其他	3% ~8%
	酚醛树脂/亚磷酸盐	
抗氧化剂	硬脂酸盐类/水滑石	0 ~1%
酸中和剂	受阻胺类光稳定剂/苯酮类/苯骈三唑类	0 ~1%
抗紫外线	滑石粉	0 ~1%
	硼酸锌	
矿物填料	微球体/化学或物理发泡剂	0 ~10%
杀虫剂	色素	0 ~2%
轻质化	各种物质	0 ~5%
抗紫外线/美观		
阻燃剂/阻烟剂		
抑制剂		

由于木材粉末的热稳定性较低,因此在木塑复合材料的生产加工过程中,塑料加工温度通常要低于200℃。在北美洲,大部分的木塑复合材料以聚乙烯为基体,而在欧洲却以聚丙烯为基体广泛使用。总之是基于它们的低成本、可持续利用以及可回收等特点。表 5 – 2 列出了一些普通聚合物的基本化学结构单元及它们的缩写。

表 5 – 2 聚合物结构单元的玻璃转化温度(T_g)和熔点(T_m)[29]

聚合物	玻璃转化温度/℃	熔点/℃
聚乙烯	−125	135
聚丙烯	−20	170
聚苯乙烯	100	—
聚氯乙烯	80	—
聚对苯二甲酸乙二醇酯	75	280

木材材料。木材本身包含多种聚合物(见第 1 章),是一种坚固、致密和质量较轻的材料。由于它明显区别于合成的聚合物,因此可以用于填充物或增强剂。虽然木材不能随着温度变化而发生收缩和吸收,但是可以轻松吸收水分从而改变其性能和尺寸。从聚合物的角度来看,木材与许多商业合成的聚合物相比,更加便宜、坚硬和牢固,另外,还具有多孔性、纤维性和非

均质性。图 5-2 列举出不同木材种类和形状在木塑复合材料中的应用。

木材原料在木塑复合材料中通常以特定形式存在,如木粉或者是短纤维和纤维束,而不是单独的木材长纤维(通常长径比仅为 1~5)。然而,"木材粉末"这个概念有些模糊,通常是指将木材粉碎至极细的粉末,在大小、外观和质地上接近于面粉。与木材纤维相比,木粉成本较低,容易在传统塑料加工设备中使用[28]。典型的颗粒大小在 80 目(150μm)和 10 目(1480μm)之间,[27]木材粉末供应商针对不同的工业需求可以提供粒径范围不同的木粉颗粒。大公司不但

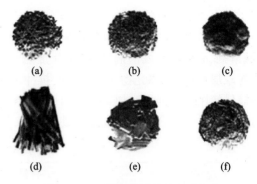

图 5-2　木质复合材料中木质组分

(a)刨花　(b)木屑　(c)木材纤维
(d)大颗粒木粉　(e)薄木片　(f)木纱线[31]

拥有分布广泛的网络销售点,而且也具有针对单一客户的专门资源供应商。木塑复合材料生产商通常通过两种途径获得木粉① 直接来自于森林产品公司的副产品,如锯木厂、家具厂、磨坊和门窗加工厂的副产品;② 从专门生产木材粉末的公司购买[27]。和许多其他材料一样,木材粉末价格根据木材体积、可利用性、木材大小和运输距离的不同而不同。在美国,木材粉末的价格通常为 0.11~0.22 美元/kg,木材粉末颗粒大小分布越窄或是粒径越细,价格随之越高。因为有许多小型的木材粉末生产商,其生产规模与其他木材产品加工厂(实木厂、木材混合材料加工厂和造纸厂)相比较小,所以有关其木材粉末的有效信息相对较少。

木材纤维可以由木材通过不同的化学制浆方法分离得到(见第 2 章),这些方法影响木材纤维的最终性能。由于木材纤维的高强度特性及其合理的长宽比可以有效转移压力到纤维上,因此木材纤维具有良好的力学增强性能。然而,使用传统塑料加工方法会导致成本升高和生产困难增加,因此,共聚物中使用纤维不如使用木粉优势明显[28]。使用纤维素钠米晶须(见第 9 章)也具有生产性能优良的复合材料的潜能,可以通过有效的、经济的、可伸缩的方法生产性能增强的复合材料[31]。

5.3.4　成型技术

本章节中仅对热塑性木塑复合材料的最普通生产技术进行介绍。混合法是指在熔融状态下通过混合或共混聚合物、纤维、填充物和添加剂制备塑料模型,不同的参数标准形成不同原料的均相共混。虽然木塑复合材料可以使用不同的生产技术加工制备,但是双螺杆挤出成型或其他熔融共混技术使用最为普遍。通过配料有效混合,使用成型技术(挤出成型或注射成型)最终形成特定形状的复合材料。

在聚合物生产加工过程中挤出机是挤出成型设备最重要的部件。在挤出成型过程中,配料通过理想的挤出模横截面积挤出或拔出(图 5-3),因此可以生产特定横截面积的物体。总之,在挤出机中,受热的塑料、填充物/增强物和添加剂通过模具受力形成特定形状,如薄膜状、薄片状、棒状、轮廓状或是管状。大多数木塑复合材料使用异型材挤出技术加工一系列部件,如甲板、面板、围栏、房屋和门窗。木材热塑性塑料混合物(呈圆球形)首先传输到料斗口,当物料进入到挤出机的第一个区域,加热的螺杆和滚筒使热塑性塑料熔融或软化,融化的物料通过挤出机形成连续的理想形状外形。熔融的木塑复合材料具有较高的黏性,因此需要设备具有足够的动力使得物料通过机器并完整出模。当物料从挤出器出来后,通过在喷水室冷却得

到快速固化的热塑性基材,从而形成理想形状,最后切割成所需的长度。挤出机有单螺杆和双螺杆两种类型,双螺杆挤出机按螺杆旋转方向不同,可分为同向和异向旋转两大类。根据两根螺杆轴线平行还是相交可以分为平行双螺杆和锥形双螺杆,平行双螺杆可以使物料混合均匀,锥形双螺杆通过增加模具内的压力从而使物料更好混合。另外串联式挤出机中一个组件用于共混,另一个组件用来成型加工。

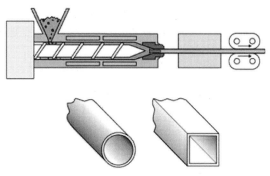

图 5 - 3　挤压工艺和剖面图[33]

　　注塑成型是指在特定压力条件下挤压流体到凹形或密闭的模具中形成复合材料的过程[26],熔融后的配料在模具中冷却后形成特定形状的材料。注塑成型是一种批处理工艺,可以快速大量生产各种规模的三维高精度产品,注塑成型原理示意图如图 5 - 4 所示。在注塑成型生产中,细胞壁厚度、产品的几何形状、流体性质和耐高压性都可以成为木塑复合材料中木材含量的限制性因素,通常木材含量占 20% ~40% 质量分数。一些由挤出成型形成的木塑复合材料产品如图 5 - 5 至图 5 - 7 所示。2010 年上海世博会芬兰馆占地 3000m²,在材料的设计选择上突出环境负荷最小的重要性。Giant's Kettle 的外部表面积达到 3700 m²,UPM 公司使用了大约 25000 张注射成型技术生产的墙面板[38],每个墙面板面积为 350mm×600mm。

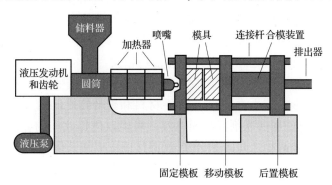

图 5 - 4　注塑成型机[34]

图 5 - 5　Kupilka 公司生产的一个小茶杯和一套餐具[35]
由 50% 的纤维素纤维和 50%FDA 热塑性材料组成

图 5 – 6　2010 年上海世博会芬兰馆展出由 UPM 公司生产的现代墙面板[36]

图 5 – 7　IKEA's Ellan 公司生产的由六个注塑成型部件组成的木塑复合材料摇摆椅[37]

5.3.5　木材和聚合物的界面相容性

20 世纪 80 年代以来,木材科学家们做了大量关于利用不同的偶联剂改进木材纤维和聚合物基体之间的界面相容性研究,如硅烷、丙烯酸、马来酸酐和马来酸酐改性的苯乙烯 – 乙烯 – 丁烯(SEBS – MA)[39 – 42]。研究结果和后续的商业化利用表明,在木塑复合材料生产中,马来酸酐是使用最为普通的偶联剂,通常预先以颗粒状与聚合物接枝复合。木质纤维材料和聚合物基体之间的界面结构和组成对复合材料的机械和物理性能影响很大。复合材料界面的作用与聚合物基体和木材纤维之间的应力传递密切相关[43]。虽然木质纤维材料和聚合物基体之间的表面黏合性对复合材料的强度、韧度性能以及长期的蠕变和吸水稳定性有重要影响,但是对复合材料的硬度影响较小[44]。木质纤维材料和聚合物之间较差的界面性能减小了彼此之间的黏度特性,通过使用偶联剂或界面相容剂可以改进彼此间的黏度特性[40,43,44]。润湿和分散作用可以有效改进两相之间的黏合性,润湿作用可以使液体充分与表面接触,在木塑复合材料中,此参数被描述为木材和聚合物表面之间的界面接触角角度[44]。许多科学家对改进木质纤维材料和热塑材料基体之间的黏合性进行了研究,不同的改性方法的基本原理大致为:通过促进润湿和分散作用来减少纤维之间的相互作用,从而改进木材纤维和聚合物基体之间的黏合性和应力传递[44]。

目前在木材纤维和聚烯烃的复合材料中应用最普通有效的偶联剂是马来酸酐,如马来酸酐改性聚丙烯和马来酸酐改性聚乙烯。马来酸酐通过与木材纤维表面的羟基接枝,使得另一末端分子与聚合物基体缠绕或者扩散[44,45]。在有无使用偶联剂的情况下,不同的木材纤维(阔叶木、针叶木、长木条和木屑)—聚丙烯复合材料的拉伸性能分别如图 5 – 8 和图 5 – 9 所示。木材纤维 – 聚丙烯复合材料的机械性能研究表明,随着添加马来酸酐接枝聚乙烯,复合材料的力学性能呈上升趋势。如图 5 – 8 所示,在各种情况下,添加 5% 的马来酸酐接枝聚乙烯后,复合材料的拉伸性能都相应增加。同时研究表明,聚丙烯增强木屑复合材料的力学强度最高,当添加 5% 的马来酸酐接枝聚丙烯时,其力学强度增加大约 65%,这些数据表明木材纤维的几何形状和尺寸大小影响其力学性能。如图 5-9 所示,添加 5% 马来酸酐接枝聚乙烯时,复合物材料的拉伸弹性模量与其强度变化规律一致。所有类型的木材纤维聚丙烯复合材料添加 5% 的马来酸酐接枝聚乙烯后,其弹性模量都相应增加,聚丙烯增强木屑复合材料的最大弹性模量增加 20%[45]。

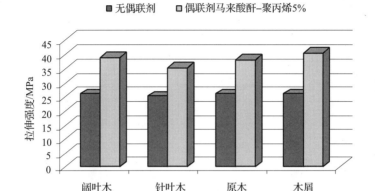

图 5-8 不同木材纤维聚丙烯复合材料在有无偶联剂情况下的拉伸强度[45]

(木材纤维含量占总重 50%)

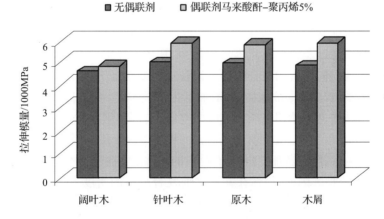

图 5-9 不同木材纤维聚丙烯复合材料在有无偶联剂情况下的拉伸模量[45]

(木材纤维含量占总重 50%)

5.3.6 外观和性能

木塑复合材料的外观和性能取决于构成材料自身的性能、木材纤维和塑料的界面性质、生产技术和产品设计形式。通过改变物料配比、生产工艺和产品几何形状,从而实现产品外观和性能的最优化设计。因此,除了满足复合材料各项性能要求外,产品要求和终端使用设备也是重要的考虑因素。最普通的复合材料性能包括各种力学性能、紫外稳定性、保湿性、吸水性、尺寸稳定性、阻燃性和抗生物降解性。

VTT 芬兰技术研究中心人员研究了使用不同添加剂制备 60% 木材纤维的聚丙烯木塑复

合材料,并按照 EN 408 标准测试其弯曲强度[46],复合材料中的木材原料来自废弃木材原料,即刨床中的切割木屑,以及热处理或风干木材和耐磨性添加剂的复合材料,如图 5–10 所示。弯曲强度测试结果表明针叶木或桦木原料具有较高的黏合强度和模量,热处理松木与未处理松木相比弯曲强度降低了 25% ~30% 。虽然紫外辐射对力学性能影响不明显,但是加入试剂"Nanomer"后其力学性能显著降低,可能由于复合材料中的"Nanomer"不均一分散或混合造成的。这项研究表明,挤塑成型木塑复合材料可以利用没有经过任何工业预处理的木屑加工生产。

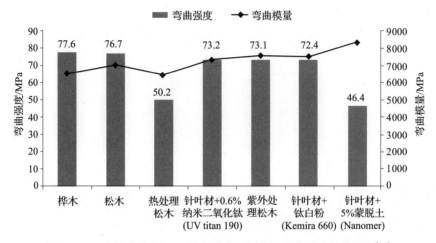

图 5–10 木材含量为 60% 的注塑成型样品的黏合强度及其模量[46]

木粉的堆积密度通常是 $0.19 \sim 0.22 g/m^3$,取决于水分含量、颗粒大小和种类等因素。增强型木材纤维的堆积密度非常低而且容易变化,尤其是长纤维。木材纤维较低的堆积密度和相互缠绕作用特点使得向传统的聚合物加工设备加料变得极为困难,如挤出机。虽然已经研制出克服这些障碍的方法,但同时相应地增加了生产成本[28]。由于木粉填料具有可压缩性,在许多塑料加工方法中通过使用高压力形成中空纤维,再利用木材粉末对其填充或小分子量的添加剂和聚合物对其覆盖。虽然填充或覆盖的程度取决于不同因素,如颗粒大小、加工方法和聚合物黏度,但是在高压设备加工中,复合材料的木材密度接近于木材细胞壁密度(即 $1.44 \sim 1.50 g/cm^3$),如挤出成型。因此,虽然在共混之前复合材料的密度大于木材的密度,但是通过添加木材到日用塑料中增加了其密度,例如:聚丙烯、聚乙烯和聚苯乙烯。然而与普通的无机填充物和增强物密度相比,压缩木的密度甚至更小(通常为 $2.5 \sim 2.8 g/m^3$)[47],这种密度优势在质量至关重要的行业应用很广,比如手机的零部件。

木材的主要化学成分为吸收水分的羟基,吸水的水分降低了木材与聚合物之间的氢键作用,从而降低了复合材料的力学性能[48]。木材中填充物和增强剂的水分吸收与生产加工方法密切相关,因为木粉生产属于机械加工,其水分吸收特性与实木原料类似。木粉在加工过程中通常包含至少 4% 的水分,这些水分在热塑性材料加工过程中或之前必须除去。即使是干燥的状态,木粉依旧可以快速吸收水分。木材组分的体积变化,尤其是反复吸收水分,容易导致界面破坏和基体裂缝。因此,为了防止复合材料大量吸收水分带来的负面效应,使用木塑复合材料作外部装饰的生产商将木材的含量降低到 50% ~65%,从而依靠聚合物基体部分包裹木材[28]。当木材在紫外线下辐射,其表面容易发生化学降解,这种降解主要针对木质素组分并且发生颜色改变[49]。木塑复合材料的表面吸湿后容易发霉,虽然发霉不会影响产品的结构性能,但是严重影响其美观特性,通常在严重的情况下,当复合材料中的木粉水分含量超过 25% ~ 30% 时,腐朽菌开始侵袭木材组分,导致其质量损耗和机械性能显著下降[2]。另外,由于碳水化合物的存在,木材可被多种微生物降解。

5.3.7 工业生产

在过去的十年中,木塑复合材料的生产呈稳定上升趋势,如图 5 - 11 所示,从 2000 年到 2005 年,美国的产能增长 40%,欧洲增长 100%,日本增长 13%。虽然木塑复合材料的生产最早开始于美国,但欧洲却是增长速率最快的市场,在 2007 年,Eder 公司预测木塑复合材料的产能非常准确,预测到 2009 年木塑复合材料全球输出量将超过 150 万 t/a[50]。

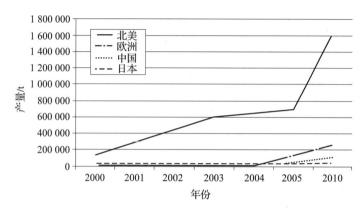

图 5 - 11　木塑复合材料产品在 2000 年到 2010 年间的增长趋势[50]

北美具有全球最大的木塑复合材料生产能力,大约为 1×10^6 t/年,紧接着是中国(0.2×10^6 t/年)、欧洲(0.17×10^6 t/年)和日本(0.1×10^6 t/年)。在欧洲,在木塑复合材料产品和生产设备的生产领域德国处于领先地位。虽然木塑复合材料全球生产总量仍然相对偏低,但是它的全球市场增长速率惊人,比如德国在 2009 年生产木塑复合材料超过 7 万 t(在 2007 年生产大约 2 万 t)。木塑复合材料在德国最重要的应用方面表现在汽车内部装潢,它在替代热带木材和其他高品质木材方面变得更加普遍[51]。木塑复合材料在中国的使用也较为广泛,中国制造的木塑复合材料产品包括门、窗、热绝缘系统、公园长椅、花园凉棚和塔式建筑的日光屏等,木塑复合材料产品原料来自于木粉和其他木质纤维农林废弃物,每年的增长率达到了 30%,预计在 2010 年至 2015 年之间每年增加 5×10^6 t[52]。

2009 年木材复合物和木材化学奥地利认证中心做了一项关于木塑复合材料在欧洲市场使用状况的调查。共计有欧洲的 124 家公司进行了木塑复合材料相关产品的贸易,包括最重要的添加剂和聚合物供应商以及木塑复合材料的装潢、设备和模具的生产商[53]。这些数据也表明,自从 2003 年以来新增加了 100 多家公司,从 2007 年以来增加了 20 家公司。虽然没有可靠的数据来源,但是欧洲最大的生产商应该是 Deceuninck、Werzalit、Koshe、UPM - Kymmene、Tech - wood 和 Rehau,其中 Werzalit、Koshe、Rehau 是德国公司。UPM - Kymmene 公司的生产工厂位于德国的卡尔斯鲁厄市,Rehau 公司的加工厂位于奥地利。考虑在欧洲范围内的增长机遇和目前研究进展,德国市场依旧最具吸引力。以生产量来说,德国市场占主导,紧接着是法国和比利时。按照德国木材加工工业协会在 2009 年 5 月份的报告,过去一年木塑复合材料增长 78%[53]。

木塑复合材料在北美、欧洲和亚洲通常应用在非承重建筑结构中(图5-12),其中建筑组件和建筑市场最具吸引力。虽然预测在北美将有新的应用前景,尤其是建筑领域,但是到目前为止主要表现在装潢方面[28]。在欧洲木塑复合材料的广泛利用从装潢和墙板到精细的乐器、家具、餐具和玩具等。此外,有些公司生产挤出成型日用消费品,如铅笔、手表、高尔夫发球台和工艺摆设品等[54]。

图5-12 普通木塑复合材料产品应用举例。左边为科技木材剖面(2006),
中间的为 Andersen 400 系列木匠门窗(2006),右边的为 Primo(2006)[50]

5.3.8 发展趋势

总之,木塑复合材料是一种较为新颖的材料,通过木材和塑料的最优性能,同时与最佳添加剂和生产方法相结合,实现木塑复合材料的高效性能。木塑复合材料产品的性能主要取决于生产技术和产品组分,这些因素都将影响消费者对其产品的持续接受程度。然而,由于木塑复合材料使用寿命长、维护要求少、抗降解,与切割或天然凿刻的木材相似,因此会越来越受到欢迎。同时,由于木塑复合材料掺入可回收和可再循环材料,使这些环境友好型材料会更进一步促进其需求。

全世界木塑复合材料的发展与生产工艺和材料技术的改进密切相关,最终的目的是量身打造各个应用方面的产品。实际上,从生产工艺角度来看,最先进的技术用于复合材料可以克服当前的限制或者是探索新的领域;另一方面,全世界塑料生产也持续改变,生物聚合物已经被广泛研究和发展,从而取代传统的聚烯烃和其他石油类塑料,比如目前聚乳酸正伴随着许多其他商业生物聚合物使用。同时,人们也期待着有关新型聚酯和蛋白质基生物聚合物的发展,但目前还没有商业化利用。复合材料包含生物塑料和天然纤维(大麻、亚麻、木材、纤维素或农产品纤维)被人们称之为"生物复合材料",在这些生物复合材料所有组分当中,聚合物、纤维、填充物和添加剂,都称之为生物基材料。

参考文献

[1] Hill, C. A. S. (Ed.). Wood Modification – Chemical, Thermal and Other Processes, Wiley Series in Renewable Resources, Wiley, Chichester, UK, 2006, 260p.

[2] Norimoto, M. Chemical modification of wood, in Wood and Cellulosic Chemistry, D. N – S. Hon and N. Shiraishi (Eds.). Marcel Dekker, New York, NY, USA, 2001, pp. 573 – 627.

[3] Anon. Global Forest Resources Assessment 2005, Progress towards sustainable forest management, FAO Forestry Paper 147, Rome, Italy, 2005, 350 p.

[4] Indrayan, Y., Yusuf, S., Hadi, Y. S., Nandika, D. and Ibach, R. E. Dry wood termite resistance of acetylated and polymerized tributyltin acrylate (TBTA) Indonesian and USA wood, Proc. the 3rd Intl Wood Sci. Symp., Sustainable Utilization of Forests, M. Shimada, M. Inoue, K. Komatsu, T. Itoh, T. Watanabe and T. Yoshimura, T. (Eds.), November 1 – 2, 2000, Uji, Kyoto, Japan, pp. 181 – 187.

[5] Rowell, R. M. Chemical modification of wood, in Encyclopedia of Forest Sciences, Volume 3, J. Burley, J. Evans and J. A. Youngquist (Eds.), Elsevier, Oxford, UK, 2004.

[6] Matsuda, H. Chemical modification of solid wood, in Chemical Modification of Lignocellulosic Materials, D. N. – S. Hon (Ed.), Marcel Dekker, New York, NY, USA, 1996, pp. 159 – 183.

[7] Rowell, R. M. Chemical modification of wood, in Handbook of Wood Chemistry and Wood composites, R. M. Rowell (Ed.), Taylor & Francis, Boca Raton, FL, USA, 2005, pp. 381 – 420.

[8] Rowell, R. M. 2006. Chemical modification of wood: a short review, Wood Mater. Sci. Eng., 1 (1) 29 – 33.

[9] Donath, S., Militz, H. and Mai, C. 2004. Wood modification with alkoxysilanes, Wood Sci. Technol., 38, 555 – 566.

[10] Chen, G. C. 1994. Fugal decay resistance of wood reacted with chlorosulfonyl isocyanate or epichlorohydrin, Holzforshung, 48, 181 – 185.

[11] Rowell, R. M., Tillman, A. M. and Liu, Z. 1986. Dimensional stabilization of flake – board by chemical modification, Wood Sci. Technol., 20, 83 – 95.

[12] Homan, W. J. and Jorissen, A. J. M. 2004. Wood modification developments, HERON, 49, 361 – 386.

[13] Rowell, R. M., Simonson, R., Hess, S., Plackett, D. V., Cronshaw, D. and Dunningham, E. 1994. Acetyl distribution in acetylated whole wood and reactivity of isolated wood cell – wall components to acetic anhydride, Wood Fiber Sci., 26, 11 – 18.

[14] Obataya, E., Sugiyama, M., and Tomita, B. 2002. Dimensional stability of wood acetylated with acetic anhydride solutions of glucose pentaacetate, J. Wood Sci., 48, 315 – 319.

[15] Li, J. – Z., Furuno, T., Katoh, S. And Uehara, T. 2000. Chemical modification of wood by anhydrides without solvents or catalysts, J. Wood Sci., 46, 215 – 221.

[16] Mai, C., and Militz, H. 2004. Modification of wood with silicon compounds. Treatment systems based on organic silicon compounds – a review, Wood Sci. Technol., 37, 453 – 461.

[17] Verma, P., Dyckmans, J., Militz, H. and Mai, C. 2008. Determination of fungal activity in modified wood by means of micro – calorimetry and determination of total esterase activity, Appl. Microbiol. Biotechnol., 80(1) 125 – 133.

[18] Kotilainen, R. Chemical Changes in Wood During Heating at 150 – 260℃, Doctoral Thesis, University of Jyvaskyla, Laboratory of Applied Chemistry, Jyvaskyla, Finland, 2000, 57 p.

[19] Sjostrom, E. and Alen, R. (Eds.). Analytical methods in Wood Chemisty, Pulping, and Papermaking, Springer, Heidelberg, Germany, 1999, 316 p.

[20] Knuutinen, J. and Alen, R. Overview of analytical methods in wet – end chemistry, in Papermaking Chemistry, Book 4, R. Alen (Ed.), 2nd edition, paperi ja Puu, Helsinki, Finland, 2007, pp. 200 – 228.

[21] Sander, C. , Beckers, E. P. J. , Militz, H. and van Veenendaal, W. 2003. analysis of acetylated wood by electron microscopy, Wood Sci. Technol. ,37,39 – 46.

[22] Thygesen, L. G. and Elder, T. 2008. Moisture in untreated, actylated and furfurylated Norway spruce studied during drying using time domain NMR, Wood Fiber Sci. ,40,309 – 320.

[23] Mahlberg, R. , Paaianen, L. , Nurmi, A. , Kivisto, A. , Koslela, K. and Rowell, R. M. 2001. Effect of chemical modification of wood on the mechanical and adhesion properties of wood fiber/polypropylene fiber and polypropylene/veneer composites, Holz Roh. Werkst. ,59,319 – 326.

[24] Kutnik, M. , Paulmier, I. , Simon, F. and Jequel M. Modified wood versus termite attacks. What should be improved in assessment methodology? Proc. 4th Eurpean Conf. on Wood Modification. F. Englund, C. A. S. Hill, H. Militz and B. K. Segerholm (Eds.), April 27 – 29, 2009, Stockholm, Sweden.

[25] de Vetter, L. and van Acker, J. Methodology to evaluate efficacy and ecotoxicology of modified wood, Proc. 4th Eurpean Conf. on Wood Modification. F. Englund, C. A. S. Hill, H. Militz and B. K. Segerholm (Eds.), April 27 – 29, 2009, Stockholm, Sweden.

[26] Stevens, E. S. Green Plastics: An Introduction to the New Science of Biodegradable Plastics, Princeton University Press, Princeton, NJ, USA, 2002, 238 p.

[27] Caulfield, D. F. , Clemons, C. and Rowell, R. M. Wood thermoplastic composites, in Sustainable Development in the Forest Products Industry, R. M. Rowell, F. Caldeira and J. K. Rowell (Eds.), Universidade Fernando Pessoa, Portugal, 2010, pp. 141 – 161.

[28] Osswald, T. E. , Kuo, K. and Wang, C. F. Early history of bio – based and petroleum – based polymers, in Proc 10th Intl Conf. on Wood & Biofiber Plastic Composites and Nanocomposites Symposium, USDA Forest Service, Madison, WI, USA, May 11 – 13, 2009, pp. 3 – 10.

[29] Clemons, C. Raw materials for wood – polymer composites, in Wood – Polymer Composites, K. Oksman Niska and M. Sain (Eds.), Woodhead Publishing, Cambridge, England, 2008, pp. 1 – 22.

[30] Satov, D. V. Additives for wood polymer composites, in Wood – Polymer Composites, K. Oksman Niska and M. Sain (Eds.), Woodhead Publishing, Cambridge, England, 2008, pp. 23 – 24.

[31] Stark, N. , Cai, Z. , and Carll, C. Wood handbook – Wood as an engineering material, General Technical Report FPL – GTR – 190, Department of Agriculture, Forest Service, Forest Products Laboratory, Madison, WI, USA, 2010, 508 p.

[32] Rauwendaal, C. Polymer Extrusion, 4th edition, Hanser Publishers, Munich, Germany, 2001, 777 p.

[33] Vienamo, T. and Nykannen, S. Muovimuotoilu, ekstruusio eli suulakerpuristus, TALSS – University of Art and Design, Helsinki, Finland, 2011. (http://www. Muovimuotoilu. fi). (read 23. 1. 2011)

[34] Anon. Mingfei Mould & Plastic. (http://www. chinamould. com). (read 23. 1. 2011).

[35] Anon. Kupilka cutlery set. (http://www. kupilka. fi/en/products/kupilka – cutlery + set). (read 11. 1. 2011).

[36] Anon. Finland at EXPO 2010 Shanghai.
(http://www. finlandatexpo2010. fi/pavilionphoto? gpid_1190 = 1052&gpid_383 = 1127#gallery_1190). (read 18. 1. 2011).

[37] Anon. A crazy chair.

（http://advantage – environment. com/arbetsplatser/a – crazy – chair – 2/）. （read 18. 1. 2011）.

［38］Anon. UPM – UPM ProFi at the Word Expo 2010 in Shanghai. （http://www. Upmprofi. com/ upm/internet/upm_profi. nsf/sp？ Open&cid = giantskettle）. （read 18. 1. 2011）.

［39］Oksman, K. , Lindberg, H. And Holmgren, A. 1998. The nature and location of SEBS – MA compatibilizer in polyethylene – wood flour composites,J. Appl. Polym. Sci. ,69,201 – 209.

［40］Li, Q. and Matuana, L. M. 2003. Surface of cellulosic matericals modified with functionalized polythylene coupling agents,J. Appl. Polym. Sci. ,88,278 – 286.

［41］Ichazo, M. N. , Albano, C. , Gonzaleza, J. , Perera, R. And Candal, W. V. 2001. Polyethylene/ wood flour composites：treatments and properties,Compos. Struct. ,54,207 – 214.

［42］Lu, J. Z. , Wu, Q. and Negulescu, I. I. 2005. Wood – fiber/high – density – polyethylene composites：Coupling agent performance,J. Appl. Polym. Sci. ,93,2570 – 2578.

［43］Sain, M. and Pervaiz, M. Mechanical properties of wood – polymer composites,in Wood – Polymer Composites, K. Oksman Niska and M. Sain （Eds. ）, Woodhead Publishing, Cambridge, England,2008,pp. 101 – 117.

［44］Oksman Niska, K. and Sanadi, A. R. Interactions between wood and synthetic polymers, in Wood – Polymer composites,Oksman Niska and M. Sain （Eds. ）,Woodhead Publishing,Cambridge,England,2008,pp. 41 – 71.

［45］Bledzki, A. K. and Faruk, O. 2003. Wood fibre reinforced polypropylene composites：Effect of fibre geometry and coupling agent on physico – mechanical properties,Appl. Compos. Mater. , 10,365 – 379.

［46］Mali, J. , Lampinen, J. And Mahlberg, R. Improved mechanical properties with wood fiber reinforced polymer composite technology, in Applied Material Research at VTT, A. – C. Ritschkoff, J. Koskinen and M. Paajanen （Eds. ）, VTT Symposium 244, Applied Material Reasearch at VTT, Espoo, Finland,2006,pp. 226 – 234.

［47］Xanthos, M. Modification of polymer mechanical and rheological properties with functional fillers,in Functional Fillers for Plastics, M. Xanthos （Ed. ）, Wiley – VCH, Weinheim, Germany, 2005,pp. 17 – 38.

［48］Winandy, J. E. and Rowell, R. M. The chemistry of wood strength, in The Chemistry of Solid Wood, R. Rowell （Ed. ）, The American Chemical Society, Washington, DC, USA, 1984, pp. 218 – 255.

［49］Rowell, R. M. Penetration and reactivity of cell wall components, in The Chemistry of Solid Wood, Rowell （Ed. ）,The American Chemical Society,Washington,DC,USA,1984,pp. 175 – 210.

［50］Eder, A. , Weinfurter, S. , Schwarzbauer, P. and Strobl, S. WPCs – An updated worldwide market overview including a short glance at final consumers,Proc. Intl Symp. on 3rd Wood Fibre Polymer Composites,Bordeaux,France,March 26 – 27,2007.

［51］Anon. Wood plastic composites：Global market continues to grow,23. 12. 2009. （http://marketpublishers. com/lists6555news. html）. （read 14. 1. 2011）

第 ⑥ 章　树木提取物的分离和利用

6.1　引言

　　树木一般主要是由纤维素,半纤维素和木质素组成,这三者占到了木材含量的95% ~ 98%,除了这些主要成分,树木还含有一大类具有重要的生理和防御功能的低分子化合物。这些化合物一般被称为"非主要成分",也叫做"提取物"。相比树木的边材来讲,心材和树皮中通常含有较多的提取物成分。而树节,即树杈和主干的交叉处,含有很高含量的提取物。

　　提取物的化学成分非常复杂,包括一大类化合物,从亲脂性的萜类和脂肪族成分到水溶性的碳水化合物和无机盐。通过化学特性,如它们的外形位置和在树中的功能,将提取物分为以下几类,具体如表6 - 1所示。

表6 - 1　　　　　　　　　　　　　　　树木提取物的分类

大类	萜类	脂肪	多酚	碳水化合物	无机盐
亚类	单萜 树脂酸 其他萜类	三酸甘油酯 甾醇酯 脂肪酸 甾醇	木脂素 黄酮 芪类 单宁	糖类 淀粉 树胶 果胶 苷类	各种盐类
主要功能	保护	生理功能	保护	生物合成 营养保存 保护作用	光合作用 生物合成
出现部位	油性树脂道 心材 树节 树皮	薄壁细胞	心材 节子 树皮 树叶	边材 形成层 心材	边材中的上 升水分 内皮中的树 液
树种类					
溶解度	针叶材	所有树种	所有种类, 针叶材	所有种类	所有种类
	非极性溶剂	非极性溶剂	极性溶剂水	水	水

提取物主要是指可以用非极性有机溶剂提取出的亲酯性成分。有时,这个概念可以宽泛地包括一些水溶性提取物,如亲酯性抽提物,主要包括萜类和脂肪类物质,也称为树脂。此外,一些来自心材、树节和树皮的酚类提取物,也能够溶解于特定的有机溶剂中,但是它们通常不属于树脂成分。

自古以来,树木不仅被人们作为材料和能源使用,也是人们制取有用化学品的来源,如桦木皮焦油的制备要追溯至四万年前的欧洲穴居人时代。油性树脂主要来自针叶材,如焦油,已经被应用了数千年,而焦油的制取是通过破坏性地蒸馏富含油性树脂的树木部位,其主要用途是保存不同的木材和其他有机材料。由于树木的生长年限比一般植物长,因此,从这个意义来讲,树木可以称得上是一种特殊的植物。树木能够在极端的条件下忍耐并生存数百至上千年。此外,在数百万年的进化过程中,树木已经形成了独特的化学防御系统,特定的化学成分防止树木免受动物和微生物的侵害。因此,树木相比其他植物有更丰富的生物活性物质。例如,许多特殊种类的树木中包含多酚,这些多酚通常以天然疗法为人们所熟知。此外,木材和制浆工业始于 19 世纪初期(1800 年),在其发展过程中,化学品渐渐地被开发出来,如塔罗油和松节油产品在一百年前就走上市场。近些年来,人们已将树木提取物成分开发成为特定食品中的健康促进剂,也称为功能食品成分。林业生物质精炼的兴起和发展最终会促使更多的附加值产品来自于林业生物质资源,这对于人类和环境都有积极的作用。特定的化学品和材料,如树脂和多酚成分,它们具有潜在的高附加值。提取物成分的价值在于生物活性和自我保护性能,但是要实现其高值化,最大的挑战在于提取、分离、纯化并鉴定潜在的化合物,然后去发现其最有价值的利用和最大的市场。

本章的主要目的是对树木提取物成分的价值进行介绍,这些物质一般是从树木的不同组织、不同部位提取得到,并能被开发成为相关产品的化学品和化学中间体。此外,本章还特别提到了树木提取物的生物活性和健康促进成分,主要介绍了如何提取、分离和利用这些提取物成分(亲脂性成分和植物多酚)。最后,本章还介绍了鉴定和开发新的高值化学品,以及它们在保健方面的应用。

6.2　油性树脂中的萜类化合物

油性树脂道,也被称为油性管道,在大部分针叶材中较为常见。油性树脂道一般含有大量油性树脂,并且这些横向树脂道和纵向树脂道形成了一个交互的交叉系统,可用来应对外界的刺激。因此,当树干受到破坏时,油性树脂开始分泌去提供保护作用,防止树木受到病原体的侵害和自然干枯。一些针叶材没有常规树脂道但是有创伤树脂道,它们是树木受到侵害时所形成的树脂道。一般来讲,只有四种松属树木才有常规树脂道同时具备横向和纵向树脂道:它们分别是松木、云杉、落叶松和花旗松。而冷杉属,雪松和铁杉一般有创伤树脂道[1,2]。

油性树脂一般是由树脂酸、单萜、小分子倍半萜、二萜醇和醛衍生物所组成,主要是由 8 种主要的树脂酸以不同的比例组成,这取决不同种类的树种(图 6 - 1)。它们均具有菲环骨架,并且在同一个位置均有羧基,差异在于 C 环中的双键的位置和数目不同。此外,特定的针叶材树种中还含有相关的二萜酸[3]。单萜化合物占到了油性树脂含量的 30% ~40%,其组分的差异取决于树种,含量和组成在不同的树种间尤为不同。因此,单萜可以被用作分类标记。半挥发的单萜是不同的松节油产品的来源,它们的结构、化学特性和应用在 6.2.2 中将会进行介绍(见 6.2.2 部分)。

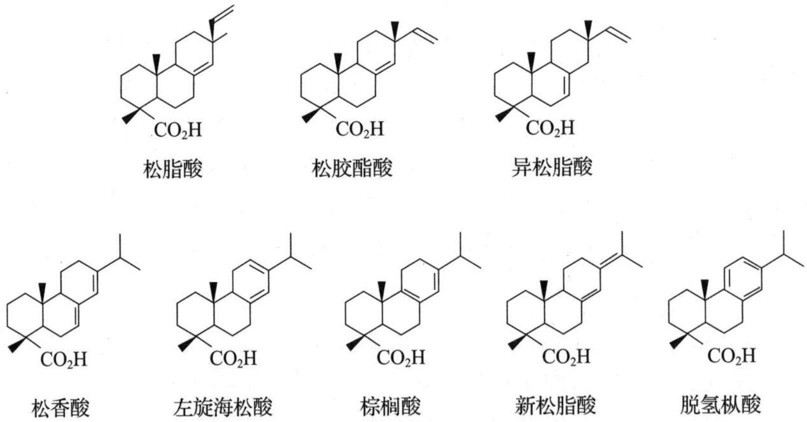

图 6-1　油性树脂中的 8 种主要树脂酸

松树相比其他针叶材具有更多的树脂道,其直径一般为 $50\mu m$ 到 $200\mu m$,因此松木含有较多的油性树脂。针叶材边材中的树脂含量可达到边材含量的 1% ~2%[3],而心材中含有更多的油性树脂,树脂酸的浓度可达到心材总量的 2% ~4%。而在一些特定的树种中,心材完全被油性树脂填充,它的树脂酸的浓度可超过 30%。通常情况下,树节和与树干交叉的树枝根部的树脂酸可以到 20% ~30%[4]。相比松木,其他的针叶材含有较低的树脂酸浓度。云杉和落叶松中的树脂酸含量大约 1%,并且心材和节子中的树脂酸含量一般没有边材中的高。富含油性树脂的松树自从远古就被人们用作生产松树沥青和松焦油[5]。琥珀在历史中被视为珠宝[6],它是目前灭绝的南洋杉油性树脂的化石,南洋杉生长在距今 4000 万年前的波罗的海地区。由于琥珀的魔幻特性,它也被伦布兰特、李奥纳多和其他人用在油漆的配方中。

6.2.1　松焦油

木焦油是破坏性地蒸馏(热解)富含树脂的木材(松木)所得的产品。它是一种黏稠的黑褐色的液体,并且具有特殊的刺鼻气味。木焦油的生产距今已有几千年的历史,它曾经在不同的民族和国家生产[7]。据圣经记载,诺亚方舟曾经采用木焦油处理过,埃及木乃伊也采用沥青和树脂浸渍处理。据推测,松焦油很可能在铁器时代就被北欧国家广泛运用[8]。松焦油在500 年前变成世界范围内的一种商品主要是得益于世界贸易在新大陆的扩展,如美洲,印度和中国。此外,在大量木船建造过程中,焦油作为木船的防腐药剂而被大量使用。除去贸易木船使用外,大量的大型海军战舰也需要焦油作为防腐药剂。因此,木焦油和沥青在 16 世纪的英格兰被称为"松香类制品",目前这个术语仍然被偶尔使用。

松焦油数百年来一直是瑞典最为重要的出口产品。在 17 世纪之前,其出口量已经超过10 万桶(1 桶为 125 L),在 1751—1760 年间出口了 11.7 万桶,1801—1808 年间出口了 18.3万桶。尽管北欧焦油的品牌为"斯德哥尔摩焦油",但大部分的焦油主要产地是瑞典东部,也就是现在的芬兰。其中值得一提的是,在 1758—1762 年间出口的 10.7 万桶中,其中 9.5 万桶来自芬兰的博滕区,剩下的 1.2 万桶来自于瑞典北部的诺尔兰地区[9]。焦油在北美洲的英属殖民地也有生产,最早开始于 17 世纪早期。北美的建立很大一部分是由于英格兰政府想实现北欧焦油的独立生产。焦油在美洲殖民地的迅速发展主要是由于俄国在芬兰进行扩张,迫使英格兰在 18 世纪初期被断绝了焦油供应。树胶和焦油的生产随后主要集中在北卡罗莱纳州,在 1840 年左右,其焦油的交易量曾经占到了总产量的 3/4[10]。

瑞典和芬兰的焦油生产工艺一般是沿用传统的工艺,并且主要保留了 17 到 19 世纪的生产工艺。在芬兰博滕区的焦油生产工艺基于芬兰图尔库科学院 1747 年的一篇学位论文[11]。在实际生产之前,焦油的生产准备一般是在森林中进行,从剥松树皮到诱发松树上油性树脂的形成一般要经过三到四年[12]。一般,将树木砍伐并使其在春季自然干燥,在初夏这些木材被切断成一定的规格堆放在焦油坑(图 6 - 2)。焦油坑是在地面上挖出一个锥形坑,用防水材料封顶,底层留一个小洞,用来收集焦油。大型的焦油坑的直径有 20m 之大,在底部用泥煤和土进行封端以便于其燃烧使用最少量的空气,一个大型的坑需要燃烧 2 个星期,这样大约可生产

150 ~ 300 桶的焦油和大量的木炭。木焦油的生产需要大量的工作,从前期的预处理、砍树到生产焦油再到运输的整个过程,大约 1 桶焦油的生产需要 8 ~ 10 个全工作日,也相当于需要 50 个中等尺寸的松树树干[8,9,11 - 13]。松焦油主要是由二萜树脂酸、热降解产品和单萜和倍半萜的挥发后的残渣所组成(图 6 - 3)[14 - 15]。焦油的成分不仅仅取决于松树种类,并且取决于热解工艺[15,16]。

图 6 - 2 20 世纪初期位于芬兰凯努省的传统松焦油的生产情况,最后的焦油生产在 125L 的木桶中进行

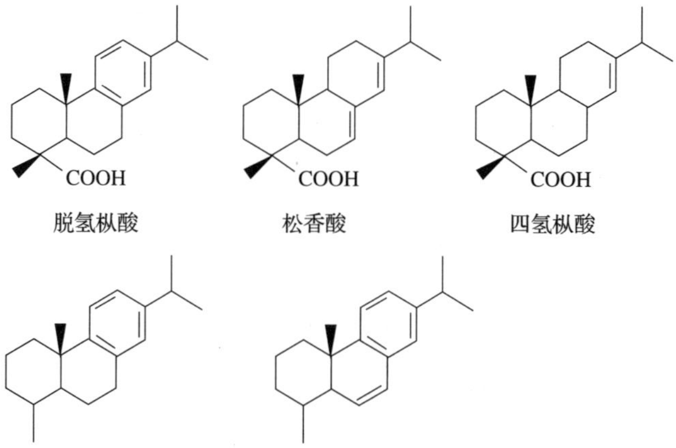

脱氢枞酸   松香酸   四氢枞酸

松香酸盐三烯   惹烯

图 6 - 3 松焦油的主要成分

在经历过 1863 年的焦油生产高峰期之后,芬兰焦油的产量在 20 世纪早期趋于停滞,因为在那时期石油化学和钢铁工业快速发展,石油化学品已开始替代木焦油,船开始已经由钢铁建造。尽管如此,许多国家还有小规模的生产。近年来,钢窑炉在松焦油的生产中起到了很重要的作用,相比早期的生产工艺,钢窑炉的气体更容易控制。目前,松焦油仍然是一种用于保护和保存木教堂屋顶和大部分的户外木材制品的化学品,少量的松焦油也用于肥皂和香波中,而且还可以用于防止皮肤疾病,如牛皮癣、湿疹和红斑痤疮[17]。焦油也用于兽医护理产品,特别是马蹄脚和牛羊的天然抗败血病产品。在 2007 年之前,松焦油的生产在欧洲一直受到一项欧盟禁令的威胁。在 2007 年之后,松焦油不再受到新的欧盟法案关于杀虫剂产品的限制,目前松焦油的生产正在复苏。

6.2.2 松节油产品

在不同种类的油性树脂中,半挥发的单萜是松节油的主要成分。松节油是蒸汽蒸馏溶剂提取过的油性树胶,或者是回收来自于硫酸盐制浆的黑液(见第 2 章)。在大部分的松树种类中,主要是单萜,包括 α – 蒎烯和 β – 蒎烯(图 6 – 4)。尽管如此,成分差异还是来自于不同的松树种类或者不同产地的同种松树[1,18],主要出现在欧洲赤松上[19]。中欧和北欧的赤松主要是富含 α – 蒎烯和少量的相对高含量的莰烯,典型的成分是含有20% ~ 30% 的单萜,但是从土耳其和西班牙的赤松中没有发现莰烯。因此,北欧的硫酸盐松节油中含有较大量的莰烯和较为少量的 β – 蒎烯(表 6 – 2)。法国的南欧海松(海岸松)的松节油只含有少量的莰烯,但是含有大量的 β – 蒎烯。美国的南方松中除去较多的 α – 蒎烯外,还有大量的 β – 蒎烯。中国的马尾松中的松节油主要是 α – 蒎烯,并含有少量的 β – 蒎烯[18],然而中国北方的松节油和北欧的松节油较为接近,含有10% 左右的莰烯[20]。但是,加拿大西部的扭叶松含有大量的 β – 水芹烯和莰烯[21,22]。还有特殊的松节油主要是由庚烷组成,譬如像来自美国加利福尼亚的美国黄松和灰松。其他特别的松节油主要是加拿大香脂,它来自加拿大香脂冷杉和来自落叶松油性树脂的威尼斯松节油,几种典型的商品化松节油的成分如下表所示。

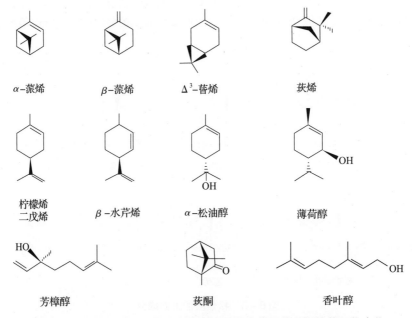

α–蒎烯	β–蒎烯	Δ^3–莰烯	莰烯

柠檬烯 二戊烯	β–水芹烯	α–松油醇	薄荷醇

芳樟醇	莰酮	香叶醇

图 6 – 4　油性树脂和松节油产品中的主要单萜及其重要的芳环化合物

表 6 – 2　　　　　　　　　松节油的主要成分(相对于总的百分比)[23]　　　　　　　　　单位:%

组成	北欧硫酸盐松节油	美国硫酸盐松节油	中国松节油
α – 蒎烯	55 ~ 70	40 ~ 70	70 ~ 95
β – 蒎烯	2 ~ 6	15 ~ 35	4 ~ 15
莰烯	7 ~ 30	2 ~ 10	0 ~ 5
莰烯	~1	1 ~ 2	1 ~ 2
二戊烯	~4	5 ~ 10	1 ~ 3

硫酸盐松节油是通过冷凝蒸煮气体进行回收生产，一般生产每吨浆大约能产生 2 ~ 4 kg的粗松节油，此外，松节油收率主要取决于制浆前的木材的原料和存储过程[24]。粗的硫酸盐松节油通过在特定的真空蒸馏段完成进一步的分馏和纯化。目前，欧洲有两个大型的硫酸盐松节油蒸馏工厂，一个是芬兰奥卢省的亚利桑那化学品公司，另一个位于法国的朗德省。此外，美国也有一些示范工厂。在 2002 年，全球植物基松节油规模是 22.1 万 t，其中硫酸盐松节油占到了 13.2 万 t，油性树脂松节油有 8.9 万 t[25]。通过蒸馏油性树脂所得的松节油主要是产自中国。美国的硫酸盐松节油自从 20 世纪 90 年代以来就以每年 9 万 t 到 10 万 t 的规模生产[26]。芬兰和瑞典的年平均产量都维持 2 万 t 以上，这个产量将在未来一段时间内比较稳定。

在芬兰奥卢的工厂，主要得到两个主要的馏分，分别称为蒎烯和二戊烯，此外，包括得到富含萜烯醇和倍半萜类的蒸馏残渣（图 6 – 5）。蒎烯组分中含有 96% 的 α – 蒎烯，而二戊烯组分中含有 60% 的莰烯和一部分的二戊烯和水芹烯[27]。蒎烯组分主要是合成松树油和松油醇及萜烯基酯的起始原料，还可以作为合成樟脑、芳樟醇、松油醇和香叶醇的中间体（图 6 – 4），而它们一般也是香料和杀虫剂的主要成分。二戊烯组分一般是用作生产增黏树脂、香味剂和消味剂的原料，而作为蒸馏残渣主要用作浮选剂广泛用在采矿工业中。含有大量 α – 蒎烯的

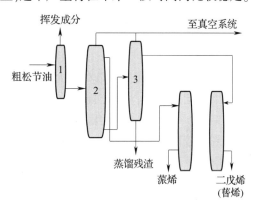

图 6 – 5　简化的硫酸盐松节油蒸馏过程
1—前置柱　2—莰烯柱　3—化学脱硫柱

松节油的最大用途是转化合成松油（图 6 – 4）。α – 蒎烯通过酸催化后很容易羟化成为 α – 松油醇。这些松油主要出现在用在清洁剂和杀虫剂的配方中[28]，比如，在 2004 年，美国大约28% 的松节油用于合成松油[29]。

松节油的另一个重要用途是用来制造黏性树脂用在压敏胶黏剂中。根据美国 2004 年的统计数据，用于这一用途的松节油占到总松节油消耗的 41%[29]。根据一项调查，萜烯树脂的总量在 2007 年全球达到了 6.86 万 t[30]，其中 3.1 万 t 的生产是基于 β – 蒎烯，2.2 万 t 是基于柠檬烯或者二戊烯衍生物，还有 1.6 万 t 是基于萜烯酚醛树脂。但是，由于同类石油基产品的竞争，萜烯树脂的产量在 2000 年后开始下降。此外，松节油的主要用途是生产芳环化学品，主要用作香味剂应用在食品、香水和化妆品领域。α – 蒎烯和 β – 蒎烯可以被开发成一大类的芳环化学品[31]。譬如，2000 年时由松节油所转化的芳环类产品还具有很大的市场需求，具体的产品为薄荷醇、芳樟醇/酯、香叶醇和橙花醇/酯、紫罗酮/酯、香茅醇/酯、柠檬醛和茨醇/酯。

6.2.3　树脂生产

树脂，又名松香，是一种从松树中产生的液体油性树脂中转化而成的固体树脂。松香一般是从含油松树树桩中直接抽提，而树胶树脂是直接从新鲜的油性树脂分泌液中得到。这些收集的树脂进一步被加工成松节油和树胶酯，而树胶酯的残渣通过气化则转化为单萜和倍半萜组分。塔罗油树脂是通过蒸馏粗塔罗油得到的主要馏分，而粗塔罗油主要是硫酸盐制浆黑液中的副产品，来自于木材中的油脂和树脂成分。全球的松香树脂产量在 2006 年达到 146 万 t[26]，其中 82.6 万 t 来自中国。而在 2008 年，总产量降低至 119 万 t，其中树胶树脂占到 76.3 万 t，塔

罗油树脂为 41.5 万 t,还有 1.2 万 t 的木材树脂。树胶树脂在 2009 年达到了 75.4 万 t,其中 74% 来自中国,约为 54.9 万 t,9% 产自巴西,7% 来自印度尼西亚,4% 来自印度[32],其他较小的生产国还有墨西哥、阿根廷、尼泊尔、俄国和葡萄牙。树脂产品占到了总产量的 64%,塔罗油占到了 35%,而木材树脂只占到 1%。2006 年后,树胶树脂的产量逐步下降,特别是中国。相比之下,塔罗油在美国和北欧国家的产量比较稳定。

6.2.3.1 树胶和木材树脂生产

松树和其他富含树脂的树种自远古以来就被人们通过"钻孔法"得到含油松香胶。在中国,含油松香胶在 1700 年前就被认为是治疗溃疡和褥疮的很好的药材[33]。钻孔取胶法在欧洲也有较为广泛的应用,但目前仅在葡萄牙和西班牙发现有少量的应用。1908 年,含有松香胶在美国的生产曾经达到顶峰,达到了 47.2 万 t[34]。在中国,钻孔取胶法非常常见,特别在中国南部省份,如广西、广东、云南、福建和江西,主要的采胶树种为马尾松、云南松和人工林湿地松。目前,主要的采胶技术是在较大松树 40% 的胸径处去皮,并每隔一两天重新刻痕使得胶能够连续地向下流出,从而收集树胶[33]。最佳的采胶季节是 5 月到 11 月,一个工人大约一年能够采集 600~800 棵树,能够收集 2.5~3.0 t 的树胶。在中国,有 20 万到 25 万的农民也兼职加入到采胶队伍。据统计,全球的树胶顶峰产量为 2006 年,达到 100.4 万 t,而获得如此大量的树胶需要对 25.2 亿棵松树进行割胶[34]。

中国在 20 世纪 90 年代末期大约有 400 个树胶生产工厂,其中规模最大的年产 3 万 t[33]。一般来讲,将割好的含油松香胶运输到工厂后,通过加热稀释这些松香胶然后进行分类,分类后的松香胶再通过蒸汽蒸馏的工艺回收松节油产品,连续蒸馏设备在中国的大型企业工厂中较为常见。通常情况下,松节油在 100~160℃ 就可以得到,留下的液体树脂通过阀门将其分离。木材树脂是通过提取砍伐的遗留在长叶松林中的松树桩,这种方法在早期的美国南方较为常见。具体的做法是:将木桩劈成小木片,然后浸泡在烃类溶剂中,然后溶剂和树脂、脂肪酸、松节油以及其他成分一并回收。木材树脂的产量在 1950 年左右增长到每年大约 30 万 t,但是近些年下降速度较快。如今,木材树脂仅仅在位于美国佐治亚州的一个小厂进行生产,产量大约是每年 1.2 万 t[35]。

6.2.3.2 塔罗油树脂生产

当针叶材开始被用在强碱性硫酸盐法制浆(KP 法)后,大量的树脂和脂肪酸被转化为脂肪酸钠存在于黑液中,经收集、酸化后可将其转化为粗塔罗油。粗塔罗油随后送入塔罗油蒸馏工厂,在那里通过真空蒸馏的方法将粗的塔罗油生产转化成以下几个主要成分:塔罗油树脂、塔罗油脂肪酸和蒸馏的塔罗油(图 6-6)。

全球的塔罗油年产量是 140 万 t,其中 75 万 t 产自美国[36]。在北欧国家,粗塔罗油的年产量大约是 40 万 t。大部分的粗塔罗油通过蒸馏进行加工,但是这渐渐地与生产生物基燃料在能源利用方面产生了竞争。在过去几年中,制浆工业在美国和北欧都有所缩减,粗塔罗油的产量也随之下降。在 2008 年,北欧塔罗油树脂的产量大约是 41.5 万 t[26]。粗塔罗油的主要化学成分是树脂酸和脂肪酸,但是通过蒸馏所得

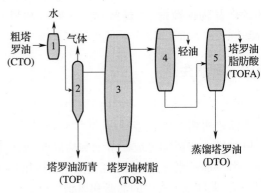

图 6-6　粗塔罗油蒸馏的示意图及其主要产品

的塔罗油产品的成分却与制浆所用的树种有直接关系。此外,制浆用材的储藏也会导致脂肪酸和树脂酸的降解,进一步减少粗塔罗油的产量,甚至会改变粗塔罗油的化学成分[7,37]。树脂酸和脂肪酸在制浆和皂化酸化过程中会发生异构化,比如,松香酸部分异构化为松香烷酸并且具有共轭双键。此外,粗塔罗油在250~270℃进行蒸馏时,一定的树脂酸和脂肪酸也会发生热转化[38]。

6.2.3.3　松香的性质和利用

松香是一种半透明的、玻璃态的固体,颜色可由黄色到黑色。在室温下,松香易碎,但是在60~70℃时开始溶化。商品级的松香产品一般是通过颜色进行分类,主要从A(颜色最深)到N(超苍白),超苍白的产品优于W(无色玻璃)和WW(水白色)型,水白色的产品的价值一般是普通商品级产品价值的三倍。松香的主要成分是松香酸,还有少量的二萜醇和二萜醛。塔罗油树脂还包括少量的脂肪酸和醇,典型的成分如表6-3所示。

表6-3　　　　　　　　　　　　　　松香产品典型成分[39]　　　　　　　　　　　　　　单位:%

酸	中国松香树脂	塔罗油松香	
		北欧	美国
海松酸	8~9	4~5	2~4
松胶脂酸	2~3	1~2	未检出
异海松酸	1~2	3~5	8~12
长叶松酸	16~22	10~12	8~12
脱氢枞酸	3~4	21~22	20~25
松香酸	44~53	42~43	35~40
新松香酸	15~18	4~5	3~5
少量松香酸(总)	1~2	8~12	10~15
总松香酸	92~93	94~96	92~96
总脂肪酸	0	1~2	1~2
总松香和脂肪酸	92~93	95~97	95~97
中性化合物	7~8	3~5	3~5

注:少量的成分未列入(<1%)。

松香及其衍生物主要用作胶黏剂、密封剂、印刷用油墨、施胶剂和乳化剂(图6-7),也有少量应用在橡胶、涂料、口香糖和其他不同的产品。树胶松香、木材松香和塔罗油松香均在同类产品的应用中存在竞争关系。松香的直接利用仅仅占到一小部分,大部分的松香被转化为其衍生物供人们使用。松香的改性包括双键和酸中羧基的改造。松香烷型酸共轭双键很容易被氧化,所以可以通过加氢、歧化(主要是加氢)、聚合或者和马来酸酐/甲醛反应(图6-8),相比双键的改性,羧基的改性则一般改性成为不同的酯和相应的盐类(树脂酸盐)[7]。

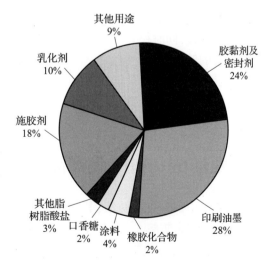

图6-7　2008年世界树脂消费情况

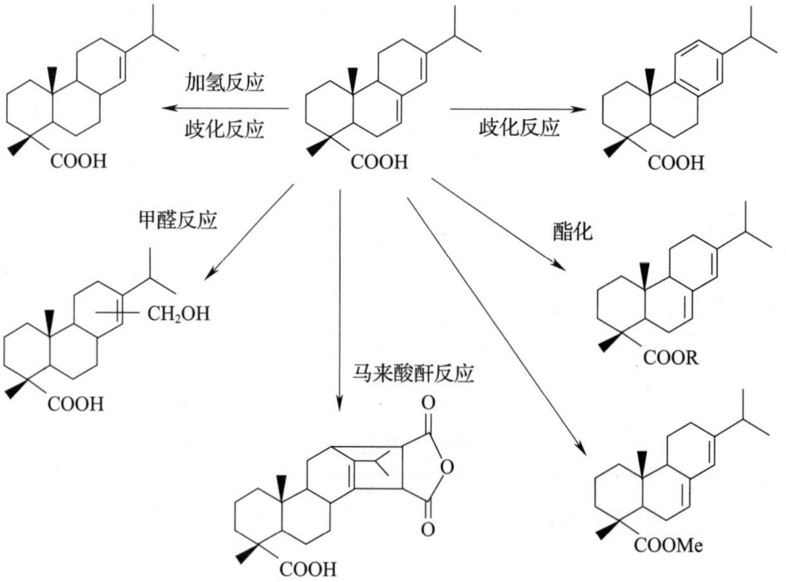

图 6-8　以松香酸为例进行的化学转化

胶黏剂一般主要是由聚合物组分和黏性树脂所组成。组成黏性树脂的松香一般是由歧化松香、加氢松香、聚合松香和由季戊四醇和丙三醇改性的松香酯组成。松香衍生物也是制备压敏型和热敏性黏胶剂的重要组成部分[40]。此外,松香在电子设备的焊接方面是一种重要的焊剂,用在电子行业的铅锡焊料一般都以1%的松香作为焊料促进金属的熔解,使其有更好的焊接性。松香衍生物在出版和包装的印刷油墨方面也有很大的市场,主要用作平板印刷、柔性印刷和凹版印刷。最重要的衍生物是松香酸盐,特别是树脂酸锌和树脂酸钙,马来酸和富马酸的改性产品。松香已经作为施胶剂在纸张和纸板工业中应用了200多年,其使用是为了提高纸张的抗水性和油墨渗透能力。此外,通过马来酸酐和富马酸酐改性的松香被称为"强化松香胶"。

松香皂有很好的乳化性能,在丁二烯橡胶和丙烯腈 - 丁二烯 - 苯乙烯(ABS)树脂的乳液聚合中被用作乳化剂,可进一步提高聚合产品的黏性。此外,松香经过歧化反应后去除氧化敏感的共轭双键,同时松香二烯酸进一步被转化为脱氢枞酸和二氢枞酸。当然,偶尔也有一些与松香相关的健康问题。假如在金属焊接的时候长时间使用松香烟气会引起敏感人士的哮喘发生,虽然目前难以确认是烟气中的哪种成分引起这个问题。近年来,加拿大化学品管理计划已经考虑禁用含有松香的物质,这将会对75%的电器生产产生一定的影响[41]。此外,松香也会引起敏感人群的接触性皮炎[42]。

6.3　脂肪酸和甾醇类产品

所有的树中都含有脂肪酸,其主要的成分是甘油三酸酯和甾醇酯。松树和云杉中含有0.5% ~1.0%的脂肪酸[1,3]。在另一些阔叶材中,像桦木和杨木,这些树木被称为储脂树木,一般含有1% ~2%的脂肪酸,然而其他的阔叶材中一般含有0.2% ~0.5%的脂肪酸。油酸和亚油酸是所有树种中含有的脂肪酸的主要成分(图6-9),而在大部分的松木属木材中含有松子油酸,这是在其他木材中没有发现的。除去这些主要的脂肪酸成分,树木中还含有较少量的脂肪酸。例如在云杉中,大约有超过 30 余种脂肪酸,主要是具有 12 ~ 24 个碳原子的长链不饱和脂肪酸,一般都具有 4 个或者 4 个以上的双键[43,44]。还有一些阔叶材中含有大量的长链饱和脂肪酸,一般含有 26 ~ 30 个碳原子。例如,在东南亚广泛种植的制浆用材相思木中含有超过 1% 的饱和脂肪酸,一般为脂肪醇酸。一般木材中含有的 26 和 28 个碳原子的脂肪酸主要是表面活性的单甘脂,而在杨木中的单甘脂含有 24 和 26 个碳原子。

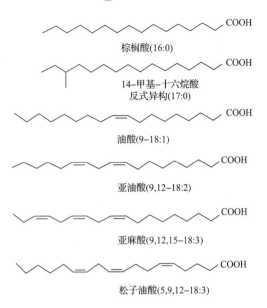

图 6 - 9　树木中的脂肪酸

6.3.1　塔罗油脂肪酸

塔罗油脂肪酸是在蒸馏粗塔罗油时得到的产品(图 6 - 6)。塔罗油脂肪酸的化学成分主要取决于木材品种、原料蒸煮条件和蒸馏条件。因为在高温(160 ~ 170℃)和高浓碱的蒸煮过程中,聚不饱和脂肪酸会发生热异构化,双键的迁移会导致共轭双键脂肪酸的形成。形成的共轭双键亚油酸和亚麻酸比其母系分子的沸点高,但是对温度更加敏感。因此,在有限的塔罗油组分分馏中主要是这些共轭的脂肪酸。塔罗油脂肪酸产品的成分如表 6 - 4 所示。

表 6 - 4　塔罗油脂肪酸的的组分　　　　　　　　　　　　　　　　单位:%

酸	北欧	美国
硬脂酸(18:0)	1.5	2
油酸(9 - 18:1)	25 ~ 28	45 ~ 55
亚油酸(9,12 - 18:2)	40 ~ 45	35 ~ 40
松子油酸(5,9,12 - 18:3)	7 ~ 11	2 ~ 3
二十碳三烯酸(5,11,14 - 20:3)	1	< 0.5
少量脂肪酸	10 ~ 15	10 ~ 15
总脂肪酸	96 ~ 97	96 ~ 97
总松香酸	1 ~ 2	1 ~ 2
中性化合物	1 ~ 2	1 ~ 2

通过对蒸馏馏分成分的分析表明,美国南部的塔罗油产品相比北欧国家的同类产品含有较少量的聚不饱和脂肪酸,也就是说美国的产品中含有较为少量的亚油酸和松子油酸。在最近几年中,所有的塔罗油脂肪酸的生产,包括蒸馏塔罗油,在美国的产量已经接近 30 万 t[26],而欧洲的官方产量大约是 22 万 t,然而由于近些年粗塔罗油的短缺导致其实际产量低于这个数目[46]。

6.3.1.1　塔罗油脂肪酸的应用

塔罗油脂肪酸主要是通过直接或者衍生的方式应用到一系列产品。最广泛的衍生物是不同的酯化产品、二酸和聚酰胺或者聚酰亚胺树脂[52,53]。塔罗油脂肪酸最广泛的用途是在制造油漆、表面活性剂、润滑剂、油墨、燃料添加剂、油厂化学品、腐蚀保护、热熔胶和化妆品的过程中作为醇酸树脂或者其他添加物[54-56]。

6.3.1.2 针叶材中的特殊脂肪酸

针叶材中含有独特的脂肪酸,但在其他植物中很难发现,也就是在5号位具有双键的脂肪酸。它们一般被称为5位不饱和聚亚甲基插入的脂肪酸($\Delta 5$-UPIFA),或者叫做5位-脂肪酸[57]。针叶材的种子油中含有大量的这些酸,但是这些脂肪酸也出现在木材油脂中,因此决定了塔罗油产品的成分[37]。主要的5位脂肪酸是松子油酸[(5,9,12~18):3],并且含有少量的紫杉酚酸和二十碳三烯酸[(5,11,14~20):3]。少量的成分也通过下列的速记符号表示:如反异[(-5,9,12~19):3]和[(5,9,12,15~18):4]。松子油酸首次在芬兰的塔罗油中发现,随后在大部分的针叶材种子中都相继发现。

有些针叶材产生大颗粒的种子,这些种子能够被食用,具有很高的营养价值。一般来讲,这些种子中20%~30%的脂肪酸是松子油酸。从红松,中国和巴基斯坦的松树中得到的种子和种油的市场遍及全球[59]。其中,油脂研究专家对于松种,松油和5位脂肪酸有很大的研究兴趣,因为它们会影响到动物的脂调节和其他方面[60,61]。据报道,松果油富含的松子油酸影响到脂类的新陈代谢,并且具有健康促进效果[62]。松子油酸也被报道有助于促进安全感和食欲[63]。

塔罗油是富含松子油酸和二十碳三烯酸的原料,据测定,塔罗油中的松子油酸含量高达11%,而在蒸馏的塔罗油中二十碳三烯酸的含量达到5%[37]。北欧的塔罗油,特别是产自于芬兰和瑞典北部的塔罗油相比美国的塔罗油具有较高含量的这些脂肪酸。即使这些酸在硫酸盐法制浆中更容易异构化进而导致了共轭的脂肪酸,而这些脂肪酸在蒸馏过程中更容易形成二聚体和环状化学物[37]。随后从塔罗油和蒸馏塔罗油中分离和富集这些酸,进一步进行生物监测能提高生产很高营养价值的生物医药的机会。但是,分离仍然不是一个直接的过程,有待进一步开发。

6.3.2 甾醇

树木在表皮细胞中以脂肪酸酯的形式存在大量的甾醇。甾醇在针阔叶材中均有发现[1,3,64]。许多阔叶材不仅含有甾醇还具有非甾醇的三萜烯醇。温带树木中含有丰富的谷甾醇,并且伴随着不同含量的饱和的同系物,二氢谷甾醇,还有菜油甾醇和其他在4号位具有甲基的不同甾醇(图6-10)。

在硫酸盐制浆中,甾醇大部分水解为游离甾醇和脂肪酸。这些包含在硫酸盐皂化泡沫中的甾醇进一步进入到粗塔罗油中。粗塔罗油一般含有3%~5%的甾醇[37,64],这个含量一般高于蔬菜油中甾醇的含量(<1%)[65]。在粗塔罗油的蒸馏中,这些甾醇浓缩后进入到沥青残渣中,以部分游离、部分甾醇酯的形式存在[66]。瑞典的硫酸盐纸浆车间自1940年就被通过提取硫酸盐皂的方式得到甾醇,当初主要是为了合成甾体激素[67,68]。从塔罗油沥青中分离甾醇在1961年始于法国。随后,芬兰提出一种从硫酸盐皂中提取甾醇和其他中性化合物的方法[69]。甾醇的工业化生产始于1980年。近年来,甾醇以羟乙基化的形式作为化妆品的乳化剂,并且作为黄油中的标识物去证明此黄油源于欧盟[70]。尽管1950年发现植物甾醇在动物体和人体内的含量低于血清胆固醇的含量[71,72]。但是随后芬兰的研究报告显示若每天都摄入大约2g

的二氢谷甾醇,将会降低血清胆固醇的含量[73]。1995 年,芬兰的莱斯罗公司宣告一种新的人造黄油产品,叫做"贝内科尔",其中二氢谷甾醇脂肪酸酯为其活性成分。谷甾醇,是通过催化加氢的方法对二氢谷甾醇进行反应所得[53]。贝内科尔引起了广泛的关注。随后,市场上出现了其他几个竞争产品,这些产品能够提供同样的功效[74]。同样地,其活性成分也是二氢谷甾醇脂肪酸酯。时至今日,植物甾醇已经被添加到一系列的食品中。谷甾醇的总产量在 2009 年大约是 1.3 万 t[51],主要的用途是功能产品。谷甾醇的需求会持续增长,目前一些新的工厂也正在建立。甾醇目前仍然被用在化妆品中,比如表面活性的乙氧基化的衍生物[56,75]。

甾醇一般从塔罗油中提取,特别是塔罗油沥青和特定的植物油[74,76]。从塔罗油沥青中提取的工艺一般是先用碱水解使甾醇游离,然后用溶剂提取,最后再重结晶得到纯品。甾醇也可以通过蒸馏中和过的塔罗油沥青的碱水解液进行回收。

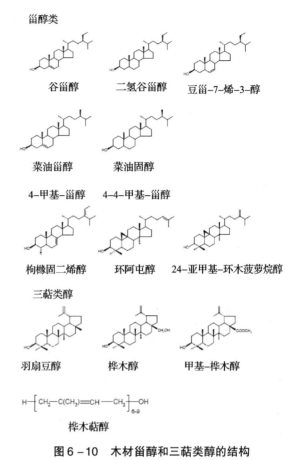

图 6-10　木材甾醇和三萜类醇的结构

从塔罗油中回收甾醇最近引起了人们的兴趣,原因是欧盟对转基因的植物生产食品和药物颁布了禁令。关于植物甾醇和甾烷醇的健康声明近日被欧盟同意:"植物甾醇能够降低血清胆固醇的含量,高的胆固醇含量是导致冠心病的诱发因素,每天摄入 2g 的植物甾醇,能有效地减少患病风险[77]。"这个推荐的摄入量明显高于天然的摄入量,天然的摄入量每天是 167 ~ 437mg[78]。

6.4　木材和树节中的木酚素和其他多酚

一大类的低分子酚类化合物在树木中发现,特别是心材、树皮和树节中[1]。只有很少量在边材中发现。其中数量较大的酚类化合物是缩合类单宁、水解类单宁、木脂素、黄酮类和芪类。单酚和酚酸较为常见或者以配糖体的形式出现。酚类成分在树木中的主要作用是作为化学防御物质抵抗各种病原体,这些病原体可能来自病毒、细菌、真菌,昆虫以至于到食草动物。这些酚类物质也会导致影响木材的颜色。多酚的成分是基因控制的,取决于不同的树木种类。因此,通过化学计量学和分类学的观点研究它将是非常有益的。

6.4.1　云杉节子木酚素

在云杉木材中,木酚素(7-羟基-树脂醇,HMR,图 6-11)是最为重要的多酚。它是在 1957 年首次确认,但是它的酸性转化产品"松柏抗氧化酚"已经在 1892 年就从硫酸盐黑液中发现[80]。挪威云杉树和制浆废水在 20 世纪 70 ~ 80 年代就被埃博学术大学进行分析[81,82]。20 世纪 90 年代,芬兰图尔库大学的一项研究发现木材的抽提物对制浆厂外的池鱼具有催情作用。然而通过对富含木酚素进行了卵黄生成素实验,却没有发现有催情作用[83]。但是,对木酚素 HMR 进行了乳腺癌实验,发现其有一定的响应[83,84]。随后,芬兰图尔库的一个生物医药公司便开始了对木酚素 HMR 的研究,主要致力于将木酚素 HMR 开发成保健产品,它们的研究显示木酚素能够有效地抑制乳腺癌细胞的生长[84]。

为了进一步研究木酚素的保健效果,需要提取得到千克级的木酚素。在 1998 年,埃博

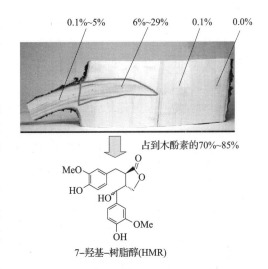

图 6 – 11　典型的挪威云杉中的木酚素含量

学术研究中心的人员发现云杉树节中含有大量的木酚素。分析的第一个树节中含有大约相当于干重 10% 的木酚素和 7.5% 的 HMR。这个发现标志着对于树节的大量研究的开始,不仅仅是云杉的树节,还有其他树种的树节。据报道,挪威云杉的树节含有大约 10% 的木酚素[85,86],并且 HMR 占了 75% ~ 85% 的木酚素,然而正常的树干仅含有不到树节 0.1% 的木酚素。而且,不同树节之间木酚素的含量差异较大,从 6% ~ 29% 不等。从树干开始到树枝外部的 10 ~ 20cm 的距离,木酚素的含量逐步降低[85]。有趣的是,芬兰北部的云杉树节中的木酚素比芬兰南部所产的云杉的木酚素含量高出 2 倍[87]。

HMR 的研究始于埃博学术研究中心,但是进一步的毒性和临床实验是作为合同研究被激素医药所承担,他们提供了必要的数据并向美国食品和药物管理局提交了申请。在 2004 年,关于 HMR 的申请在一年内被美国食品药物管理局批准,批准 HMR 可作为一种膳食补充剂被人们使用。在 2005 年,激素医药将这个专利和市场批号转让给瑞士洛加诺一家专门从事植物药物的公司,自此,大规模的生产就开始了[88,89]。芬兰北部的云杉木片也开始运输至芬兰南部的的一家分离树节材料的工厂,树节能够以干净快速的沉淀法得到分离,此外,提取和分离 HMR 主要通过醋酸钾沉淀的方法进行生产,这个方法在 1957 年就有所报道[79]。在 2006 年,HMR 木酚素产品以胶囊的形式进入市场,它是一种复配的药物,并由几家保健品公司推向市场。根据药物包装盒上的说明:HMR 木酚素是木酚素肠内酯的直接而有效的前体化合物"。在木酚素的官方网站(www.hmrlignan.com)上这样介绍:"最近的研究表明植物木酚素能够有效地抑制乳腺癌,前列腺癌和结肠癌的形成,这些主要是依靠于雌性激素的水平,木酚素能够有效地维持良好的心血管健康和其他的激素依赖健康问题,如更年期综合征和骨质疏松症"。木酚素 HMR 的下一步的产品研发应该致力于 HMR 作为功能食物的成分,比如说美国和欧盟的安全健康食品认证体系。埃博学术研究中心已经发现 HMR 广泛存在于小麦、黑小麦、大麦、玉米、苋菜、小米和燕麦麸皮中[90]。HMR 在食物中广泛存在的事实将会对其作为功能食品提供最好的注脚。

6.4.2　其他的木酚素和多酚

埃博学术研究中心关于树节的研究开始于 1998 年对于云杉树节的研究,同时,还有一些平行的研究工作,在下图中有明确的表示(图 6 – 12)。

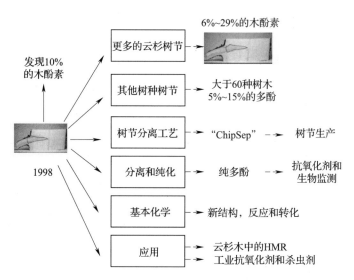

图 6 - 12　典型的挪威云杉中的木酚素含量

除去云杉树节的研究,其他树种的树节也有所研究,目前已经研究了 60 多种树木。在大部分树木中,发现节子相比树干含有很高浓度的木酚素,对于大部分的树种来讲,这个比例是 $(20 \sim 100):1^{[81,91-95]}$。针叶材的节子一般含有 5% ~ 15% 的多酚(相对于树节干重,图 6 - 13),其中木酚素占大很高的比例[88,91]。尽管如此,不同的树种的树节中含有不同的木酚素和其他

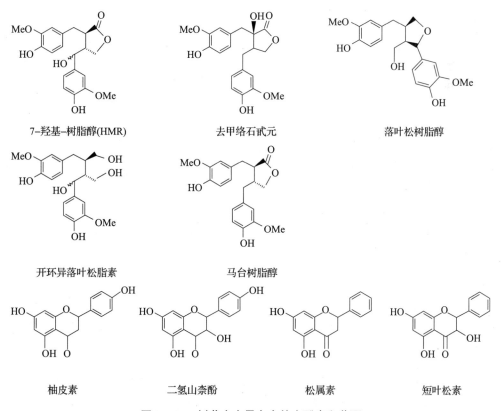

图 6 - 13　树节中大量存在的木酚素和黄酮

的多酚。此外,在很多松属木材的节子中还含有黄酮类松属素和短叶松素。落叶松和冷杉属含有大量的落叶松树脂醇和开环异落叶松树脂酚。此外,木酚素也在一些阔叶材中有所发现,尽管黄酮类化合物在阔叶材中比较常见[94-95]。多酚一般在树节中以游离的形式存在,而且这个结果已经证明了树节中的多酚含量在自然界中是最为广泛的来源。

在制浆造纸工业中,树节一般在制浆之前要去除以保证制浆(特别是机械浆)的得率和性能。目前,去除节子的技术叫做"ChipSep"[88-89]。一大批的克数量级的木酚素和其他多酚已经被分离和纯化,得到用作基础和应用研究。不同的生物实验检测用来验证不同种类的树节提取物和纯化的木酚素。大部分的多酚具有强的氧化性,有些具有抗菌和杀菌作用[98-101]。基础的化学基础研究也在进行中,特别是木酚素 HMR 的化学基础和转化为其他木酚素的可能性探索。目前还有很多的机会去研制其他的木酚素和黄酮类产品。木酚素可以作为食物的添加剂广泛应用到功能食物和化妆品领域。云杉树节提取物目前已经被引入到皮肤化妆品和香波中[104]。而作为树节中的多酚产品具有很大的潜力成为技术产品的抗氧化剂而不是食品中,或者作为天然生物杀虫剂而慢慢取代合成的杀虫剂。

6.5 树皮中的多元醇和其他组分

树皮占到了木材总量的 10%。在森林工业中,树皮是一种废弃物,通常用来燃烧以提供工厂的热源。尽管近些年在树皮的利用上作了一些研究工作,但是成功的商业化推广还是没能真正实现。一般地,树皮含有较大量的抽提物。树皮,作为树的保护层,含有大量的生物活性的防御物质,主要是多酚类化合物。单宁和其他低分子的多酚。不同的树皮提取物主要用在传统药材中(如中药和印度药材)来治疗各种不同的疾病。

6.5.1 单宁

单宁是一种大部分植物中存在的多酚低聚物。单宁目前被定义为:"水溶性的多酚类化合物,相对分子质量一般在 500~3000,除去有一般酚类化合物的常见反应外,还能沉淀生物碱,明胶和其他蛋白质。"当初将其称为单宁主要是由于早期采用单宁将兽皮鞣制成为皮革。直到今天,单宁最重要的用途还是应用到制革工业中。此外,单宁也被用在酚醛树脂和胶黏剂的合成中。因此,所谓的单宁是不太恰当的一个称谓,仅仅是为了方便。最合适的名称叫做"植物多酚"。

6.5.1.1 水解单宁

水解类单宁一般是由两个酚单元组成,一般为五倍子酸和鞣花酸(图 6-14),相应的单宁是五倍子单宁和鞣花单宁[1,106]。它们一般是和糖单元进行酯化,主要是葡萄糖。它们一般在自然界中是聚合的,但是能够形成复杂化合物。松叶和松针一般含有水解的单宁。目前主要的商品化单宁是来自于栗木。栗木单宁是鞣革的最佳原料,但是不适合制备酚醛树脂。目前,栗木单宁的产量有限,导致价格相对昂贵。

6.5.1.2 缩合单宁

缩合类单宁,也被称为原花青素,一般是黄酮单元通过碳碳化学键连接起来的低聚物。在欧洲的阔叶材和针叶材中,大部分称为花青素的物质一般都含有不同比例的 3-黄酮的儿茶酚和表-儿茶酚(如图 6-14),聚合度一般在 3 到 8 之间[108]。缩合类单宁一般在一些树木的树皮、心材中发现,比如橡木、金合欢、白坚木,但是在大部分的树针、树叶和生长锥细胞中很少发现。

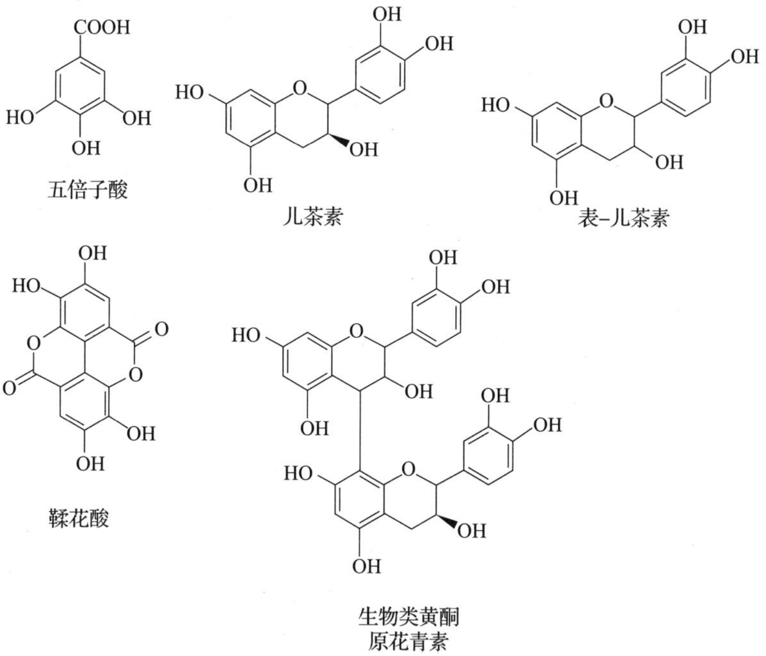

五倍子酸　　儿茶素　　表–儿茶素

鞣花酸

生物类黄酮
原花青素

图 6–14　水解单宁和缩合单宁的基本结构单元

缩合类单宁自古就被欧洲人们从橡木中提取出来用作鞣革剂。在美国,铁杉、橡木和栗木的提取物也被作鞣革剂。如今,缩合类单宁的主要来源是黑合欢树树皮和白坚木木材。黑合欢树皮含有 30% ~50% 的缩合类单宁。水提取物也含有 8% ~12% 的非单宁类物质,比如像糖类和树胶等物质[110]。单宁的主要生产商在阿根廷、巴西、中国、肯尼亚、印度、南非共和国、坦桑尼亚和津巴布韦[107,111]。大约在 1990 年,缩合类单宁占到世界单宁总产量的 90%。每年生产的 20 万 t 单宁中,其中 15 万 t 源自于黑合欢树树皮[106]。自从那时单宁的产量就渐渐降低。

单宁不仅仅广泛地应用在鞣革工业中,也作为一种组分添加在胶黏剂中。单宁和甲醛反应和酚醛预聚体反应去制造适合冷固化防水型胶黏剂,这些胶黏剂可以用在木材薄板的粘接或者室外用途的热固性材料黏合。最近,无醛的单宁胶黏剂已经被开发出来[107]。单宁的应用目前已经扩充到营养和医药领域。单宁不仅具有人们熟知的抗菌性能,这个性能与其能够和蛋白质的细胞膜结合有关。含有单宁的药材曾经被用来医治细菌性肠道感染。单宁的抗肿瘤和抗癌作用已经被记载[112]。直到最近,单宁的抗病毒作用才被报道[107]。

6.5.2　松树皮抽提物

法国南欧海松的水提取物经过喷雾干燥后得到的粉末已经从 20 世纪 80 年代就开始以"碧萝芷"的商标出现在市场上,它主要是作为一种膳食添加剂[113]。它的成分相当复杂,包括一系列的原花青素混合物(缩合类单宁,主要是儿茶素和表儿茶素),二黄酮和酚酸[114]。同时,这个提取物还包括单体的儿茶素和黄酮类二氢槲皮素。碧萝芷在投放市场之前做了大量的研究,比如它的安全性、毒理和对健康促进效果。它也是一种粉末的抗氧化剂,可以作为一种天然的抗炎剂[114]。单宁它能够结合蛋白质,尤其是胶原蛋白和弹性蛋白,能够辅助产生内皮型一氧化氮,它能帮助扩张血管。它良好的效果在很多领域已经被报道,包括心血管健康、骨关节炎、护肤美容、认知功能、糖尿病、炎症、运动营养、哮喘、过敏和月经不调及其他病症[113]。最近发现它能减少时差感[115]。碧萝芷现在也包含在全球范围内的一大类的膳食辅助产品、化妆品、功能食品和酒水饮料中。另外一种类似的产品,它是新西兰辐射松树皮的水提取物,商品名叫做"松树醇",也在市场上出现多年。

6.5.3 银杏叶抽提物

银杏树是世界上现存的最古老的树种,始于1.8亿年前,被称为活化石[116]。人工种植的银杏树一般在美国的东南部、法国南部、中国和韩国。银杏树的叶子和种子被古老的中国人作为中药的成分,用它去医治哮喘和心血管疾病。银杏叶的提取物在20世纪60年代被德国人证明具有调节并改善血液循环的作用,其中主要的活性成分是黄酮甙类化合物,特别是黄酮类槲皮素、山奈酚、二萜银杏内酯、倍半萜烯银杏内酯、银杏双黄酮、原花青素(缩合单宁)、酚酸和多元醇。银杏叶子经人工收集用乙醇进行提取。纯化和标准化的提取物富含类萜内酯和黄酮类化合物。银杏叶提取物在美国和西欧具有最为广泛的市场,它可以作为膳食添加剂或者补充物来促进人体健康[117]。据说它的生物活性主要包括以下几个方面:清除体内自由基能力,降低氧化压力,减少血小板聚集,抗炎,抗肿瘤和抗衰老能力。临床上报道它能够应对中枢神经紊乱所导致的疾病,像老年痴呆症和认知缺陷类疾病。尽管如此,它却能产生过敏和改变出血时间。

6.5.4 云杉皮中的芪类

在20世纪60年代,各种云杉树皮中的芪类化合物得到相继确认(图6-15)[118-121]。直到最近,人们发现挪威云杉中的内皮中含有5%~10%的芪糖苷[122-126]。目前在云杉皮中主要发现有三种芪类化合物:白皮杉醇,甲基化白皮杉醇和白藜芦醇(图6-15),这三种物质的比例虽然不同,但是白皮杉醇是主要成分,而白藜芦醇一般占到总芪含量的10%左右。它们一般是反式异构,但是还有少量顺式异构体。在新鲜的树皮中一般主要以糖苷的形式存在。

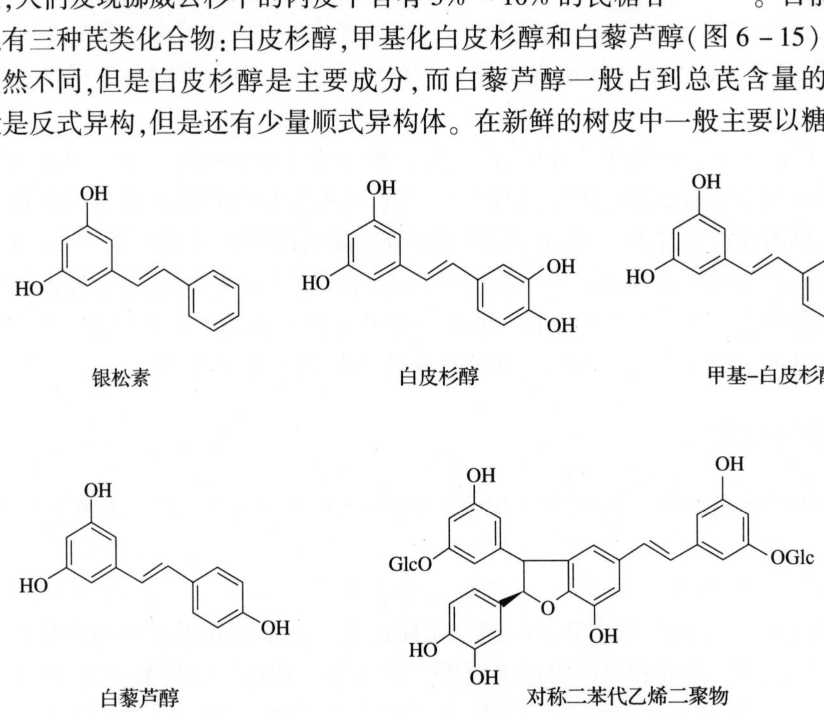

银松素　　　　　白皮杉醇　　　　　甲基-白皮杉醇

白藜芦醇　　　　　对称二苯代乙烯二聚物

图6-15　木材和树皮中的芪类的结构

最近,一些芪糖苷二聚体在挪威云杉皮中被鉴定出来,被称为为"云杉素"[124,127]。据报道,芪类单元一般与云杉中的缩合类单宁交联在一起。银松素和它的甲基化同系物是松树心材和树节中的主要成分,一般其浓度约为2%～5%。芪类很容易降解,工业脱树皮段一般会损失一小部分的芪类,这些芪类会溶解在脱皮段的废水中。

白藜芦醇在很多东东方药材中都有发现。在过去的10年间,研究重新发现白藜芦醇的多重健康促进功效,比如说抗癌、抗病毒、心血管和中枢神经的保护等功效[128]。此外,白藜芦醇还被发现延长人类的寿命,有望被开发成一种抗衰老药物[129]。白藜芦醇能够将酵母菌细胞的寿命提高70%[130],它的机理目前已经明确,白藜芦醇能够活化酶体系,也就是我们所说的去乙酰化酶(长寿酶),能促进酶在逆境中的生存、生长和抵御外界压力的能力。有趣的是,人们发现白藜芦醇广泛存在于黑葡萄中,它能够抵御病菌的侵害,因此能够酿造红酒。1L红酒中一般含有大约1～8mg的白藜芦醇,但是即使这么低的白藜芦醇也能够促进人们的健康。对于芪类的同系物白皮杉醇虽然没有像白藜芦醇那样得到广泛的研究,但是在医药领域也得到了人们的关注[131,132]。作为一种自由基清除剂和抗氧化剂,白皮杉醇相比白藜芦醇具有更高的活性,并且游离的白皮杉醇比白皮杉醇苷类具有更高的活性。此外,白皮杉醇具有人们熟知的抗白血病性能[134]。新鲜的云杉树皮含有很高的芪类,特别是白皮杉醇及其甲基化衍生物,异丹叶大黄素,可能是自然界含量最高的。虽然白藜芦醇的浓度很低,不到1%,但是它仍然比黑葡萄皮中的浓度高出100～200倍。但是芪类的提取,分离和进一步的生物实验,比如像抗氧化、杀虫和健康促进效果需要生物学家和化学家的通力合作才能完成。

还有一种传统的产品是云杉皮树脂。它是从老的云杉树皮中挑选出来,被瑞典和芬兰的乡下人用来咀嚼以保持牙齿的健康已经有几百年的历史,咀嚼它能够保持牙齿清洁健康和防龋齿效果。大约17世纪初期,美国的第一批殖民者土著印第安人将云杉口香糖引入到美国[135]。在1848年,美国人将云杉口香糖进行了商业化生产,位于美国的缅因州。在20世纪90年代,从黑云杉中得到的口香糖可以在一般的美国商店买到。但是怎么成为"现代口香糖",因为这种"口香糖"柔软,香甜和便宜,立即成功抢占了市场。制作这种口香糖的原料不是普通的油性树脂,而是一种叫做"愈伤组织树脂",它们是植物组织受到破坏后产生的树脂[136]。这种树脂一般在创伤处的周围以节子和肿块的形式存在。愈合树脂一般出现在云杉、落叶松、松属和黄杉属木材中。此外,这种愈伤树脂的化学结构和其他油性树脂的结构不同。确切地讲,油性树脂一般是树脂酸作为主要成分,而愈创树脂一般是木酚素和羟基肉桂酸衍生物组成。从云杉木材中得到的愈创树脂主要是由木酚素(主要是松脂醇)、落叶松树脂醇和对香豆酸酯化的木酚酯。本土美国人将北欧云杉树脂和脂肪混合制作防治皮肤感染、昆虫叮咬、裂开的皮肤、刀伤、刮伤、烧伤和发疹的药膏[135]。从挪威云杉树皮中提取的树脂已经作为药膏在瑞典北部和芬兰使用了将近几百年。直到几年前在芬兰的重新发现并且被发展成为一种新的药膏产品[137]。文献记载这种树脂具有防止细菌滋生、压力性溃疡、烧伤、伤口感染的功效。高含量的亲酯性抽提物,像树脂酸被发现能够溶解在水中,在其水提取物中也发现大量的木酚素和肉桂酸。近年来,一个相关的产品"毛花三合贰"被记载,据报道它能很有效地应对真菌性手足癣。

6.5.5　桦木皮产品

桦木是北欧国家和俄国的主要阔叶材树种。在芬兰,桦木占到了18%的森林蓄积量,相当于每年能产生 1800 万 m³ 的去皮桦木[138]。北欧亚国家的主要树种是欧洲桦和绒毛桦。其他桦木品种在中国、日本、加拿大和美国分布,但是数量不多。欧洲桦原木含有大约 3.4% 的外皮和 8% 的内皮[139]。因此,在 40 万 t 桦木的硫酸盐制浆工厂每年产生大约 2.8 万 t 的外皮[140]。每年整个芬兰的桦木皮大约要产生 20 万 t[141]。这些疏水性的粗的外皮随后和亲水性的并且易碎的内皮分开。这样的一个操作技术目前已经被开发出来[142]。欧洲桦的外皮是由40% 的抽提物,45% 的软木脂,9% 的木质素,4% 的半纤维素和 2% 的纤维素组成[141]。这些抽提物主要是由桦木醇组成。软木脂是一种很有趣的材料,将会在下面介绍。但是内皮的开发和利用较少,虽然也报道它含有较多的木酚素、苯丁烷类化合物和二苯基庚烷类化合物[143-145]。

6.5.5.1 桦木皮焦油

桦木皮可以用来制作不同的物品,像包,盘子,鞋子,屋顶覆盖物,也可以用来制造特殊的焦油。比如在欧亚大陆北部国家的考古挖掘中发现了一些黑色小块焦油。经过化学分析,认为这些块状物是由桦木的外皮通过热解所得,称之为桦木皮焦油。这种焦油是通过在 300 ~ 400℃ 的高温加热桦木外皮所的产品。这种焦油材料一般用作密封坟墓骨灰盒,也用来修补陶瓷的容器或者润滑鱼钩、轴系工具和武器。例如,530 年前的"冰人"奥兹的旧铜斧是用桦木皮焦油装上斧柄的,起到防止钝化作用[149]。尽管如此,最早使用桦木焦油能追溯至 8000 年前的穴居人时代,他们使用桦木焦油防止矛尖钝化。桦木皮焦油,有时叫做"桦木皮树脂",在 20世纪初时被芬兰人用作汽车的润滑剂和皮革产品的打蜡剂。它曾经从俄国被引入到芬兰。时至今日,仍有很多地区在制造。但是,桦木焦油已经没有大规模生产的工厂。

6.5.5.2 桦木醇和其他三萜

桦木外皮含有高达 30% 的五环三萜桦木醇(图 6-16),除此之外,含有较为少量的羽扇豆醇、桦木酸、桦木醇咖啡盐和少量的三萜类化合物[140,150]。根据 1778 年的第一篇文献记载,桦木醇是第一个从植物中分离的天然产物。桦木醇通常被叫做"白桦酯醇",虽然它是自由的醇而非苷类。它一般是化学稳定的纯白的微晶体粉末。提取和利用桦木醇的研究工作已经有将近几十年的历史了[142,151]。一般是将桦木醇用作纸张的填充物和陶瓷制品的配方成分[142]。桦木醇也具有抗细菌,抗霉菌,抗瘙痒,抗炎效果。此外,桦木醇还可以在水-油乳液中作为性质独特的稳定剂,因此,使不含乳化剂的面霜只含有水、油和桦木醇[152]。现在市场上已经有很多的化妆品只含有纯的桦木醇或者其他的桦木树皮提取物。美国、俄国和德国的相关公司均已经开发出分离桦木醇的方法并且已经将桦木醇作为主要的成分,进而开发成各种各样的化妆品,日常膳食补充剂。

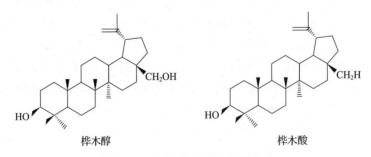

图 6-16　桦木醇和桦木酸的结构

6.5.5.3 桦木酸和其他桦木醇衍生物

桦木醇可以很容易氧化为桦木酸,它拥有一系列的光谱、生物和医药效果[153]。桦木酸也具有抗疟疾和抗炎效果。桦木酸和它的衍生物相比目前临床使用的药物已经显示出抗艾滋病毒和抗肿瘤的细胞毒性效果。桦木酸通过诱导肿瘤细胞凋亡的方式能够抑制几种肿瘤细胞的活性。桦木醇在近 10 年内也被开发成为潜在的应对皮肤癌、艾滋病、合胞病毒的药物[142]。此外,它还具有抗菌、抗炎和抗氧化性能[154]。研究发现桦木酸对有黑色素引起的皮肤癌具有特殊的效果,能够通过靶向杀灭肿瘤细胞而保护健康细胞。天然出现在桦木树皮中的桦木醇咖啡盐是一种很有趣的化合物[150],它的抗恶性细胞增生活性比桦木酸高出很多[155]。

6.5.6 阿司匹林和紫杉醇

据 2000 多年前的记载,柳树皮具有减轻疼痛和发热之功效。在 19 世纪初期,化学家发现了柳树皮中能够治病的活性成分是水杨苷,一个葡萄糖的配体和水杨酸进行以苷的形式结合形成的化合物。尽管如此,水杨酸具有难闻的气味并且对胃有刺激作用。在 1897 年,在德国拜耳实验室工作的一名化学家成功地拿到了水杨酸的酰化产物,它的商品名叫做"阿司匹林"。这种药物具有水杨酸的性质但是没有像水杨酸一样的刺鼻气味。在过去的一个世纪中,阿司匹林成为全球家喻户晓的药物,直到现在还以每年 5 万 t 的规模生产。不过现代的乙酰化水杨酸是通过化学合成得到的。

而另外一个例子是关于太平洋紫杉树皮中的提取物。20 世纪 60 年代,美国首先研究了紫杉树皮发现树皮的提取物具有细胞毒性[156]。其活性成分紫杉醇被分离出来并且其复杂的结构也被确认(图 6 - 17)。1977 年,研究发现紫杉醇具有抗小鼠肿瘤活性。紫杉醇的商品名为"紫杉酚",其抗肿瘤机理在一系列的动物模型中进行,目前也已明确。经过了大量临床试验,紫杉酚被美国食品与药品管理局批准作为卵巢癌和乳腺癌的化疗药物。迄今为止,紫杉酚已经成为已有治疗癌症药物中的热销品。多烯紫杉醇是一种基于紫杉醇的半合成的药物。多烯紫杉醇的化学结构和紫杉醇在两个位置有所差异(图 6 - 17),从而使得多烯紫杉醇具有更高的水溶性。多烯紫杉醇目前被另一家公司以商品名"泰索帝"进行销售。紫杉酚和多烯紫杉醇均来自同样的前体化合物,就是 10 - 去乙酰浆果赤霉素,它提取自欧洲紫杉的针叶树中。欧洲紫杉相比太平洋紫杉更容易得到。此外,它们两者药物作为抗癌药物均是以扰乱细胞分裂,防止癌细胞进行分裂的方式进而控制和治疗癌症。

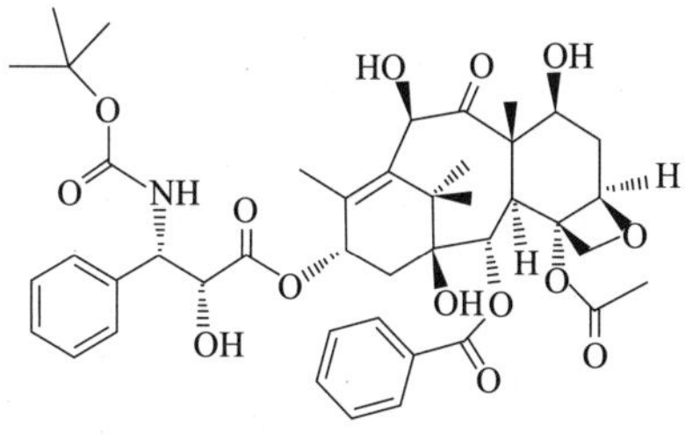

多烯紫杉醇 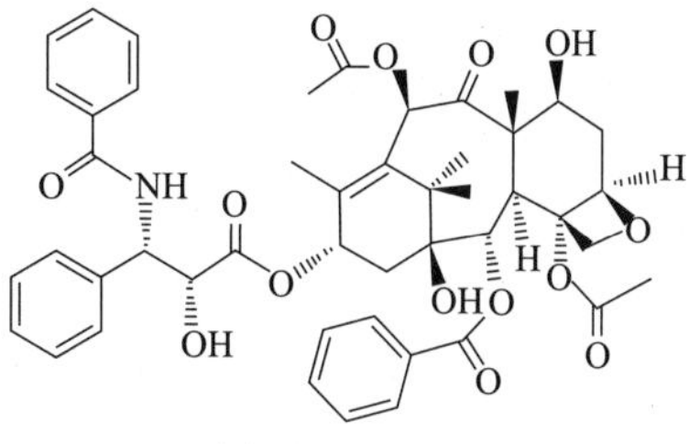　　　　　　　　　　　　　　　紫杉醇

图 6 - 17　多烯紫杉醇和紫杉醇的结构 6.6 水溶性多糖胶

碳水化合物基的果胶是水溶性的植物多糖,而不是淀粉。它们一般是提取自一系列的非木材植物中,像种子、果实、根茎和块茎[159]。其中具有代表性的例子是瓜尔胶、槐树豆角、果胶、木葡聚糖、海藻酸盐、角叉菜胶和琼脂糖。此外,黄原胶可以通过发酵的形式生产。这些多糖胶是一系列的不均一聚糖所组成,主要是用在食品加工方面,可以作为增稠剂、乳化剂,而且还可以防止在冰冻产品中形成冰晶。多糖胶可以从树木中提取得到,或者是可以从树木的天

然分泌物中获得,比如像阿拉伯树胶可以从相思树中提取得到[160,161],或者能够从落叶松心材中用水提取得到聚阿拉伯半乳糖[162]。实际上,根据近期的研究显示,在温度为 160 ~ 180℃,pH 为 4 左右多糖胶就可以用水提取出来。用这种方法,相对纯的酰化的聚半乳糖葡萄糖甘露糖和葡萄糖醛酸木聚糖能够各自从针叶材和阔叶材中被提取出来。

6.6 树胶和多糖

6.6.1 阿拉伯树胶

阿拉伯树胶可以从两种金合欢树种流出的硬树液中人工收集,这两种树木分布在撒哈拉南部的整个非洲地区,从塞内加尔到苏丹再到索马里[160]。这些树种的人工林也开始种植[161]。阿拉伯树胶是一种复杂的多糖和糖蛋白的复合物,其中阿拉伯单元是其主要的单元。2008 年的总出口量是 6 万 t,其中苏丹、乍得共和国、尼日利亚占到总出口量的 95%[161]。阿拉伯树胶一般在软饮料中作为乳化剂,在糖果和果胶中作为增稠剂,一种专门用途的油墨及药物和啤酒中泡沫稳定剂的胶黏剂。此外,它能使得溶液高浓度时保持低黏度,这种特性和其他的果胶有多不同,其他的果胶是高浓度时的黏度很大。但是,生产阿拉伯树胶依靠的是大强度的劳动,在过去的 10 年中,曾经由于当地的政治混乱而一度停止生产。

6.6.2 落叶松聚阿拉伯半乳糖

落叶松树种的心材中含有 10% ~ 20% 的水溶性聚阿拉伯半乳糖(LAG)[162]。这些胶包含在管胞的内腔中很容易用水提取出来。LAG 是由阿拉伯糖和半乳糖以 1:5 的比例构成,同时 100 个糖单元中含有 1 个葡萄糖醛酸单元[163]。LAG 的分子是高度分支的(图 6 - 18)。LAG 的相对分子质量大约是 2 万,但是其相对分子质量分布很窄。此外,当其在水中的浓度达到 70% 时,相比其他的多糖胶,它的黏度依然很小。

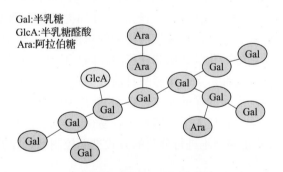

图 6 - 18 落叶松阿拉伯半乳聚糖(阿拉伯糖:半乳糖: 葡萄糖醛酸的比例为 19:80:1,相对分子质量大致为 2 万)

美国于 20 世纪 60 年代就生产出了 LAG 产品[159]。一个叫做"Stractan"主要是用作印刷用油墨的主要成分。它的生产量是 200t/a。苏联生产的 LAG 产品主要用在食品和动物饲料的添加剂和化妆品的生产中。一家名为"Larex Inc"的公司于 1993 年在美国的明尼苏达州成立,促使了 LAG 产品在健康科学和消费品市场进行业务拓展。LAG 是从西部落叶松木木材中用水和蒸汽提取出来,而剩余的木材返回到木材工业中再次利用。它的 LAG 年产约为 3600t[164]。在 2006 年,这家公司被瑞士的瑞士龙沙集团收购。LAG 现在主要用在人体和动物的营养学、个人护理和其他工业领域[164]。它目前已经美国食品药物管理局认定为一般认为是安全产品,能够为人类所使用。此外,发现 LAG 具有很重要的好处,特别是在人体免疫增强和增强消化功能领域。因此,它是可溶的、发酵的纤维,并且具有生物活性功能。同时,LAG 也是一种工业上有效的乳化剂、分散剂、流变控制添加剂。

6.6.3　木材中的木聚糖和甘露糖

聚半乳糖葡萄糖甘露糖(GGM)是针叶材半纤维素的主要成分(图6–19),它在预热木片磨木浆生产过程中部分熔解,有7%~8%的损失率[165]。溶解的 GGM 一般是高分子形式的,并且是天然乙酰化的形式。它们可以通过超滤进行纯化并且浓缩。

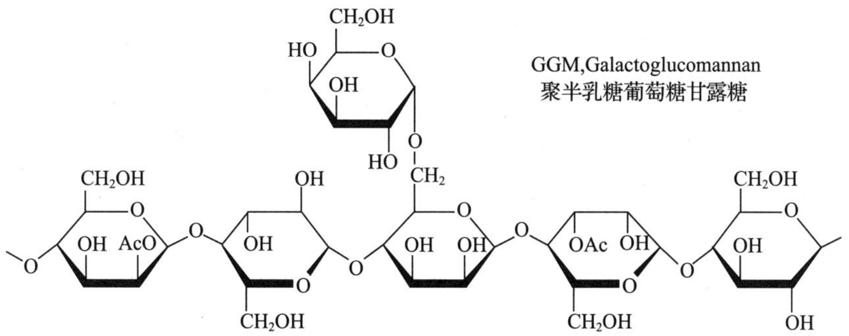

图6–19　针叶材热磨机械浆(TMP)的生产废水中回收的
聚半乳糖葡萄糖甘露糖的部分典型结构

直到最近,有报道指出,可以通过高温水(170℃)将 GGM 从原料中提取出来[166]。最重要的参数是 pH,当 pH 保持在 4 左右可以有效减少乙酸基的水解,进而防止 GGM 聚糖的水解。通过最佳化的提取条件,可以从挪威松中回收相对原料干重5%的 GGM,其相对分子质量一般在4000~20000。木材中的 GGM 能够作为一种潜在的食品添加剂(膳食纤维),可以作为水凝胶或者作为油–水乳液中的乳化剂或者空间位阻稳定剂[167-169]。甘露聚糖紧紧地吸附在纤维素的表面并且能够改变纤维的性质[170]。此外,GGM 能够作为一种可降解包装膜的一种成分[171]。GGM 是一种优良的油–水乳液的稳定剂[169,172],能够用在酒水饮料工业。而且,GGM 能够显示出免疫特性和自由基清除能力[173]。木聚糖能够以同样的方式(160~170℃的高温水)从阔叶材中被提取出来[174,175]。此外,对于木聚糖来讲,要尽量保持最佳的 pH,它对于乙酰基的水解和高分子量的木聚糖的生产非常重要。

6.7　其他种类的产品

含糖树液能够从阔叶材中进行采集,这在很多地区和文化中都有记载。在北美,枫树糖蜜是一种传统的产品至今仍在有些农场进行较大规模的生产[176]。在欧洲,特别是东欧国家、朝鲜、日本、阿拉斯加,桦木的树液一直被人们收集利用。树液一般在春季从大树以钻孔法的形式采集。树液的流出一般会在第一次融雪到树木的发芽的过程中持续几个星期。树液一般主要含糖,如葡萄糖,蔗糖,果糖和维生素 C,氨基酸和一些微量元素,如钙、磷、锰、锌等[176]。桦木树液中一般含有小分子的酸,比如苹果酸[177]。浓缩的桦木树液煮沸或者膜分离的技术可以得到桦木糖浆[178]。一般桦木树液中总的可溶物质的浓度达到1%,而在枫树中达到2%,使得枫树液具有更高的价值。枫树糖浆中的主要成分是葡萄糖和蔗糖,只有少量的果糖。此外,糖枫树液相比桦木树液含有较少的酸。

加拿大具有全球80%的枫糖浆,在2005年的产量是2600万 L[179]。大部分的糖浆来自魁北克,那里的产量是全球的75%。用于收集树液枫树有糖枫和黑槭,它们都具有差不多2%浓度的树液。在浓缩之后,糖浆的浓度从2%增加到66%。现今,通过反向渗透或者纳滤膜技术可以各自将糖液的初始浓度2%增加到12%到18%。然后通过进一步的减压蒸馏进行浓缩。桦木和糖枫树液和糖浆都被认为具有健康促进效果。然而,目前还没有科学的数据去证明这些可能的效果。但是,这些糖浆将在未来有一个很大的市场。一个最新的树液产品是来自桦木树液的葡萄汽酒,它是在2007年被引入到瑞典市场[180]。制造商是基于一个1785年的古老食谱,它具有又苦又甜的味道。同时,一个相应的产品"Sav™"已经在瑞典以外的市场进行销售。

6.8　天然橡胶

天然橡胶是一种具有弹性的碳氢聚合物(弹塑性),一般来自于胶状上清液中,或者来自于一些树种中发现的乳胶。乳胶是一种是天然的聚合物(顺式聚异戊二烯),它的分子量一般是10万到100ua。一般它还含有大约5%的其他物质,像蛋白质、脂肪酸、树脂和无机盐等。即使聚异戊二烯能够被合成,天然的橡胶还是具有广泛的应用范围[181]。橡胶的主要来源是三叶橡胶树,这种树能够应对创伤产生橡胶。在2005年,全球生产了接近2100万t的橡胶,其中有42%的天然橡胶。大部分的橡胶在亚洲生产,其中最大的橡胶生产国是印度尼西亚、马来西亚、泰国。这三个国家在2005年生产了天然橡胶产量的72%。橡胶具有一系列的下游产品,其中包括家用和工业用途两大类。天然的橡胶一般在生产的中间阶段参与生产或者直接作为最终产品。大部分天然橡胶是硬化的,在生产中需要加热并硫化,并且加入过氧化物和双酚A提高橡胶的稳定性和弹塑性,并且防止它老化。大约一半的橡胶流向了汽车轮胎制造业,其他的部分则流向了一般的橡胶产品行业。

6.9　总结

树木含有结构性化合物纤维素,半纤维素和木质素,还含有丰富的小分子化合物。这些小分子一般被称为"提取物",它们在树木整个生命进程中扮演着很重要的角色,比如像在敌对的环境下采取化学防御,因此,它们一般具有生物活性。一般这些提取物具有特殊的相对复杂的结构,它们在实验室和工厂一般不容易被合成出来。因此,天然的可持续合成构成了这些天然产物分子价值的基础。目前已经有比较成熟的提取、纯化和进一步精制树木中油性树脂和脂类化合物的工艺,能都得到像萜类、树脂、脂肪酸和甾醇。尽管如此,在进一步转化这些精制品成为新的衍生物和新的产品方面还有较大的潜力和提升空间。目前针叶材硫酸盐制浆规模的减少势必会造成原材料的减少。大量的塔罗油和萜类化合物用作生物燃料正在威胁树木提取物工业。而作为油性树脂的最大出口国,中国也出现了油性树脂产品价格的上涨。

树木中的多酚作为树木的主要防御物质,具有较强的抗氧化性和自由基清除能力。一些多酚,比如像木酚素、生物碱、芪类和单宁类已经被报道具有抗癌活性。但是,这个领域仍然是处于初级发展阶段,对于其中的有效成分作为健康促进剂和营养剂还需要大量的多学科交叉研究,也需要生物学家和化学家的通力合作。而树皮中具有大量的能使树木保持润湿的物质,并且树皮还能抵御来自真菌、细菌和食草动物的侵害,因此,树皮中含有大量的单宁、其他多酚、软木脂和蜡质。而桦木外皮中含有大约30%的桦木醇,这种物质具有很好的用途,它能够作为半合成的起始原料。目前,制浆造纸工业中脱除的树皮主要是用来提供热源。作为后续的研究,它们可以被用来提取不同的生物活性成分。

树胶和树分泌液主要含有碳水化合物和萜类,自远古以来就被人们收集并且利用。现代的研究和新技术能够提供这些产品的新的转化技术并且打开新的市场,它们有望成为传统石化产品的替代品。

特殊产品的小规模生产需要不同领域的专家进行合作,比如需要来自化学,化学工程和生物科学学科的专家的通力合作。此外,贸易也需要将这些新兴理念转化为有型的产品,它们将开拓新的市场。当这些特殊产品的需求增大,利润增长时就需要推进其全球化生产。当它被开发成健康促进产品时,相关立法将变得很严格,这样和大的医药公司的竞争就会变得更困难。时至今日,人们对于合成化学品,人工制品的潜在风险意识越来越强。因此,可以预见的是,在不久的将来,慢慢地取代这些人工合成制品将是这个化学领域的最大的挑战和机遇。

参考文献

[1] Fengel, D. and WegeneC G. Extractives, in Wood – Chemistry, Ultrastructure, Reactions, de Gruyter Berlin, Germany, 1989, pp. 182 – 226.

[2] Back. E. The locations and morphology of resin components in the wood, in Pitch Control, Wood Resin and Deresination, E. Back and L. H. Allen (Eds..), TAPPI Press, GA, Atlanta, USA, 2000, pp. 1 – 35.

[3] Ekmarj, R. and Holmbom, B. The chemistry of wood resin, in Pitch Control, Wood Resin and Deresination, E. Back and L. H. Allen (Eds.), TAPPI Press, GA, Atlanta, USA, 2000, pp. 37 – 76.

[4] Willför. S. , Hemming, J. , Reunanen, M. and Holmbom, B. 2003. Phenolic and lipophilic extractives in Scots pine knots and stemwood, Holzforschung, 57, 359 – 372.

[5] Drew, J. History, in Naval Stores – Production, Chemistry, Utilization, D. F Zinkel and J. Russel (Eds.), Pulp Chemicals Association, New York, NY, USA, 1989, pp. 3 – 38.

[6] Hilfis, W. E. 1986. Forever amber – a story of the secondary wood components, Wood Sci. Technol. , 20(3)203 – 227.

[7] Zinkel, D. F. Naval stores, in Natural Products of Wood Plants, J. W. Rowe (Ed.), Springer – Verlag, Berlin, Germany, 1989, pp. 953 – 978.

[8] Kardell, L. Svenskarna och skogen. Del 1. Frän ved till linjeskepp, Skogsstyrelsen, Jonköping, Sweden, pp. 217 ~ 223.

[9] Vilstrand, N. E. Skogen, bonden och tjäran, 2001. (http://www. nykarlebyvyer. nu/ SIDOR/ TEXTER/PROSA/DIVERSE/Tjaranevhtm). (read 16. 4. 2010).

[10] Zinkel, D. F. 1975. Naval stores: silvichemicals from pine, Appl. Polym. Symp. , 28, 309 – 327.

[11] Mennander, C. F. and Juvelius, E. Tiartillwerkningen i Österbotn (Tar Manufacturing in Osthrobotnia), Master Thesis, The Royal Academy in Turku/Åbo, 1747, 33 p. in Swedish).

[12] Nikander; G. 1959. Tjarbruket. Skrifter utgivna av Svenska Litteratursallskapet i Finland, nr 370, pp. 172 – 178.

[13] Kauppila, R. and Suihko, A. Tervan tie, Kainuun museon julkaisuja, Kajaani, Finland, 1987, 79 p.

[14] Reunanen, M., Ekman, R. and Hafizoglu, H. 1996. Composition of tars from soft – woods and birch, Holzforschung, 50, 118 – 120.

[15] Egenberg, I. M., Aasen J. A. B., Holtekjoelen, A. K. and Lundanes, E. 2002. Characterisation of traditionally kiln produced pine tar by gas chromatography – mass spectrometry, J. Anal. Appl. Pyrol., 62, 143 – 155.

[16] Beck, C. W., Stout, E. C., Bingham, J., Lucas, J. and Purohit, V. 1999. Central European pine tar technologies, Ancient Biomolecules, 2, 281 – 293.

[17] Anon. Welcome to Auson. (http://www.auson.se). (read 16. 4. 2010).

[18] Song, Z., Liang, Z. and Liu, X. 1995. Chemical characteristics of oleoresins from Chinese pine species, Biochem. System. Ecol., 23, 517 – 522.

[19] Lange, W. and Weissman, G. 1988. Die Zusammensetzung der Harzbalsame von Pinus sylvestris, L. verschiedener Herkunfte, Holz. Roh. Werkst, 46, 157 – 161.

[20] Qi, J., Liu, Z. and B. Holmbom. 1992. Recovery of 3 – carene from Chinese turpentine and synthesis of acetylcarenes, Holzforschung, 46, 193 – 797.

[21] Drew, J., Russell, J. and Bajak, H. W. Sulfate Turpentine Recovery, Pulp Chemicals Association, New York, NY, USA, 1971, 147p.

[22] Wong, A. and Feng, Y. 2002. Terpene content of crude sulphate turpentine from selected kraft pulp mills of British Columbia and Alberta, Forest Chem. Rev., 112 (1) 10 – 14.

[23] Niemela, K. 2000. Arabinogalaktaanista vanilliiniin. Sellunvalmistuksen rinnakkai – stuotteet 1875 – 2000, KCL Notes 4, KCL, Espoo, Finland, 64 p.

[24] Sainte – Cluque, P. 1999. Global overview of crude sulphate turpentine, Forest Chem. Rev. 109 (1) 8 – 10.

[25] Hinson, J. M. 2002. Worldwide turpentine outlook 2002: optimism or concernl Forest Chem. Rev., 112(6) 12 – 15.

[26] Turner. J. M. (Ed.). 2008 International Yearbook, Forest Chem. Rev., Kriedt Enterprises, New Orleans, LA, USA, 2010, p. 7.

[27] Hase, A, Koppinen, S –, Riistama, K. and Vuori, AA. Suomen kemianteollisuus, Chemas Oy, Helsinki, Finland, 1998, pp. 126 – 138.

[28] Anon Non – timber markets for trees. (https://secure. fera. defra. gov. uk/treechemi – cals/review/markets. cfm). (read 16. 4. 2010).

[29] Stauffer D. 2005. Distillations: History of turpentine cor7SUmption in the USA, Forest Chem. Rev., 115(5) 10 – 11.

[30] Stauffer D. 2009. Distillations: U. S. demand for turpentine decreasing, Forest Chem. Rev., 1 19(5)6 – 7.

[31] Anon. Part 2 – Aroma chemicals derived from effluent from the paper and pulp industry 2004. (http://www. nedlac. org. za/media/5937/turpentine. pd0. (read16. 4. 2010).

[32] Anon. PCA plans to combine annual business meeting with international conference, 2010. (http://www. pinechemicals. org/clientuploads/Publications/N020 FEB 10_PCA_Newsletter. pdf. (read 16. 4. 2010).

[33] Song, Z. 1999. production and research on gum oleoresin in China, Forest Chem. Rev., 109(3)

7 – 9.

[34] Stauffer. D. 2007. Gum rosin production, Forest Chem. Rev. , 117(3)7 – 8.

[35] Patterson, K. W. 1986. Hercules modernizes Brunswick wood rosin plant. Naval Stores Rev. , 96 (4)4 – 5.

[36] Wong, A. 2007. Tall oil as a feedstock for second – generation biodiesel production in southeastern USA, Forest Chem. Rev, 717(6)5 – 70.

[37] Holmbom, B. 1978. Constituents of Tall Oil – A Study of Tall Oi/ Processes and Products, Doctoral Thesis, Abo Akademi University. Faculty of Chemical Engineering, Abo, Finland, 1978.

[38] Holmbom, B. 1978. The behavior of resin acids during tall oil distillation, J. Am Oil Chem. Soc. , 55, 876 – 880.

[39] Joye, M. M, Jr. , and Lawrence, R. W. 1967. Resin acid composition of pine oleoresins, J. Chem. Engng. Data, 12, 279 – 282.

[40] McSweeney, E. E. , Arlt Jr. , H. G. and Russel, J. Tall Oil and Its Uses – II , Pulp Chemicals Association, New York, NY, USA, 1987, 115 p.

[41] Anon. Welcome to Soldertec G/oba/. (http://www. lead – free. org). (read 16. 4. 2010).

[42] Downs, A. M. and Sansom, J. E. 1999. Colophony allergy: a review, Contact dermatitis, 41, 305 – 310.

[43] Ekman, R. 1979. Analysis of the non – volatile extractives in Norway spruce sapwood and heartwood, Acta Acad. Abo. B. , 39(4)1 – 20.

[44] Ekman, R. 1980. New polyenoic fatty acids in Norway spruce wood, Phytochem. , 19, 147 – 148.

[45] Pietarinen, S. , Willfor S. and Holmbom, B. 2004. Wood resin in Acacia mangium and Acacia crassicarpa wood and knots, Appita J. , 57, 146 – 150.

[46] Pietarinen, S. , Hemming, J. , Willfor; S. , Vikstrom, F. and Holmbom, B. 2005. Wood resin in bigtooth and quaking aspen wood and knots, J. Wood Chem. Technol. , 25, 27 – 39.

[47] Holmbom, B. and Eckerman, C. 1983. Tall oil constituents in kraft pulping. Effect of cooking temperature, Tappi, 66(5)108 – 109.

[48] Holmbom, B. and Ekman, R. 1978. common spruce and their changes 38(3) 1 – 11.

[49] Hase, A. and Pajakkala, S. 1994. Tall oil as a fatty acid source, Lipid. Technol. 6(5)110 – 114.

[50] McSweeney, E. E, Arlt, Jr. , H. G. and Russel, J. Tall Oil and Its Uses – II , Pulp Chemicals Association, New York, NY, USA, 1987, pp. 12 – 15.

[51] Ukkonen, K. , Private communication, 2010.

[52] Duncan, D. P. Chemistry of tall oil fatty acids, in Naval Stores – Production, Chemistry, Utilization, D. F Zinkel and J. Russel (Eds.), Pulp Chemicals Association, New York, NY, USA, 1989, pp. 346 – 439.

[53] Maki – Arvela, P. , Holmbom, B. , Salmi, T. and nAurzin, Yu. 2007. Recent progress in synthesis of fine and specialty chemicals from wood and other biomass by heterogeneous catalytical processes, Catalysis Rev – Sci. Eng. , 49(3) 197 – 340.

[54] Mattson, R. H. Fatty acids in surface coatings, in Naval Stores – Production, Chemistry, Utilization, D. F Zinkel and J. Russel (Eds.), Pulp Chemicals Association, New York, NY, USA, 1989, pp. 741 – 779.

[55] Logan, R. L. and Ennor. K. S. Other uses of fatty acids, in Naval Stores – Production, Chemistry, Utilization, D. F Zinkel and J. Russel (Eds.). Pulp Chemicals Association, New York, Ny USA, 7989, pp. 780 – 802.

[56] Holmbom, B. , Sundberg, A. and Strand, A. Surface – active compounds as forest – industry by – products, in Surfactants from Renewable Resources, M. Kjellin and I. Johansson (Eds.), John Wiley & Sons, New York, NY, USA, 2010, pp. 45 – 62.

[57] Wolff, R. L, Pedrono, F, Pasquier. P. and Marpeau, A. M. 2000. General characteristics of Pinus spp. seed fatty acid composition, and importance of Δ – olefinic acids in the taxonomy and phylogeny of the genus, Lipids, 35, 7 – 22.

[58] Aho, Y. , Harva, O. and Nikkila, S. 1962. Gas chromatographic study of tall oil fatty acids fractionated by countercurrent distribution, Teknillisen Kemian Aikakausilehti, 19, 390 – 392.

[59] Destaillats, F, Cruz – Hernandez, C. , Giuffrida, F and Dionisi, F 2010. Identification of the botanical origin of pine nuts found in food products by gas – liquid chromatography analysis of fatty acid profile, J. Agric. Food Chem. , 58, 2082 – 2087.

[60] Wolff, R. L. and Christie, W. W. 2002. Structures, practical sources (gymno – sperm seeds), gas – liquid chromatographic data (equivalent chain lengths), and mass spectrometric characteristics of all – cis $\Delta 5$ – olefinic acids, Eur. J. Lipid Sci. Technol. , 104, 234 – 244.

[61] Endo, Y. , Tsunokake, K. and lkeda, I. 2009. Effects of non – methylene – interrupted polyunsaturated fatty acid, sciadonic acid (all – cis – 5, 11, 14 – eicosatrienoic acid) on lipid metabolism in rats, Biosci. Biotechnol. Biochem. , 73, 577 – 581.

[62] Chuang, L. – T. , Tsai, P. – J. , Lee, C. – L. and Huang, Y. – S. 2009. Uptake and incorporation of pinolenic acid reduces n – 6 polyunsaturated fatty acid and down – stream prostaglandin formation in murine macrophage, Lipids, 44, 217 – 224.

[63] Pasman, W. J_, Heimerikx, J. , Rubingh, C. An. , van den Berg, R, O' Shea, M. , Gambelli, L, Hendriks, H. F. J. , Einerhand, A. W. C. , Scott, C. , Keizer H. G. And Mennen, L. I. 2008. The effect of Korean pine nut oil on in vitro CCK release, on appetite sensations and on gut hormones in post – menopausal overweight women, Lipids in Health and Disease. (https://www. lipidworld. com/content/pdf/ 1476 – 511X – 7 – l0. pdf). (read 16. 4. 2010).

[64] Vikstrom, F, Holmbom, B. and Hamunen, A. 2005. Sterols and triterpenyl alcohols in common pulpwoods and black liquor soaps, Holz. Roh. Werkst. , 63(4)303 – 308.

[65] Weirauch, J. L. and Gardner. J. M. 1978. Sterol content of foods of plant origin, J. Am Diet. Soc. , 73, 39 – 47.

[66] Holmbom, B. and Era, V 1978. Composition of tall oil pitch, J. Am. Oil Chem. Soc. , 55, 342 – 344.

[67] Enkvist, T. 1947. Fytosteriner i taHoljebeck, Svensk Papperstidn. , 50, 351 – 353.

[68] Sandermann, W. 1948. Versuche zur technischen Gewinnung der Tall oil – Sterine, Svensk Papperstidn. , 51, 531 – 536.

[69] Holmbom, B. and Avela, E. Method for refining of soaps using solvent extraction, US Patent 3, 965, 085 (1976).

[70] Hamunen, A. and Hirschfeldt, A. 1986. Sterols from unsaponifiable constituents of tall oil – a

wood – based raw material for the cosmetic, pharmaceutical, and food industries, Seifen, Oele, Fette, Wachse, 112, 261 – 262.

[71] Peterson, D. W. 1951. Effect of soybean sterols on plasma and liver cholesterol in chicks, Proc. Soc. Exp. Biol. Med. ,78, 143 – 147.

[72] Pollak, O. J. 1953. Reduction of blood cholesterol in man, Circulation, 7, 702 – 706.

[73] Miettinen, T. M. , Puska, P. , Gylling, H. , Vanhanen, H. and Vartiainen, E. 1995. Reduction of serum cholesterol with sitostanol – ester margarine in a mildly hypercholesteremic population, New Eng. J. Med. ,333, 1308 – 1312.

[74] R. Cantrill, Phytosterols, phytostanols and their esters: Chemical and technical assessment, 2008. (http://www. fao. org/ag/agn/agns/jecfa/cta/69/Phytosterols_ CTA_69. pdf). (read 16. 4. 2010).

[75] Folmer B. M. 2003. Sterol surfactants: from synthesis to applications. Adv. Colloid Interface Sci. ,103, 99 – 119.

[76] Fernandes, P. and Cabral, J. M. S. 2007. Phytosterols: applications and recovery methods, Biores. Technol. ,98, 2 335 – 2 350.

[77] Anon. Community register of nutrition and health claims made on food Authorized health claims. (http://ec. Europa. eu/food/food/labellingnutrition/claims/communitY_ register/authorised_health_claims_en. print. htm). (read 16. 4. 2010).

[78] Ostlund, R. , Jr. 2002. Phytosterols in human nutrition, Annu. Rev Nutr. 22, 533 – 549.

[79] Freudenberg, K. and Knof, L. 1957. Die Lignane des Fichtenholzes, Chem. Ber. ,90, 2 857 – 2 869.

[80] Lindsey, J. B. and Tollens, B. 1892. Uber Holz – Sulfitflussigkeit und Lignin, Ann. ,267, 341 – 357.

[81] Ekman, R. Wood Extractives of Norway Spruce, Doctoral Thesis, Abo Akademi, Facu/ty of Chemical Engineering, Turku/Abo, Finland, 1980.

[82] Ekman, R. and Holmbom, B. 1989. Analysis by gas chromatography of the wood extractives ir7 pulp and water sample from mechanical pulping of spruce: Nord. Pulp Pap. Res. J. ,4, 16 – 24.

[83] Arjellanen, P. , Petanen, T. , Lehtimaki, J – , Makela, S. , Bylund, G. , Holmbom, Mannila, A. , Oikari, A. and Santti, R. 1996. Wood – derived xenoestrogens. Studies in vitro with breast cancer cell lines and in vivo in trout, Toxicol. Appl. Pharmac. ,1996, 381 – 388.

[84] Saarinen, N. M. , Warri, A. , AAakela, S. L. , Eckerman, C. , Reunanen, M. , Ahotupa, M. , Salmi, S. M. , Franke, A. A, Kangas, L. and Santti, R. 2000. Hydroxymatairesinol, a novel enterolactone precursor with antitumor properties from coniferous tree (Picea abies), Nutr. Cancer. 36, 207 – 216.

[85] Willfor, S. , Hemming, J. , Reunanen, M. , Eckerman, C. and Holmbom, B. 2003. Lignans and lipophilic extractives in Norvvay spruce knots and stemwood, Holzforschung, 57, 27 – 36.

[86] Holmbom, B, Eckerman, C. , Eklund, P. , Hemming, J. , Nisula, L. , Reunanen, M. , Sjoholm, R, Sundberg, A, Sundberg, K. and Willfor S. 2004. Knots in trees – a new rich source of lignans, Phytochem. Rev. ,2, 331 – 340.

[87] Piispanen, R, Willfor, S. , Saranpää, P. and Holmbom, B. 2008. Variations of lignans in Norway

spruce (Picea abies [L.] Karst.) knotwood: within – stem variation and the effect of fertilisation at two experimental sites in Finland, Trees, 22, 317 – 328.

[88] Holmbom, B., Willfor. S., Hemming J – , Pietarinen, S – , Nisula, S., Eklund, P. and Sjoholm, R: Knots in trees – a rich source of bioactive polyphenols, in Materials, Chemicals and Energy from Forest Biomass, D. S. Argyropoulos (Ect.), ACS Symposium Series 954, ACS, USA, 2007, pp. 350 – 362.

[89] Eckerman, C. and Holmbom, B. Method for recovery of knotwood material from over – size chips. Finn. Patent 112,041 (2003).

[90] Smeds, A. l., Eklund, P. C., Sjoholm, R. E., Willfor. S. M., Nishibe, S., Deyama, T. and Holmbom, B. 2007. Quantification of a broad spectrum of lignans in cereals, oilseeds and nuts, J. Agric. Food Chem., 55, 1337 – 1346.

[91] Willfor S., Hemming, J., Reunanen, M. and Holmbom, B. 2003. Phenolic and Lipophilic extractives in Scots pine knots and stemwood, Holzforschung, 57, 359 – 372.

[92] Willfor S, Nisula, L, Hemming, J., Reunanen, An. and Holmbom, B. 2004. Bioactive phenolic substances in industrially important tree species. Part 7: Knots and stemwood of spruce species, Holzforschung, 58, 335 – 344.

[93] Willfor. S., Nisula, L., Hemming, J., Reunanen, M. and Holmbom, B. 2004. Bioactive phenolic substances ir7 industrially important tree species. Part 2. knots and stemwood of different fir species, Holzforschung, 58, 650 – 659.

[94] Pietarinen, S. P, Willfor. S. M., Vikstrom, FA. and Holmbom, B. R. 2006. Aspen knots, a rich source of flavonoids. J. Wood Chem. Technol., 26, 245 – 258.

[95] Pietarinen, S., Willfor. S., Sjoholm, R. and Holmbom, B. 2005. Bioactive substances in important tree speicies. Part 3. Knots and stemwood of Acacia crassicarpa and Acacia mangium, Holzforschung, 59, 94 – 101.

[96] Sahlberg, U. 1995. Influence of knot fibres on TMP properties, Tappi J., 78(5) 162 – 168.

[97] Holmbom, T. Influence of Knots on TMP Refining and Bleaching, Master Thesis, Abo Akademi University, Faculty of Chemical Engineering, Turku/Abo, Finland, 2005. (in Swedish).

[98] Willfor. S. An., Ahotupa, cvi. o_, Hemming, J. E., Reunanen, tvi. H. T., Eklund, P. C., Sjoholm, R. E., Eckerman, C. S. E, Pohjamo, S. P. and Holmbom, B. R. 2003. Antioxidant activity of knotwood extractives and phenolic compounds of selected tree species, J. Agr. Food Chem., 51, 7600 – 7606.

[99] Lindberg, L. E, Willfor. S. M. and Holmbom, B. R. 2004. Antibacterial effects of knotwood extracts on paper mill bacteria, J. Ind. Fvlicrobiol. Biotechnol., 31, 137 – 147.

[100] Pietarinen, S. P., Willfor. S. AA., Ahotupa, M. O., Hemming, J. and Holmbom B. R. 2006. Knot wood and bark extracts: strong antioxidants from waste materials, J. Wood Sci., 52, 436 – 444.

[101] Valimaa, A – L, Honkalampi – llamalainen, U., Pietarinen, S., Willfor, S., Holmbom, B. and von Wright, A. 2006. Antimicrobial and cytotoxic knotwood extracts and related pure composition and their effects on food – associated micro – organisms, Int. J. Food Microbiol., 115, 235 – 243.

[102] Eklund, P. and Sjoholm, R. 2002. Synthetic transformation of hydroxymatairesinol from Norway spruce to 7 – hydroxysecoisolariciresinol, (+) – lariciresinol and (+) – cyclolariciresinol, J.

Chem. Soc. Perkin Trans,16,1906 – 1910.

[103]Markus,H. ,FAaki – Arvela,P. ,Kumar N. ,Heikkila,T. ,Lehto,V – P. ,Sjoholr77,R. ,
Holmbom,B. ,Salmi,T. and Murzin,D. Yu. 2006. Reactions of hydroxymatairesinol over sup-
ported palladium catalysts,J. Catalysis,238,301 – 308.

[104]Ahlnas,T. Granula Ltd,Kotka,Finland,private communication,2009.

[105]Hillis,W. E. Bark properties,ir7 Black Wattle and its Utilisation – Abridged English Edition,
Brown,A. G. and Ho C. K. (Eds.),RIRDC Publication No. 97/72,Rural Industries Research
and Development Corporation,Canberra,Australia,199 7,pp. 98 – 105. (https://rirdc. infos-
ervices. com. au/downloads/97 – 077. pdf. (read 16. 4. 2010).

[106]Sakai,K. Chemistry of bark,in Wood and Cellulosic Chemistry,D. N. – S. Hon and N. Shi-
raishi (Eds.),Marcel Dekker. New York,NY,USA,2007,pp. 243 – 273.

[107]Pizzi,A. Tannins：major sources,properties and applications,in Monomers,Polymers and
Composites from Renewable Resources,M. N. Belgacem and A. Gandini (Eds.),Elsevier.
Amsterdam,The Netherlands,2008,pp. 179 – 200.

[108]Matthews,S. ,Mila,I. ,Scalbent,A. and Donnelly,D. M. X. 1997. Extractable and non – ex-
tractable proanthocyanidins in barks,Phytochem. ,45,405 – 470.

[109]Hernes,P. J. and Hedges,J. I. 2004. Tannin signatures of barks,needles,leaves,cones and
wood at the molecular level,Geochim. Cosmochim. Acta,6,1293 – 1307.

[110]Hillis,W. E. Tannin chemistry,ir7 Black Wattle and its Utilisation – Abridged English Edi-
tion. Brown,A. G. and Ho C. K. (Eds.),RIRDC Publication No. 97/72. Rural Industries Re-
search and Development Corporation, Canberra, Australia, 1997, pp. 106 – 121. (https://
rirdc. infoservices. com. au/downloads/97 – 077. pdf. (read 16. 4. 2010).

[111]Wiersum, K. F. Acacia mearnsii De Wild. , in R. H. M. J. Lemmens and N. Wulijarni –
Soetjipto (Eds.) Plant Resources of South – East Asia No 3. Dye and Tannin – producing
Plants. Pudoc,Wageningen,Netherlands,1997,pp. 41 – 45.

[112]Beecher G. R. 2004. Proanthocyanidins：Biological activities associated with human health,
Pharmaceut. Biol. (Lisse,Netherlands),42(Suppl.)2 – 20.

[113]Anon. Welcome to the official web site of Pycnogenol®. (https://www. pycnog – enol. com/
consumer). (read 16. 4. 2010).

[114]Rohdewald,P. 2002. A review of the French maritime pine bark extract (Pycnogenod,a herbal
medication with a diverse clinical pharmacology, Int. J. Clin. Pharmacol. Therap. ,40(4)
158 – 168.

[115]Belcaro,G. ,Cesarone,M. R. ,Steigerwalt. ,R. J. ,Di Renzo,A. ,Grossi,M. G. ,Ricci,A. ,
Stuard,S. ,Ledda,A. ,Dugall. M. ,Cornelli,U. and Cacchio,M. 2008. Jet – lag：prevention
with Pycnogenol. Preliminary report：evaluation in healthy individuals and in hypertensive pa-
tients,Minerva cardioangiologica,56(5Suppl)3 – 9.

[116]van Beek,T. A. and Montoro,P. 2009. Chemical analysis and quality control of Ginkgo biloba
leaves,extracts,and phytopharmaceuticals,J. Chromatogr. A,1216(11)2002 – 2032.

[117]Chan,P. – C. ,Xia,Q. and Fu,P. P. 2007. Ginkgo biloba leave extract：Biological,medici-
nal,and toxicological effects,J. Environ. Sci. Health,Part C：Environ. Carcinogen. & Ecotoxi-

ol. Rev,25,211 – 244.

[118] Manson,D. W. 1960. The leucoanthocyanin from black spruce inner bark,Tappi,43,59 – 64.

[119] Hergert, H. L. 1960. Chemical cor77position of tannins and po/yphenols from conifer wood and bark,Forest Prod. J. ,10,610 – 617.

[120] Andrews,D. H. ,Hoffman,J. C. ,Purves,C. B,Quor7,H. H. and Swan,E. P. 1968. Isolation, structure,and synthesis of a stilbene glucoside from the bark of Picea glauca,Can. J. Chem. , 46(15)2525 – 2529.

[121] Manners,G. D. and Swan,E. P. 1971. Stilbenes ir7 the barks of five Canadian Picea species, Phytochem. ,10,607 – 610.

[122] Mannila,E. and Talvitie,A. 1992. Stilbenes from Picea abies bark,Phytochem. ,31,3 288 – 3 289.

[123] Kylliainen,O. and Holmbom,B. 2004. Chemical cor77position of components in spruce bark waters,Paperi Puu,86,289 – 292.

[124] Zhang, L. and Gellerstedt, G. 2D heteronuclear (^{1}H – ^{13}C) single quantum correlation (HSQC) NMR analysis of Norway spruce bark components,in Characterization of Lignocellulosic Materials,T. Hu (Ed.): Wiley – VCH,New York,NY,USA,2008,pp. 3 – 16.

[125] Krogell,J. Chemical Characterisation of Spruce Bark and Extraction of Hemicelluloses and Pectins,Master Thesis,Department of Chemical Engineering,Abo Akademi University,Turku/ Abo,Finland,2009. (in Swedish).

[126] Hemming,J. Abo Akademi University,unpublished results,2010.

[127] Li,S. – H. ,Niu,X. – M. ,Zahn,S. ,Gershenzon,J. ,Weston,J. and Schneider. B. 2008. Diastereomeric stilbene glycoside dimmers from the bark of Norway Spruce (Picea abies),Phytochem. ,69,772 – 782.

[128] Goswami,S. K. and Das,D. K. 2009. Mini review. Resveratrol and chemoprevention,Cancer Lett. ,284,1 – 6.

[129] Camins,A. ,Junyent,F,Verdaquer. E. ,Beas – Zarate,C. ,Rojas – AAayorquin,A. E. ,Ortuno – Sahagun,D. and Pallas,Arj. ,Resveratrol: an antiaging drug with potential therapeutic applications ir7 treating diseases,Pharmaceuticals,2,194 – 205.

[130] Howitz,K. ,Bitterman,K. J. ,Cohen,H. Y. ,Lamming,D. W. ,Lavu,S. ,Wood,J. G. ,Zipkin, R. E. ,Chung,P. ,Kisielewski,A,Zhang,L. – L. ,Scherer. B. and Sinclair. D. A. 2003. Small molecule activators of sirtuins extend Saccharomyces cerevisiae lifespan,Nature,425(6954) 191 – 196.

[131] Roupe, K. A. ,Remsberg,C. M. ,Yanez,J. A. and Davies,N. M. 2006. Pharmacometrics of stilbenes: sequing towards the clinic,Curr. Clin. Pharm. ,1,81 – 101.

[132] Szekeres,T. ,Fritzer/Szekeres,An. ,Saiko,P. and Jaeger. W. 2010. Resveratrol and resveratrol analogues – structure – activity relationship,Pharmaceut. Res,27,1042 – 1048.

[133] Harlamow,R. Recovery and Biotesting of Stilbenes in Spruce Bark,Master Thesis,Abo Akademi University,Turku/Abo,Finland,2007. (in Swedish).

[134] Mannila,E,Talvitie,A. and Kolehmainen,E. 1993. Antileukemic compounds derived from stilbenes in Picea abies bark,Phytochem. ,33,813 – 816.

［135］Anon. Chewing gum（http：//www. ideafinder. com/history/inventions/chewgum. htm）.（read/ 6. 4. 20 10）.

［136］Holmbom, T., Reunanen, R. and Fardim, P. 2008. Compositior7 0f ca//us resin of Norway spruce, Scots pine, European larch and Douglas, Holzforschung, 62, 417 – 422.

［137］Sipponen, A., Rautio, M., Jokinen, J. J., Laakso, T., Saranpaa, P. and Lohi, J. 2007. Resin – salve from Norway spruce – a potential method to treat infected chronic skin ulcers? Drug Metabolism Letters, 1, 143 – 145.

［138］Anon.（http：//www. forest. fi）.（read 16. 4. 2010）.

［139］Jensen, W. 1949. The connection between the anatomical structure and chemical composition and the properties of outer bark of birch, Suomen Paperi – ja Puutavaralehti, 31（7）113 – 116.

［140］Ekman, R. 1983. The suberin monomers and triterpenoids from the outer bark of Betula verrucosa Ehrh., Holzforschung, 37, 205 – 211.

［141］Pinto, P. C. R. O, Sousa, A. F, Silvestre, A. J. D., Pascoal Neto, C., Gandini, A., Eckerman, C. and Holmbom, B.（2009）Quercus suber and Betula pendula outer barks as renewable sources of oleochemicals：a comparative study, Ind. Crops Prod., 29（1）126 – 132.

［142］Krasutsky, P. A. 2006. Birch bark research and development, Nat. Prod. Rep., 23, 919 – 932.

［143］Smite, E., Pan, H. and Lundgren, L. N. 1995. Lignan glycosides from inner bark of Betula pendula, Phytochem., 40, 341 – 343.

［144］Mshvildaze, V, Legault, J., Lavoie, S., Gauhier. C. and Pichette, A. 2007. Anticancer diarylheptanoid glycosides from the inner bark of Betula papyrifera, Phytochem., 68, 2531 – 2536.

［145］Liimatainen, J., Sinkkonen, J., Karonen, An. and Pihlaja, K. 2008. Two new phenylbutanoids from inner bark of Betula pendula, Magn. Reson. Chem., 46（2）195 – 198.

［146］Pesonen, P. 1999. Radiocarbon dating of birch bark pitches in typical comb ware in Finland, in Dig AH, M. Huurre（Ed.）, The Archeological Society of Finland, Helsinki, Finland, pp. 191 – 199.

［147］Hayek, E. W. H., Jordis, U., Moche, W. and Sautec F. 1989. A bicentennial of betulin, Phytochem., 28, 2 229 – 2 242.

［148］Reunanen, M., Holmbom, B. and Edgren, T. 1993. Analysis of archeological birch bark pitches, Holzforschung, 47, 175 – 177.

［149］Richardson, M. fAaking birch bark tac 2009.（https：//www. primitiveways. corn/ birch_bark_ tar. htmD.（read 16. 4. 2010）.

［150］Ekman, R. and Sjoholm, R. 1983. Betulinol 3 – caffeate in outer bark of Betula verrucosa Ehrh., Finn. Chem. Lett., 1983（5 – 6）134 – 136.

［151］Jager；S., Trojan, H., Kopp, T., Lazczyk, M. N. and Scheffer；A. 2009. Pentacyclic triterpene distribution in various plants – Rich sources for a new group of multipotent plant extracts, Molecules, 14, 2016 – 2031.

［152］Anon. Imlan.（https：//www. imlan. de）.（read 16. 4. 2010）.

［153］Alakurtti, S., AAakela, T, Koskimies, S. and Yli – Kauhaluoma, J. 2006. Pharmacological properties of the ubiquitous natural product betulin, Eur. J. Pharm. Sci., 29（1）1 – 13.

［154］Yogeesvari, P. and Sriram, D. 2005. Betulinic acid and its derivatives：a review on their biological properties, Curr. Med. Chem. ,12 ,657 – 666.

[155] Kolomitsyn, I. V, Holy, J. , Perkins, E. and Krasutsky. P. A. 2007. Analysis and antiproliferative activity of bark extractives of Betula neoalaskana and B. Papyrifera. Synthesis of the most active extractive component – betutin 3 – caffeate, Natural. Prod. Comm. ,2(1)17 – 26.

[156] Anon. Taxol®. (http://dtp. nci. nih. gov/timeline/flash/success_stories/S2_Taxo/. htm). (read 16. 4. 2010).

[157] Stohs, S. J. 2005. Taxol in cancer treatment and chemoprevention, Phytopharm. Cancer Chemoprev ,2005 ,519 – 524.

[158] Stephenson, F A tale of Taxol. (http://www. rinr. fsu. edu/fall2002/taxol. html). (read 76. 4. 2010).

[159] BeMiller J. N. Gums, in Natural Products of Wood Plants, J. Rowe (Ed.), Springer – Verlag, Berlin, Germany, 1989, pp. 978 – 988.

[160] Anon. Gum arabic. (http//en. wikipedia. org/wiki/Gum_Arabic). (read /6. 4. 2010).

[161] Anon. Non – Wood News, FAO, Rome, Italy, 2007, nr 14, p. 55.

[162] Anon. Arabinogalactan. (htpp://wikipedia. com/wiki/arabinoga/actan). (read 16. 4. 2010).

[163] Willfor, S. , Sjoholm, R. , Laine, C. and Holmbom, B. 2002. strural features of water – soluble arabinogalactans from Norway spruce and Scots pine heartwood, Wood Sci. Technol. ,36 ,101 – 110.

[164] Anon Welcome to Arabinogalactan. com. (htpp://www. larex. com). (read 16. 4. 2010).

[165] WiUfor S. , Rehn, P. , Sundberg, A. , Sundberg, K. and Holmbom, B. 2003. Recovery of water – soluble acetyl – galactoglucomannans from mechanical pulp of spruce, Tappi J. ,2(11)27 – 32.

[166] Song, T. , Pranovich, A. and Holmbom, B. (2008) Extraction of galactoglucomannan from spruce wood with pressurised hot water Holzforschung ,62 ,659 – 666.

[167] Wilffor, S. , Sundberg, K. , Tenkanen, M. and Holmbom, B. (2008). Spruce – derived mannans – A potential raw material for hydrocolloids and novel advanced natural materials, Carbohydr. Polym. ,72 ,197 – 210.

[168] Sundberg, K. , Thornton, J. , Holmbom, B. and Ekman, R. 1996. Effects of wood polysaccharides on the stability of colloidal wood resin, J. Pulp Pap. Sci. ,22 , J226 – J230.

[169] Hannuksela, T. arzd Holmbom, B. 2004. Stabilization of wood resin emulsions by dissolved galactoglucomannans and galactomannans, J. Pulp Pap. Sci. ,30 ,159 – 164.

[170] Hannuksela, T. , Tenkanen, M. and Holmbom, B. 2002. Sorption of dissolved galactoglucomannans and galactomannans to bleached kraft pulp, cellulose ,9 ,251 – 261.

[171] Mikkonen, K. S. , Heikkila, M. I. , Helen, H. , Hyvonen, L. and Tenkanen, M. 2010. Spruce galactoglucomannan films show promising barrier properties, Carbohydr. Polym. , 79 , 1107 – 1112.

[172] Mikkonen, K. S. , Tenkanen, M. , Cooke, P. , Xu, C. , Rita, H. , Willfor. S. , Holmbom, B, Hicks, K. B. and Yadav, M. P. 2008. Mannans as stabilizers of oil – in – water beverage emulsions, LVVT – Food Sci. Technol. ,42 ,849 – 855.

[173] Ebringerova, A, Hromadkova, Z. , Hribalova, V, Xu, C. , Holmbom, B. , Sundberg, A. and Willfor S. 2008. Norway spruce glactoglucomannans exhibiting immunomodulating and radical –

scavenging activity, Int. J. Biol. Macromol. ,42(1)1 – 5.

[174] Liu, S. and Amidon, T. E. 2007. Essential components of a wood – based biorefinery, O Papel, 68 ,54 – 75.

[175] Arjittal, A. , Chatterjee, S. G. , Scott, G. Atj. andAmidon, T. E. 2009. Modeling xylan solubilization during autohydrolysis of sugar maple and aspen wood chips: Reaction kinetics and mass transfer Chem. Eng. Sci. ,64 ,3031 – 3041.

[176] Perkins, T. D. van den Berg, A. K. 2009. Maple syrup – Production, composition, chemsitry and sensory characteristics, Adv. Food Nutr. Res. ,56 ,107 – 143.

[177] Kallio, H, Teerinen, T. , Ahtonen, S. , Suihko, M. and Linko, R. R. 1989. Composition and properties of birch syrup (Betula pubescens) , J. Agric. Food. Chem. ,37 ,51 – 54.

[178] Kallio, H, Karppinen, T. and Holmbom, B. 1985. Concentration of birch sap by reversed osmosis, J. Food Sci. ,50 ,1330 – 1332.

[179] Anon. Maple syrup. (htpp://www. wikipedia. com/wiki/Maple_syrup). (read 16. 4. 2010).

[180] Anon. Welcome to Savr™. (htpp://www. sav. se). (read 16. 4. 2010).

[181] Anon. Natural rubber. (http//en. wikipedia. org/wiki/Natural_Rubber). (read/6. 4. 2010).

第 ⑦ 章　林木生物质的生物化学转化和化学转化

7.1　引言

能源需求的增加及化石资源的枯竭使可再生生物质资源的高效开发利用受到了全球的关注。生物质替代化石资源转化成为能源、化学品和材料不仅能够缓解能源危机带来的压力,也增加了生物质原料的经济效益。虽然,太阳能和生物制氢还将在相当长的一段时间内作为主要的化石燃料替代品,但随着生物质利用率的提高,它将成为越来越重要的可再生能源。木材和其他富含碳水化合物生物质的利用,首先需要将碳水化合物降解生成可发酵的糖(如水溶性碳水化合物,主要成分为单糖),这一转化通常是对生物质原料进行合适的预处理后,以酸或酶来催化水解而实现的。

多数化学品的制备需要以富含碳的化合物为原料(如碳水化合物),因此,"生物质原料—糖—产品"的工艺路径具有制备各种化学品的潜力。然而,不同农林废弃物之间原料成本的价格差异使许多化学品的生产制备工艺经济效益较低,因此大多基于生物质原料的化学品并不能够像石化产品一样实现工业化大规模生产。但随着生物质资源成本的逐渐下降,采用生物技术将生物质原料转化成为化学品、溶剂和聚合物的工艺逐步受到人们的青睐。

与传统的酸水解工艺相比(第7.2.1节),酶水解工艺具有转化率高且生成的发酵抑制物少的优点,因此,酶催化水解碳水化合物制备单糖的工艺技术成为目前生产生物质基化学品的主要技术,并为生物技术提供了广阔的发展前景[1]。虽然酶水解具有以上诸多优势,但仍然没有实现大规模的工业化生产应用。目前,酶水解技术仅能有效水解木质化程度较低的原料,如秸秆和芦苇等禾本科原料,而对于木质化程度较高的木材原料,酶水解的转化效率较低。木质化程度较高的木材原料需要经过预处理后,其碳水化合物组分(纤维素和半纤维素)才能被酶(如纤维素酶和半纤维素酶)或酸完全水解成为单糖。其中,葡萄糖在木质纤维素原料中含量较高,成为许多生物转化技术中受关注最多、应用最广泛的原料。林木资源占全球可再生生物质资源总量的80%,在许多国家最主要的木质纤维素原料是林业废弃物[2],但林业废弃物尤其是针叶木原料并不是最理想的用于生物转化的原料。由于林木生物质原料复杂的细胞壁结构和高含量的有毒降解物质严重地降低了生物转化过程的效率(如预处理、水解和发酵等),使得林木生物质综合利用的经济效益较低。此外,树木各部分碳水化合物含量也各不同,树枝、树冠、树根、树叶以及树皮中碳水化合物含量低于树干,所以当以针叶材中碳水化合物为原料制备可发酵糖时,酸水解的转化效率比酶水解更高。若仅以针叶材为原料时,也可采用热转化方式将生物质原料气化后用于费歇尔－拖卜（Fischer－Tropsch，F－T）合成或生物转化。相比而言，阔叶材是碳水化合物转化利用率更高的木材原料，它不仅价格低、可操作性强且产率高，在一定程度上进一步降低了原料的成本。此外，许多制浆造纸工业的分支产业也将为生物质的利用转化提供了优良的原料。经过制浆造纸过程中的诸多分离过程后，碳水化合物已经过了有效的预处理并适于工业化的生物转化利用。但值得说明的是，由于木材原料生物量的限制，许多潜在的分支产业的发展受到了影响。因此，每一个生物转化工艺都需要对产品的经济效益与原料成本、可操作性和产率之间的关系进行更精确的计算评估。

乙醇是农业废弃物中碳水化合物发酵利用最常见的产品。目前，许多学者采用了一些工业应用中的能源植物为原料对"纤维素－乙醇"的生产工艺进行了优化，随着基础生物转化技术的进步，其他平台化合物（如丁醇等）的研究也得到了发展。此外，木质生物质原料也能够作为固体燃料直接燃烧释放能源或通过气化制备合成气。虽然合成气的成分取决于原料、气化温度和过程，但所有的合成气中都有不同含量的氮气（N_2）、水蒸气（H_2O）、一氧化碳（CO）、二氧化碳（CO_2）、氢气（H_2）和甲烷气（CH_4）。生物质气化转化的优势在于几乎所有的碳水化合物和木素都能够转化成为合成气，而糖平台的转化过程仅能够利用碳水化合物组分，木质素组分并不能被降解和消化。另一方面，在生物炼制的理念中可采用两步法，既能实现乙醇生产又能将木素有效地转化成为能源[3]。采用热化学转化与生物化学转化相结合的方法，首先对生物质原料气化制备合成气，随后以生物技术将气化残渣（主要成分 CO）转化成为乙醇并采用蒸馏技术将乙醇分离（该工艺能够得到 50% 的乙醇产率）[2,4-6]。此外，微生物也能将 CO 转化成为其他具有较长碳链的产品，如乙酸、丁醇、丁酸等。本章主要介绍木质生物质经过酸水解和酶水解转化成为糖的工艺，以及下游产品（如乙醇及其他化学品）生产制备中的一些重要技术。

7.2　纤维生物质转化为糖

7.2.1　酸水解

采用无机酸催化水解木材及其他生物质原料中的碳水化合物（纤维素和半纤维素）制备六碳糖和五碳糖的工艺已有过百年的历史，远早于酶水解工艺的研究和应用。近年来，很多研究人员试图将这一历史悠久的技术商业化以用于发酵生产一系列高值化学品，通常采用的酸催化剂有硫酸（H_2SO_4）、盐酸（HCl）、亚硫酸（H_2SO_3）、氢氟酸（HF）、磷酸（H_3PO_4）、硝酸（HNO_3）、三氟乙酸（F_3CCO_2H）以及这些酸催化剂之间的各种组合利用[7-10]。

1945 年，Saeman 第一次对木材在特定温度下的酸水解机理进行了详细的研究[11]。自此以后，许多的研究都关注于酸水解的机理，并扩展研究了不同反应温度以及不同酸浓度下的水解机理。通过反应器的模拟研究表明，提高酸水解过程生物质的糖化效率能够增强酸水解工艺的可行性，因此科学家们对许多反应釜的酸水解效率进行了评估，包括栓流反应釜[12]、浸透反应釜[13]、连续式反应釜[14]、逆流式反应釜[15]、间歇反应釜以及直流压缩反应釜[16]。酸水解包含两种主要的工艺[17]：稀酸水解工艺和浓酸水解工艺。通常，稀酸水解在高温高压下进行，反应时间仅为几秒钟至几分钟，而浓酸水解过程温度较低且水解时间较长。两种水解工艺中，稀酸水解在生物质转化利用中的使用历史更为悠久且效率更高。例如，采用连续式的反应釜以 1% H_2SO_4 在 237℃（常用反应温度为 160～230℃）下水解纯纤维素，0.22 min 即能得到 50% 以上的糖。稀酸水解反应速度快，有利于实现连续化生产，但酸水解过程中碳水化合物容易过度降解，使糖产率降低。由于五碳糖比六碳糖更容易降解，可采用两步水解法以最大限度地减少糖的降解[8]。首先在中等强度的条件下将半纤维素水解，释放木糖、阿拉伯糖等五碳糖和甘露糖、葡萄糖、半乳糖等六碳糖，再增加水解强度使纤维素水解成为葡萄糖。虽然 HCl 是水解过程中催化效率最高的酸，但工业中常采用的催化剂是稀 H_2SO_4。浓酸水解通常采用的水解条件为：70%～77% H_2SO_4，反应温度 50℃，物料含水率 10%，酸与物料质量比为(1:1)～(1:1.25)[18]。随后加入水将 H_2SO_4 稀释至 20%～30% 在 100℃下继续反应 1h 后，以色谱柱或阴离子交换膜将 H_2SO_4 和糖分离，并将酸回收。在浓酸水解的反应工艺中，浓 HCl 也具有重要的工业应用。

反应条件苛刻、设备腐蚀性强、酸用量大并伴随有大量固体残渣（主要为磺酸盐木素）使酸水解工艺对设备要求特殊、生产成本较高[19]，且酸的回收也是酸水解工艺面临的一个重要问题。此外，酸水解的另一个弊端则是水解过程中糖的进一步降解，生成一系列对后续发酵过程有抑制作用的物质（如呋喃，见 3.3.5）[10]。由于酸水解过程中反应复杂以及废酸回收成本较大，木材原料酸水解用于制备化学品受到限制。因此，开发中等强度下纤维素水解生产葡萄糖的新型绿色工艺技术至关重要，而纤维素和半纤维素的反应活性区别很大，在所有的反应中纤维素的水解比半纤维素都需要更剧烈的反应条件[20]。在 19 世纪 40 年代，德国采用中等强度的酸对木材进行预处理用于硫酸盐制浆工艺，条件为：H_2SO_4 浓度 0.5%～1.0%，温度 120～130℃。反应液中富含单糖，能够用于发酵制备乙醇或制备其他产品（Torula 酵母和 Pekilo 蛋白），但含量随着木材原料的不同而有差异[21]。稀酸预处理技术是一种具有潜力的生物炼制技术，在硫酸盐机械浆和亚硫酸盐浆的制备中也有所应用。酸性亚硫酸盐制浆工艺的废液中本身含有大量的单糖，利用这些单糖（木糖和甘露糖）不仅能够通过发酵转化成为各种产品，如乙醇、饲料蛋白等，还可经过分离提纯后用于其他化学品的制备。采用木材为原料生产制备乙醇和其他产品已在前苏联以及其他一些国家实现了工业化生产，近年来，在酸水解或酶水解木质纤维素原料前进行稀硫酸预处理是最主要的预处理技术[20,22]。

7.2.2 酶水解

在采用单糖为原料制备燃料和化学品的生产工艺中，常以酶将木质纤维素原料中的纤维素水解转化成为单糖。在过去的几十年中，不断增长的乙醇需求促使人们寻求更有效的转化过程，主要包括：预处理、水解酶的制备、水解以及一些下游的技术工艺，其中发酵通常是产品制备过程中最后的工艺流程。

7.2.2.1 预处理技术

木质纤维素原料预处理中采用的许多技术都是基于"纤维素－乙醇"的生产工艺发展起来的，这些预处理技术同样适合于其他六碳糖或五碳糖的生物转化过程，如有机酸、聚合物以及化学品的制备。木质纤维素原料中，影响纤维素反应活性和可降解性的因素众多，包括：木素和半纤维素的含量、纤维素结晶度和原料的孔隙度等。预处理的主要目的是增加生物质原料对化学品或酶的可及度，提高生产效率，包括：

① 将半纤维素从纤维素表面分离；

② 打破木素的包裹并脱除木素；

③ 降低纤维素的结晶度;

④ 增加纤维素的比表面积;

⑤ 增加纤维素的微孔尺寸以利于水解过程中催化剂的浸入。

影响木质纤维原料酶水解效率的结构特征如表 7 - 1 所示。许多研究表明,在这些影响因素中,原料表面积、纤维素结晶度和原料中木素的含量对纤维素水解效率的影响最大[23,24]。增加纤维素的可及度能够使更多的纤维素酶吸附到纤维素表面,降低纤维素结晶度则能够增加纤维素的反应活性,增加糖苷键的水解速度;在纤维素酶吸附到纤维素表面的前提下,纤维素的结晶度控制着酶水解反应的速率。稀酸预处理的主要特点就是增加了木质纤维素原料的孔隙度以及总表面积。

表 7 - 1　　　　　　　　　　　影响生物质可降解性的结构特征

物理特征	化学特征
纤维素结晶度	木素含量及其分布
聚合度	半纤维素
孔体积	纤维素、半纤维素和木质素之间的联接键型
可及度	半纤维素中乙酰基的含量
原料的物理尺寸	灰分含量

大多数的预处理技术,如蒸汽爆破、氨纤维爆破技术以及超临界流体技术,对原料的处理都包含着一系列的作用,如物理尺寸的降低、碱性条件下的润胀和酸性条件下的水解。通常,预处理对农业废弃物的处理效率比对木材原料好,对阔叶材原料的处理效率比针叶材高。预处理技术的不同,反应机理也不同,大多的预处理技术都是脱除原料中的半纤维素或木素后使原料孔隙度增加而提高纤维素对酶的吸附能力,从而提高纤维素的可降解性。目前,大多数的预处理技术主要脱除原料中的半纤维素而不是木素。

在各种预处理技术的工业生产应用中,酸性/中性的水热处理和蒸汽爆破的应用最为广泛[25-28]。研究发现,脱除半纤维素能够使纤维素的可降解度增加,因此基于半纤维素降解的稀酸预处理工艺在生物质原料的生物转化过程中的应用最广。氨处理、溶剂处理、热处理、减压爆破处理以及这些预处理方法的结合也能够使木质纤维素原料酶水解反应速率和最终转化率增加,使预处理后的生物质酶水解效率达到理论值的90%以上,相比而言,多数预处理技术对针叶材原料的处理效率都比较低。在木质纤维素原料制备乙醇的生产工艺中,预处理(如蒸汽爆破)占整个生产成本的20%。木质纤维素原料经过预处理后,半纤维素得到了分离,在传统或改进的制浆工艺中,经预抽提处理回收半纤维素多用于饲料或其他高附加值的化学品的生产。

7.2.2.2　酶

(1)纤维素酶

纤维素具有独特的物理性质,葡萄糖分子链之间通过大量的氢键紧密相连形成一些高度规则的结晶结构和一些无定形的结构区域。此外,木材纤维素中,不同细胞壁层次中纤维素具有不同的微纤丝角,这种错杂的排列使纤维束既具有强度也具有韧性,而这些特性阻碍了纤维素酶对纤维素的水解,使纤维素的转化效率较低。

纤维素的有效降解需要多种纤维素酶的协同作用[29,30]。纤维素酶常被分为两类:内切葡萄糖酶(Endoglucanases,EG)(EC 3.2.1.4),它能够随机地切断纤维素分子链;外切葡萄糖酶(Exoglucanases 或 Cellobiohydrolases,CBH)(EC 3.2.1.91),主要作用于游离的纤维素链末端,水解生成纤维二糖。将纤维素完全水解成葡萄糖时,还需要第三种酶——β-葡萄糖苷酶(EC 3.2.1.21),它主要作用于低聚葡萄糖中的糖苷键,将低聚葡萄糖水解生成单糖。切葡萄糖酶主要作用于无定形纤维素,外切葡萄糖酶能够降解结晶纤维素。但对于内切葡萄糖酶和外切葡萄糖酶的分类界线并不明确。研究发现,一些外切葡萄糖酶也具有内切酶的活性,一些酶对其他的聚糖(如木聚糖)也有水解作用,这使得酶的分类更为复杂。因此,一些新的分类法被应用于纤维素酶及其他糖苷键水解酶的分类。根据催化域结构的差异,糖苷键水解酶可分为70多个家族[31],虽然并未取得酶中氨基酸排列的完整信息,但目前已在11个家族中发现了纤维素酶。里氏木霉代谢产生的纤维素酶是目前研究最为广泛的纤维素酶体系,且大多数工业中采用的酶也都来自于该菌株。在水解过程中,各种纤维素酶之间协同作用,且纤维素酶的联合作用效果比体系中单个酶作用效果的总和要高。大多数的纤维素酶具有多区域的结构特征,酶的核区域与纤维素结合域之间分离但通过肽键连接。核区域中包含着活性位点,而结合域在结晶纤维素的水解过程中扮演着极为重要的角色,它能够将酶的活性位点联接到纤维素表面。研究表明,当缺失结合域时外切纤维素酶对结晶纤维素的反应效率明显降低,这主要由于纤维素酶结合域能够增加纤维素表面有效酶的浓度,并能够将表面的单个纤维素分子链解离出来,从而提高纤维素酶的反应活性。但纤维素酶结合域也能吸附于木素上,这种吸附不仅降低了纤维素酶的效率,也影响了酶的回收利用。

针对目前木质纤维素原料预处理及酶水解技术存在的问题,开发选择性较强、热稳定性较高、易回收的酶体系是纤维素酶研究中的一个长期目标。为了设计生产更优良的纤维素酶,对结晶纤维素水解过程中速率限制步骤的研究必不可少,只有解决了这个限制因素才能有效地提高纤维素的水解速率。

(2)半纤维素酶

木材原料中,木聚糖是阔叶材主要的半纤维素成分,而针叶材半纤维素中葡甘聚糖的含量是木聚糖含量的两倍。目前针对半纤维素酶的研究主要侧重于木聚糖酶的制备、特性、反应模型以及应用。内切木聚糖酶[(1→4)-β-D-木聚糖水解酶,EC 3.2.1.8]能在木聚糖主链上随机切断(1→4)-β-糖苷键。木聚糖酶能够水解各种类型的木聚糖,只是不同的木聚糖底物水解后产物不同[32],其中以木二糖、木三糖以及一些带有支链基的聚合度在3~5之间的低聚木糖为主。低聚木糖产物的聚合度以及取代基位置与类型取决于单个木聚糖酶的反应模型。实验数据表明,木聚糖酶具有高选择性和高热稳定性,即使在较高温度下仍然具有较高的反应活性。

内切甘露糖酶[(1→4)-β-D-甘露糖水解酶,EC 3.2.1.78]能够随机地水解聚甘露糖以及含甘露糖单元的其他聚糖(如葡甘聚糖、聚半乳糖甘露糖和聚半乳糖葡萄糖甘露糖)主链上的(1→4)-β-糖苷键,与木聚糖酶相比其组成更复杂。在一些甘露糖酶中发现了和纤维素酶相似的结构区域,如酶蛋白的核区域与结合域之间分隔开并通过肽键连接。聚半乳糖甘露糖和葡甘聚糖的水解产物中主要是甘露二糖、甘露三糖以及其他一些混合的低聚糖,产物的得率则取决于支链取代度以及支链的分布位置[33]。此外,葡甘聚糖水解产物种类也受到分子链上葡萄糖与甘露糖之间比例的影响。

木聚糖和葡甘聚糖上侧链基的脱除也可以通过一系列其他的水解酶来完成,如α-葡萄糖醛酸酶(EC 3.2.1.131)、α-阿拉伯糖苷酶(α-L-阿拉伯呋喃糖苷水解酶,EC 3.2.1.22)

和 $\alpha-D-$ 半乳糖苷酶($\alpha-L-$ 半乳糖苷水解酶,EC 3.2.1.22),半纤维素侧链上的乙酰基则可通过酯键酶(EC 3.2.1.72)来脱除。这一系列的侧键基脱除酶都具有不同的反应特性和蛋白质性质。在这些支链脱除酶的参与下,各种半纤维素酶协同作用能够加速内切葡萄糖酶的反应速率。在可溶性和不可溶性半纤维素的彻底水解生成单糖的过程中,这些侧链基水解酶的参与必不可少。为了将内切酶水解生成的低聚糖成分彻底水解成单糖,糖苷酶体系必不可少,如 $\beta-$ 木糖苷酶[$(1\rightarrow4)-\beta-D-$ 木糖苷水解酶,EC 3.2.1.37]、$\beta-$ 甘露糖苷酶[$(1\rightarrow4)-\beta-D-$ 甘露糖苷水解酶,EC 3.2.1.25]和葡萄糖苷酶(EC 3.2.1.21)。$\beta-$ 木糖苷酶(EC 3.2.1.37)能够连续地从低聚木糖的非还原性末端基上水解释放木糖单元,$\beta-$ 甘露糖苷酶则主要作用于末端基的水解以及聚甘露糖主链上的非还原性末端基的水解。通常,外切水解酶比内切酶的蛋白质含量高,并具有两个及以上的亚单元。

7.2.2.3 技术展望

虽然与酸水解相比,酶水解具有较高的产物转化效率和糖得率,但酶水解过程速率慢且酶制剂价格昂贵[34,35],还受底物类型、预处理技术、酶种类、酶用量以及水解时间的影响(如表 7-2 所示)。原料种类是影响酶水解效率最重要的因素,如原料中木素(硫酸盐浆)或半纤维素(水热处理后的农业秸秆有较低的半纤维素含量)经预处理大量脱除后纤维素的酶水解将显著增加。通常,纤维素的水解效率在酶的最佳活性条件下测得(大多数的纤维素最佳反应活性为 pH 4~5,反应温度 50℃)。如今,随着具有热稳定性的酶体系的开发,酶水解能在更宽的条件范围内进行[36]。在酶水解过程中,常用的纤维素酶添加量为 5~10 FPU(滤纸酶活)/g 底物(或纤维素),$\beta-$ 糖苷酶则需要额外地添加到水解酶体系中。虽然,目前纤维素水解酶的研究取得了很大的进展,但较高的纤维素酶价格仍然是木质纤维素生产燃料乙醇工艺中主要的瓶颈之一[37]。

表 7-2 影响酶水解的因素

酶的相关参数	工艺参数
选择性	原料种类及预处理技术
不同纤维素酶之间的协同作用	酶用量(选择性)
吸附性(与木素的不可逆无效吸附)	反应温度
产物抑制效应	底物浓度
热稳定性和活性	反应时间
酶混合物的成分	搅拌速率

7.3 基础化学品及其衍生物的制备

7.3.1 一般性质

众所周知,木材中的糖可以通过生物或化学方法转化制备一些重要的平台化合物(如第 2 章所述),这类化合物具有多种功能基团,能够进一步转化生成一系列高附加值衍生物或用于制备材料。生物转化途径(原料→水解→糖→发酵→化学品)是由木材原料制备平台化学品的主要路径,而化学转化途径则集中用于将平台化学品制备成其衍生品和中间体。

基于原材料、转化途径和产品的特征,生物炼制产品可大致分为糖(生物转化)、合成气(热化学转化)、生物气(厌氧消化转化)和提取物四类。考虑到产品的多样性,最有希望也最有可能实现大规模或中试规模生产的是转化为糖和合成气的工艺,而对于采用生物或化学法转化利用木质素生产化学品的基本途径目前还没有新的进展。采用化学或生物转化技术对农业原料、碳水化合物、脂肪和油脂进行高值化利用的生产工艺正逐步发展并稳步推进,但是很少能够实现大规模生产。传统的化学工业认为生物技术不适合多样化的生产工艺,或者说并不是有效的转化成工业化学品的途径,但是这一状况正逐渐改变。目前生物方法转化生物质资源的研究仍处于实验室阶段,而随着生物技术的发展以及对转化过程和规律了解的不断加深,使新型生物催化剂的开发成为可能。此外,设计新型生物反应器和更有效的产品回收系统(由培养基中分离和纯化产品)都将提高产品的生产效率。

美国能源部于 2004 年发表的一份报告中定义了一些高附加值的化学品,这些化学品都可采用生物转化技术由单糖制备得到并可替代部分现有的石油基化学品[38]。其中,可作为平台化合物的有二元酸(反丁烯二酸、羟基丁二酸、丁二酸、亚甲基丁二酸、2-呋喃二羧酸、葡萄糖二酸、乙酰丙酸、天门冬氨酸和谷氨酸)、一元酸(3-羟基丙酸和3-羟基丁内酯)和糖醇(丙三醇、山梨醇、木糖醇和阿拉伯糖醇)。2007 年,美国能源部还发表了一份类似的关于木质素利用的报告[39]。

本章内容主要介绍由单糖转化制备的几种有机酸及其主要衍生产物,旨在对现有产品和工艺进行全面的总结并提出今后的发展方向,因此没有提供具体的生产工艺及参数。但是,乙醇作为目前研究最深入、应用最广的产品在本章中进行了详细的论述。需要指出的是,由碳水化合物底物生物转化可得到多种产品,但是本章中只讨论了其中几种主要的产物。

7.3.2 乙醇

7.3.2.1 当前生产状况

首先,目前已知的石油储备和生产将在近几十年内达到峰值,而亚洲各国对用于交通燃料的石油需求则不断增强,尤其在中国和印度,国内汽车的数量急剧增加。其次,生物燃料的生产可以减小对国外石油的依存性,降低政治风险,稳固经济。另外,全球变暖是目前对使用生物燃料立法的主要因素之一,因为基于原料组成和操作工艺的计算,生物乙醇的生产能显著减少温室气体的排放。2003 年,欧盟生物燃料利用指南中明确提出,在 2010 年生物燃料在交通燃料中的贡献率要达到 5.75%,而在 2020 年要达到 10%。2009 年最新的指南中提出了要避免使用粮食原料,加快发展第二代生物燃料开发进程的指导政策,并提出了以废弃物、非粮纤维素基或木质纤维原料基制备的生物乙醇在计算燃料替代率时可计为双倍的激励方针。

2009 年,世界乙醇产量约为 740 亿 L,其中美国 450 亿 L、巴西 200 亿 L,主要原料分别为玉米(淀粉)和甘蔗(蔗糖),而欧盟 2009 年的乙醇产量仅为 37 亿 L。由淀粉原料制备乙醇使全球面临着粮食短缺的困境,同时温室气体减排效果并不明显。目前仅有利用甘蔗原料生产乙醇的工艺可以达到温室气体的零排放,在此过程中剩余的甘蔗渣可通过燃烧用于产生热量。基于现有的研究表明,以木材或农林废弃物为原料生产燃料乙醇的工艺过程应尽量满足整个工厂操作过程中的所有能源需求,包括电力需求。目前由木质素制备芳香化学品的市场需求已基本饱和,因此生产过程中剩余的绝大部分木质素将用于燃烧产生热量以及发电。整个生产工艺设计的关键是要考虑原料的种类和来源、乙醇产量及浓度,这与由糖液(甘蔗、甜菜甚至亚硫酸盐浆黑液)生产乙醇的工艺完全不同。目前,普遍采用的间歇操作工艺由糖液制备的乙醇浓度最高可达 $2 \sim 3$ g/(L·h),采用连续操作方法使用固定化酵母或乙醇同步分离的工艺能将乙醇的生产能力提高到 100 g/(L·h),提高醪液中的乙醇浓度可以明显地降低后续蒸发工段的操作成本。而在木质纤维原料生产乙醇的工艺过程中,底物浓度过高是其中的制约因素之一。随着新型分离技术工艺的不断开发,如真空蒸发、溶剂萃取、膜反应器、脱气操作等,有望将进一步降低传统乙醇生产过程中的蒸馏成本。

7.3.2.2 木质纤维原料生产乙醇

生产乙醇微生物应具备能将水解液中的所有单糖发酵并能同时抵抗发酵抑制物作用效果的特性。传统的酵母菌仅能利用六碳糖发酵,如葡萄糖、甘露糖和半乳糖,而其他一些可利用五碳糖的菌株发酵效率慢且乙醇得率低。利用现代基因工程技术重构的可发酵微生物(酵母及细菌)在水解液中单糖的利用效率上有了明显的提高。目前,基因重组得到的酿酒酵母菌 (*Saccharomyces cerevisiae*)被认为是最好的菌株,同时其他的微生物也在进一步的改良利用中,如运动发酵单胞菌(*Zymomonas mobilis*)和大肠埃希杆菌(*Escherichia coli*)[40,41]。由于在利用五碳糖发酵生产乙醇过程中还有很多困难,五碳糖的其他利用是很多学者正在研究和探索的方向。另一种有效提高木质纤维原料转化生产乙醇的途径就是将产酶基因转入到发酵微生物的基因组中,从而减少对商业化、外加酶制剂的使用[42]。采用这种微生物直接发酵的工艺,尽管目前可以实现微生物的同步产酶,但是发酵效率较低,远达不到传统酵母菌的乙醇生产能力。

经酸预处理后的物料含有各种碳水化合物和木质素的降解产物,如糠醛、甲酸、乙酸等,而绝大多数的降解产物对微生物具有毒性,从而抑制发酵过程的有效进行。因此需选择更加高效且耐毒性较强的发酵菌株,同时采用一些脱毒的处理工艺,如石灰或活性炭处理来进一步提高酸处理物料的乙醇产率。由于原料的种类、操作条件、微生物的耐受性等因素的影响,难以有一种通用的脱毒处理方法,而且脱毒工艺的操作成本在大多数采用酸预处理方法的成本中占据的比例较高[40]。

7.3.2.3 工艺流程

纤维素基原料通过生物法制备乙醇包含以下主要步骤:原料的收集和储存、粉碎、预处理及主要组分分离、酶制剂生产、水解、发酵、乙醇回收、能源及蒸汽的产生和回收利用、废水处理以及副产物的回收利用。总的来讲,这些步骤与由木质生物质原料生物法制备丁醇、有机酸等产品的生产工艺相同,其中由预处理后的固体原料转化为单糖和乙醇主要有三种途径(如表7-3所示)。

工艺流程	特　　点
分步糖化发酵(SHF)	原料中的碳水化合物的酶水解和酵母发酵过程分步进行,可分别在最佳条件下进行
同步糖化发酵(SSF)	水解和发酵过程同步进行,条件介于最佳酶水解和发酵条件之间
微生物直接发酵(DMC)	发酵菌株同时产生水解酶系而对原料进行水解

表7-3　　　　　　　　　　纤维素基原料用于乙醇生产的工艺流程

采用分步糖化发酵方法主要的优点是碳水化合物的酶水解和酵母发酵过程分别在最佳条件下进行,一般酶水解的最佳温度为 $45 \sim 50 °C$,发酵为 $30 \sim 35 °C$ 。而同步糖化发酵过程同步降解了对酶水解具有抑制作用的单糖,使水解效率得到提高,从而降低了酶用量且提高了乙醇产率。微生物直接发酵同时具备了产生酶制剂、水解和发酵三个过程,但是该过程为厌氧发酵,产酶效率较低,而且菌株的生产效率较低、耐酒精性较差。

近年来,大量的研究表明同步糖化发酵相比而言是最好的生物转化途径,且在此过程中的主要参数,如底物浓度、水解时间、酶制剂用量及回收和产物得率等,都紧密关联相互制约。通常在底物浓度较低的情况下,产物抑制作用微弱,乙醇得率较高,但是为了达到含较高乙醇浓度的发酵液,必须提高底物浓度,一般要大于20%。为了达到这种高底物浓度的操作,可以采用原料的预液化方法或连续补料的加料方式。

7.3.2.4 燃料乙醇中试生产

目前世界上有很多燃料乙醇中试生产工厂(见表7-4),但这种新型的乙醇生产工艺需进一步的改良,巨额的改良费用使一部分投资者望而却步,也因此造成很多项目由于缺乏资金支持而宣布停产。

表7-4　　　　　　　　　正在运行的主要燃料乙醇中试生产工厂

工厂名称	地点	建厂时间	原料	生产能力
Inbicon	丹麦凯隆堡	2009	麦草	原料3万t/a
Abengoa	西班牙巴维拉富恩特	2009	麦草	原料3万t/a
SEKAB	瑞典恩舍尔兹维克	2004	阔叶木、甘蔗渣和麦草	乙醇300~400L/d
IOGEN	加拿大渥太华	2005	麦草	乙醇57万L/a
Chempolis	芬兰奥卢	2009	甘蔗渣和麦草	原料2.5万t/a
POET	美国南达科他州	2010	玉米芯	乙醇8万L/a
Verenium	美国路易斯安那州	2010	甘蔗渣	乙醇530万L/a
KL Energy Corp.	美国怀俄明州	2010	木材	乙醇570万L/a
AE Biofuels	美国蒙大拿州	2011	玉米芯	乙醇57万L/a

7.3.2.5 燃料乙醇生产的经济性评估

目前,燃料乙醇市场的正常运行完全依靠政策导向以及财政的支持。对于生物质原料转化为乙醇效率的计算已经很成熟,但是基于不同的原料计算结果仍有偏差,例如美国在原料产量高且易于收取的前提下得到的乙醇生产成本为0.34~0.37美元/L,而欧盟计算得到的结果为0.57~0.80美元/L[43,44]。美国可再生能源实验室在全面总结现有工艺的基础上,提出了基于酸预水解—同步糖化共发酵的生产工艺模式并建立了相应的经济性计算模型用于预测乙醇的生产成本,该模型也可根据工艺的最新发展进行更新[45]。通过计算,原料因素占生产成本的约25%,酶制剂制备占约20%,预处理过程占约17%。总体来讲由纤维素原料生产乙醇的前景光明,通过继续深入的研究有希望使乙醇的生产成本进一步的降低,实现大规模工业化生产。

7.3.3 其他醇类

以碳水化合物为原料,采用生物技术或化学方法可以制备得到多种醇类产物(图7-1)。甲醇可用作溶剂、化学合成单体以及汽车燃料,尽管它是一种典型的石油化工产品,但是也可由木质纤维素原料气化的方法制得。丙三醇主要由植物油中的脂类经皂化反应制得,是生产脂肪酸或者生物柴油的必然产物,在食品、医药和化学品工业领域有广泛的应用。例如,丙三醇可用于制备甘油酸、1,3－丙二醇和 1,2－丙二醇,也可经厌氧发酵获得并作为进一步发酵的底物[46,47]。

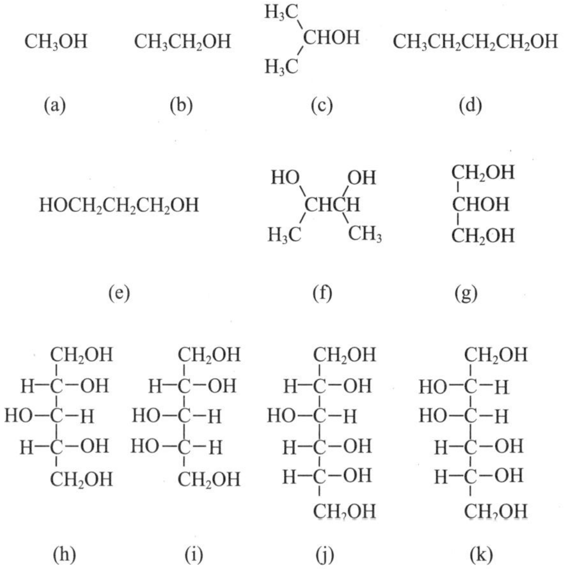

图 7－1　由生物质原料生产的主要醇类和多元醇产品

(a)甲醇　(b)乙醇　(c)异丙醇　(d)正丁醇　(e)1,3－丙二醇　(f)2,3－丁二醇
(g)丙三醇　(h)木糖醇　(i)阿拉伯糖醇　(j)葡萄糖醇或山梨醇　(k)甘露醇

木质纤维原料中的单糖也有其他重要的用途,例如经还原反应后生产糖醇用作甜味剂,本文中主要介绍的主要有木糖醇、甘露醇和山梨醇。

传统的 ABE 发酵法(丙酮－丁醇－乙醇)制备正丁醇是最早实现工业化生产的生物技术工艺之一,是 20 世纪初继酵母发酵生产乙醇之后最重要的发酵工艺技术。由于该发酵法生产丁醇和丙酮的成本比石油化工炼制的成本高,西方国家早在 20 世纪 60 年代就几乎将此工艺方法淘汰了。正丁醇除了可以替代燃料以外还是一种优良的溶剂和合成脂类化合物的先体(乙酸丁酯等)[48]。丁醇可以不经处理直接用作内燃机的燃料,也可与作为柴油机和涡轮喷气发动机的部分替代燃料。与乙醇相比,正丁醇具有更高的热值、较低的挥发性、较高的闪点和较弱的腐蚀性,因此易于操作且使用安全性更高。在传统的发酵法制备正丁醇过程中,由于产物的抑制作用使整个过程的生产率较低[<0.5g/(L·h)],经济型较差。近年来,用于发酵的梭菌属菌株(Clostridia)经过不断的改良,提高了正丁醇的生产率、得率以及最终浓度[49]。在短期看来,减小正丁醇抑制作用的最佳方法就是采取同步发酵回收的工艺,目前已有很多的研究工作致力于这种工艺的开发[50]。通过利用代谢工程改良的菌株可进一步对该生物转化工艺进行改进,实现同步生产正丁醇和异丙醇,而不是正丁醇和乙醇[51,52]。异丙醇也是一种优良的溶剂,可部分添加代替燃料,同时可用于合成其他化学品(丙烯等)。

1,3－丙二醇也是一种可由细菌厌氧发酵制备的产物,底物通常为丙三醇,其产率略高于50%[53,54]。目前,1,3－丙二醇的生产主要采用化学合成的方法,由丙烯醛或乙烯氧化制得。1,3－丙二醇可用于合成多种聚合物,例如与对苯二酸反应制备聚对苯二甲酸二甲酯,尽管对苯二酸酯来自石油化工,但仍被广泛地认为是一种"绿色聚酯"材料。2,3－丁二醇通常用作合成聚脂树脂、染料溶剂和化学合成中间体,其理化性质决定了其也可作为部分替代燃料,它的生产也可通过多种微生物的发酵实现[55,56]。以葡萄糖为例,采用发酵方法可以获得 2,3 - 丁二醇,同时得到 CO_2 和 H_2 或者甲酸和 CO_2 或者丙三醇和 CO_2。目前也有木材或农林废弃物水解液制备 2,3 - 丁二醇的工艺途径研究[57,58]。

7.3.4 羧酸

除了采用石油化学工艺外,很多羧酸产品均可采用生物转化方法获得,这也是自然界中由可再生的生物质资源降解产生羧酸的主要路径(见图 7 - 2)。但是在很多情况下,羧酸的产生抑制了生物转化过程,应不断地从反应介质中除去或被中和。脂肪酸类产品具有广阔的工业用途,例如多功能基团羧酸可以作为制备"绿色化学品"和生物可降解聚合物的原料。

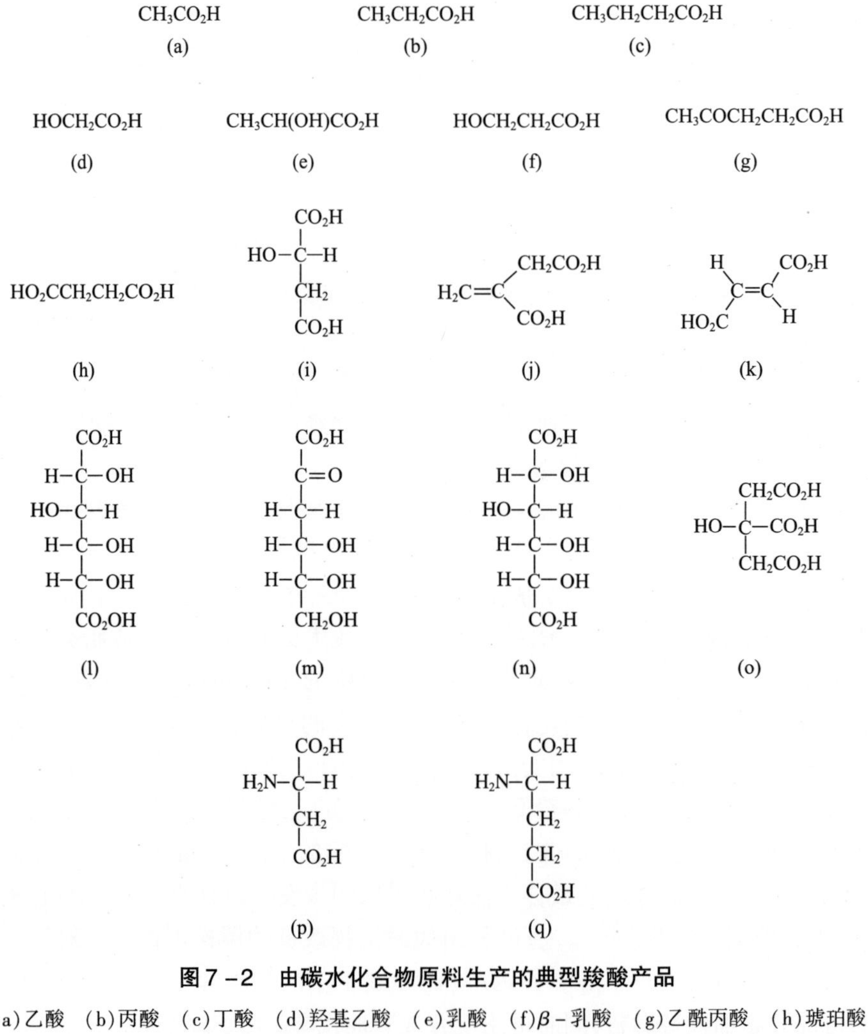

图 7 - 2 由碳水化合物原料生产的典型羧酸产品

(a)乙酸 (b)丙酸 (c)丁酸 (d)羟基乙酸 (e)乳酸 (f)β-乳酸 (g)乙酰丙酸 (h)琥珀酸
(i)左旋羟基丁二酸 (j)甲叉丁二酸 (k)反丁烯二酸 (l)右旋葡萄糖酸 (m)2 - 氧化葡萄糖酸
(n)右旋葡萄糖二酸 (o)柠檬酸(门)左旋天 (p)冬氨酸 (q)左旋谷氨酸

乙酸可以通过醋杆菌属菌株(如 *A. Suboxydans*)在有氧的条件下氧化乙醇获得,这也是最古老的发酵法有机酸制备工艺[55]。目前,采用醋化醋杆菌(*A. aceti*)生物转化制备乙酸(醋液中乙酸含量最高可达 14%)的产量仅占世界乙酸产量的 10% 左右,每年世界乙醇 650 万 t 的需求量中约有 150 万 t 是回收获得的[59]。此外,几种特定的厌氧菌(*Clostridium thermoaceticum* 和 *C. lentocellum*)可不通过中间产物乙醇,直接将糖转化为乙酸[60]。1847 年,Hermann Kolbe 首次成功地由无机原料合成了乙酸,目前大部分的乙酸产品几乎都有由甲醇的羰基化法或正丁烷/乙醛的氧化法制得的。乙酸可作为溶剂,也可用于制备乙酸乙烯酯、乙酸酐、氯乙酸以及多种盐类(用于防滑材料等)和酯类化合物,包括乙酸乙酯、乙酸正丁酯、乙酸异丁酯、乙酸丙酯等。"冰醋酸"通常指无水乙酸。

丙酸天然存在于汗液以及奶制品中,也可由熟奶酪发酵获得[61]。1844 年,Johan Gottlieb 首次将其作为糖的降解产物进行全面的描述。目前,丙酸的工业化生产主要采用石油化工途径,包括在催化条件下乙烯的氢羧基化反应和丙醛的加氧氧化。早在 1923 年人们就知道可以采用发酵法制备丙酸,近年来一些研究学者又开始关注采用生物技术生产丙酸的方法,利用 *Propionbacterium acidipropionici* 菌株可在获得丙酸的同时生成少量的乙酸[62]。丙酸及其钠盐、钾盐具有广泛的用途,尤其是在食品工业作为防霉剂;丙酸酯具有水果香味,可作为香水及一些溶剂中的人造香味添加剂;此外,丙酸也可用作制备其他化学品(丙烯酸等)和聚合物的中间物。

丁酸,一种短链脂肪酸,在自然界中通常以酯的形式存在于动物脂肪和植物油中[63]。当黄油变质时,脂肪酸丙酯水解产生丁酸,发出难闻的气味。工业上丁酸的生产主要利用纳豆枯草芽孢杆菌(*Bacillus subtilis*),对糖和淀粉以及添加的一定量腐烂奶酪进行发酵制备得到的。丁酸的主要用途是制备各种丁酸酯类产品。

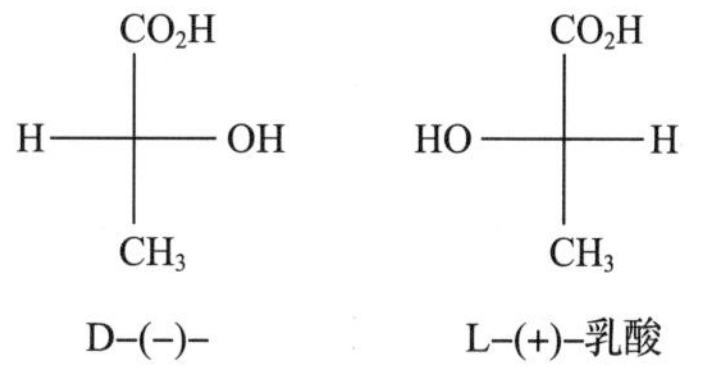

1780 年,Carl Wilhelm 首次从酸奶中分离得到乳酸。它是一种广泛存在于加工食品中(天然西红柿汁、发酵酸奶以及发酵面包等)的 α – 羟基酸(AHA)[54,64 – 67]。乳酸具有旋光性(见图 7 – 3),左旋乳酸是天然发酵产物中的主要成分,且具有重要的生物活性。例如,在剧烈的力量运动时(短跑等),能量需求量很高,此时乳酸的产生(葡萄糖→丙酮酸→

图 7 – 3　乳酸的旋光异构体

乳酸盐)远远高于肌肉的消耗能力,造成肌肉酸痛。在造纸黑液中乳酸的外消旋体是最主要的羟基酸成分。采用发酵法制备乳酸首次由 Alber Boehringer 于 1895 年实现[67],同时乳酸的工业化生产也可以采用化学合成方法。最为普遍的获得乳酸外消旋体的化学合成方法是水解 2 – 羟基丙腈,而 2 – 羟基丙腈可由乙醛和氢氰酸合成[66,68]。目前,乳酸的生产主要是基于碳水化合物的发酵,可采用不同的生物转化工艺获得一种化学异构体或者不同比例的两种化学异构体。商品化的菌种主要有德氏乳杆菌(*Lactobacillus delbrueckii*)、嗜淀粉乳杆菌(*Lactobacillus amylophilus*)、保加利亚乳杆菌(*Lactobacillus bulgaricus*)、莱希曼氏乳杆菌(*Lactobacillus leichmannii*)、瑞士乳杆菌(*Lactobacillus helveticus*)和副干酪乳杆菌(*Lactobacillus paracasei*)[66 – 71],而菌种选择的主要依据是碳水化合物原料的来源。发酵液中乳酸的分离有很多种工艺技术,包括有溶剂萃取、离子交换树脂/膜、电渗析、吸附和真空蒸馏(与乙醇酯化后)等。乳酸的世界年产量约为 1000 万 t[66]。通常来讲,乳酸主要应用于食品行业作为酸化剂、防腐剂以及制备多种乳酸酯(硬脂酰乳酸钙/钠、乳酸硬脂酸甘油酯和乳酰棕榈酸甘油酯等)用于烘焙食品制作时的乳化剂,该类型产品占据全美需求总量的 85% 左右的份额[66 – 68,72,73]。乳酸和乙酸乙酯在医药和化妆品产品配方(外用软膏、乳液和注射液等)以及洗涤剂中的应用也很广泛。现在,乳酸与小分子醇类,如乙醇、丙醇和丁醇,合成乳酸酯用作环境优好的"绿色溶剂"也受到越来越多的关注。由于其所具有优良的化学特性,乳酸可以作为生产"含氧化合物"的大宗化学中间体(如图7-4)。3-羟基丙酸可通过发酵的方式制得[74],广泛应用于丙烯酸、丙烯酸甲酯、丙烯酰胺以及1,3-丙二醇的生产[38]。工业级的乳酸通常用作蔬菜及制革工业的酸化剂。

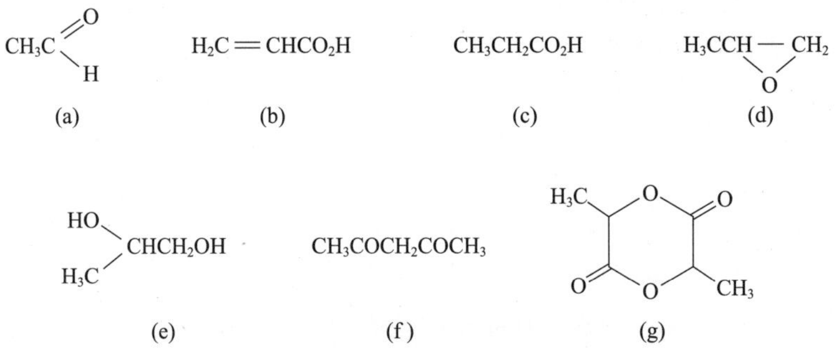

图7-4　由乳酸制备的几种典型的化学品

(a)乙醛　(b)丙烯酸　(c)丙酸　(d)环氧丙烷　(e)丙二醇　(f)乙酰丙酸　(g)L-丙交酯

乳酸、羟基乙酸和羟基丁酸都同时具有羟基和羧基,可以通过脱水缩合生成链状或环状的聚合物[75],乳酸脱水缩合则生成聚乳酸(PLAs)。但是通常采用丙交酯作为合成此类聚合物的主要原料,而丙交酯可由乳酸在特定的弱碱性催化剂存在条件下高选择性、高得率地合成。在最近的十多年中,聚乳酸产品合成及商业化生产领域的大量研究工作表明[66],左旋乳酸为原料可获得较高的丙交酯得率以及较高相对分子质量的聚合物,且具有较高的结晶度和抗拉强度。这种可生物降解的聚合物的应用广泛,特别是在医用领域可作为外科缝线、药品可控释放以及人体假体的材料。聚乳酸塑料(左/右旋乳酸基单元比例不同)通常是透明的并且具有较好的热塑性,可作为优良的包装材料。

羟基乙酸也是一种α-羟基酸,天然存在于甘蔗和甜菜汁中,并于1848年首次成功地由硝酸处理甘氨酸的方法人工合成[48]。羟基乙酸的传统合成途径是采用氯乙酸和NaOH反应再酸化的方法[76],而目前主要采用高温高压下甲醛和CO的酸催化反应合成或直接由天然物质中提取而获得[48]。此外,羟基乙酸也可由生物质原料发酵制备[76,77],或者由氧化葡萄糖酸杆菌酶解乙二醇得到[78]。羟基乙酸广泛用于胶黏剂、金属清洗剂、纺织品和皮革处理以及个人护理产品中,也是有机合成过程(氧化、还原和酯化等)中重要的中间体,比如制备可生物降解的聚羟基乙酸(PGAs)和聚乳酸羟基乙酸(PLGAs)。

乙酰丙酸是一种酮酸,于1840年由Gerardus Johannes Mulder在用HCl加热处理果糖时首次发现[65]。乙酰丙酸是一种重要的平台化合物和通用性的合成先体[65,81-85],可用于合成多种高值化学品(如图7-5)并可以部分替代石油基化学品,如橡胶、尼龙和塑料等。传统的乙酰丙酸制备方法采用纤维素基生物质原料在无机酸中降解的方法制备,但是这种方法乙酰丙酸产率低且副产物较多。近年来,在乙酰丙酸的生产工艺上有了进一步的发展改进[79]。从机理上看,六碳糖在酸中降解首先得到5-羟甲基糠醛这一中间产物,延长时间进一步降解生成甲酸和乙酰丙酸[37],而乙酰丙酸又可进一步发生环化反应得到α/β-当归内酯[80]。

丁二酸,又称琥珀酸,最早由Georgius Agricola于1546年干馏琥珀时发现[48]。丁二酸是最为常见的天然二元羧酸,可在三羧酸循环过程以及厌氧发酵代谢过程中产生,因此广泛存在于微生物、植物和动物细胞中[86]。采取石油化工工艺制备丁二酸,可首先对顺丁烯二酸酐(由

H₂C=CHCO₂H   CH₃COCH=CHCO₂H   CH₃COCH₂CH₂CO₂R

(a)   (b)   (c)

H₂NCH₂COCH₂CH₂CO₂H   HOCH₂CH₂CH₂CH(OH)CH₃

(d)   (e)

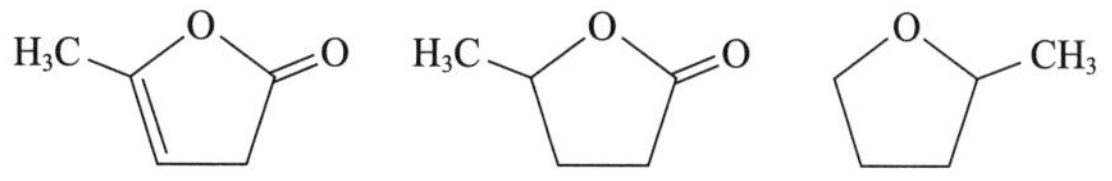

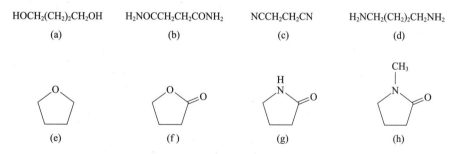

(f)   (g)   (h)

图 7-5　可由乙酰丙酸制备的典型衍生产物

(a)丙烯酸　(b)β-乙酰基丙烯酸　(c)乙酰丙酸酯　(d)γ-氨基酮戊酸　(e)1,4-戊二醇

(f)α-当归内酯　(g)γ-戊内酯　(h)2-甲基四氢呋喃

正丁烷或丁二烯制得)催化加氢得到丁二酸酐,再进行水合反应得到最终丁二酸产品[87]。但相比而言,采用生物发酵技术制得的丁二酸纯度更高,尤其适合于合成丁二酸聚合物产品。丁二酸作为由葡萄糖经厌氧瘤胃细菌转化的有机酸之一[88],适应其生产的优良菌种有琥珀酸放线杆菌(*Actinobacillus succinogenes*)、琥珀酸厌氧螺菌(*Anaerobiospirillum succiniciproducens*)、琥珀酸溶血曼海姆菌(*Mannheimia succiniciproducens*)和重组的大肠杆菌(*Escherichia coli*)[86,89]。丁二酸是合成用于食品、化学品和医用品等重要专用化学品的基础平台原料(如图 7-6),例如用作乳制品和发酵饮料的酸味增强剂和用于合成表面活性剂、洗涤剂、"绿色溶剂"和塑料等。由于其在不同领域都有广泛的应用,目前丁二酸的制备工艺正由传统的石油化工工艺逐渐向生物发酵工艺转变。

HOCH₂(CH₂)₂CH₂OH   H₂NOCCH₂CH₂CONH₂   NCCH₂CH₂CN   H₂NCH₂(CH₂)₂CH₂NH₂

(a)   (b)   (c)   (d)

(e)   (f)   (g)   (h)

图 7-6　可由丁二酸制备的典型衍生产物

(a)丁二醇　(b)丁二酰胺　(c)丁二腈　(d)1,4-二氨基丁烷　(e)四氢呋喃

(f)γ-丁内酯　(g)吡咯烷酮　(h)N-甲基吡咯烷酮

羟基丁二酸,又称苹果酸,最早于 1785 年由 Carl Wilhelm Scheele 在苹果汁中发现并由 Antonie Lavoisier 在 1787 年依据苹果的拉丁文名称命名为苹果酸[90]。它具有两种光学异构体,分别为左旋羟基丁二酸和右旋羟基丁二酸,而只有左旋羟基丁二酸存在于自然界中并作为三羧酸循环过程中的重要中间体。尽管左旋羟基丁二酸在很多种水果中普遍存在并且可从苹果汁中分离得到,但是由于其含量较低难以实现工业化的利用[64]。目前羟基丁二酸外消旋体的规模化工业合成主要采用石油化工途径,苯和四碳烃(正丁烷或丁二烯)经氧化得到顺丁烯二酸后再经过水合反应制得。由于可部分替代柠檬酸应用于食品工业以及用于合成可生物降解聚合物,同时可用于制备多种重要的衍生化学品(酯类、酰胺类和有机盐类等),左旋羟基丁二酸越来越受到人们的关注。以单糖或廉价的纤维素基原料为底物,利用黑曲霉属菌株(如

黄曲霉等)可以实现大规模的左旋羟基丁二酸的生物生产[64];另外利用产反丁烯二酸的无根根霉菌和具有较高延胡索酸酶活性的微生物结合的方法也可由葡糖糖发酵制备左旋羟基丁二酸。在葡萄酒发酵制备过程中的"乳酸发酵"(MLF)过程中,酸味较强的羟基丁二酸(葡萄中存在)能够转化为酸度较弱的乳酸,进而被乳酸菌(酒球菌、乳酸菌属和乳酸片球菌属等)利用从而降低葡萄酒的酸值[91]。

反丁烯二酸(富马酸)广泛存在于自然界中,是柠檬酸循环过程中重要的中间体,首次发现于紫堇球果中[92]。采用化学法可由石油基的顺丁烯二酸催化异构制得,而采用生物发酵方法可利用根霉属菌(稻根霉菌等)[93]或琥珀酸脱氢酶氧化琥珀酸的方法制得。反丁烯二酸具有广泛的工业应用,如食品、造纸和聚合物工业等,通常用作食品和饮料的酸味剂,也是合成高聚物的优良单体,如合成富马酸酯类、富马酸单乙酯和富马酸二乙酯等用于治疗牛皮癣。

甲叉丁二酸酐通常是由柠檬酸经干馏制备而成的,也可由柠檬酸经丙烯三羧酸(乌头酸)路径生成。自20世纪60年代以来,甲叉丁二酸酐的生产主要采用糖发酵的方法,主要的菌株有土曲霉(*Aspergillus terreus*)以及念珠菌属(*Candida*)和红酵母属(*Rhodotorula*)[73,94-97]。甲叉丁二酸酐含有两个羧基和一个亚甲基,可作为重要的合成中间体,例如由亚甲基加成聚合可生成含有大量游离羧基的聚合物而具有独特的使用性能。甲叉丁二酸(衣康酸)是合成聚合物的主要原料,通常用作洗涤剂中的树脂添加物、与苯乙烯和丁二烯反应合成丁二烯苯乙烯橡胶(SBR)、与丙烯酸或甲基丙烯酸反应得到其他高价值的聚合物。另外一个甲叉丁二酸的重要反应是与有机胺类脂化生成 N - 取代的吡咯烷酮,可作为表面活性剂用于洗涤剂、洗发水的等相关领域。图7-7列出了几种由甲叉丁二酸制备的化学品。

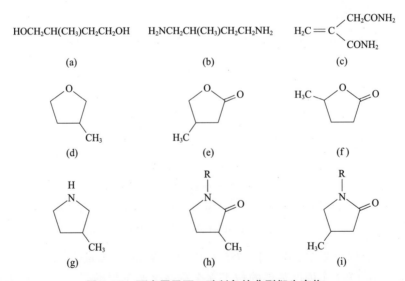

图7-7 可由甲叉丁二酸制备的典型衍生产物

(a)2 - 甲基 -1,4 - 丁二醇　(b)2 - 甲基 -1,4 - 丁二胺　(c)甲叉丁二酸二酰胺　(d)3 - 甲基四氢呋喃

(e)3 - 甲基 -γ - 丁内酯　(f)4 - 甲基 -γ - 丁内酯　(g)3 - 甲基吡咯烷

(h)3 - 甲基 - N - 取代 -2 - 吡咯烷　(i)4 - 甲基 - N - 取代 -2 - 吡咯烷

柠檬酸是柠檬酸循环过程中重要的中间体,存在于几乎所有有机体的代谢过程中,是自然界中最广泛使用的有机酸。这种三羟酸的天然存在早在8世纪就被发现,而在1784年由 Carl Wilhelm Scheele 最早从柠檬汁中分离得到。采用生物技术生产柠檬酸是由 James Currie 于1917年首次发现的[48,98],几种黑曲霉属菌株具有较好的发酵能力。目前这种生物发酵方法仍

是生产柠檬酸的主要工业手段(年产约 160 万 t)[98],而发酵底物主要采用相对廉价的纤维素基原料。柠檬酸是一种天然的防腐剂(酸度剂),赋予食品和饮料酸性,而其他的用途主要为材料清洗剂、化妆品和医药品添加剂和合成其他化学品的先体等。

右旋葡萄糖酸可以由葡萄糖、蔗糖和淀粉经硝酸氧化直接获得[48],也可以采用黑曲霉(Aspergillus niger)发酵葡萄糖的方法制备而成[99]。右旋葡萄糖酸及其盐是食品、医药、纺织、清洗和其他生物工业重要的原料,目前主要用作食品添加剂(酸度调节剂)和清洗剂(耦合剂)。进一步利用黑色醋杆菌(Acetobacter melanogenum)对葡萄糖酸进行生物氧化可得到 2 -氧代葡萄糖酸[55],是合成异抗坏血酸的重要原料。

天(门)冬氨酸是 20 种蛋白氨基酸之一,可采用化学合成、蛋白提取以及发酵和酶解的方法获得[38,100]。例如,天(门)冬氨酸的制备在工业上常常利用短杆菌属(Brevibacterium)、棒状杆菌属(Corynebacterium)、大肠杆菌(Escherichia coli)和假单胞细菌属(Pseudomonas)等菌株对富马酸进行生物转化制得[64]。天(门)冬氨酸是合成人造甜味剂天(门)冬氨酰苯丙氨酸甲酯的主要原料,同时也是合成聚酯、聚酰胺和其他化学品的中间体,如天冬氨酸酐、2 - 氨基 - 1,4 - 丁二醇、2 - 氨基 - γ - 丁内酯、3 - 氨基四氢呋喃等。左旋谷氨酸与天(门)冬氨酸性质相似,由 Karl Heinrich Leopold Ritthausen 于 1866 年首次发现[天(门)冬氨酸于 1827 年由 A. Plisson 发现][101]。目前,有多种生物发酵制备谷氨酸钠(味精)的方法,但是不能获得左旋谷氨酸[38]。左旋谷氨酸作为中间体可用于合成一般的高聚物(聚酯和聚酰胺),它比常用的顺丁烯二酸具有更多的功能基团,因此合成产物更多,例如谷氨酰胺、戊二酸、1,5 - 戊二醇、5 - 氨基 - 1 - 丁醇、炔丙醇、脯氨酸、焦谷氨醇、焦谷氨酸等。

7.3.5 其他化学品

糠醛,又称 2 - 呋喃甲醛,最早是 1821 年在 Johan Wolfgang Dobereiner 采用硫酸和二氧化锰氧化降解碳水化合物而获得甲酸的实验中,经蒸馏的方法分离而首次得到的[48]。此后的 5年中(1835—1840 年),糠醛的制备主要采用酸水解不同种类植物原料的方法,也正是因为可以从糠(麦麸)中制备而得名糠醛(Geoege Fownes,1845 年)。由于采用石油化工路线生产糠醛的成本较高、经济性较差,目前糠醛的工业化生产路线仍旧采用自第二次世界大战后期建立的高温(> 160℃)酸催化水解木聚糖的工艺[102]。因此,用于糠醛生产的原料应具有较高的五碳糖聚糖含量(如农林剩余物和阔叶木)且易于收获。但是,糠醛的制备并不是由五碳糖直接经过脱水反应得到的,而且副反应较多产生很多具有颜色的副产物。此外,酸催化剂的使用带来了严重的环境问题,产生了大量的有毒性的剩余物。糠醛可以水蒸气蒸馏获得,将其从反应体系中分离和纯化的过程较为简单,因此,大量的糠醛是从阔叶木酸性亚硫酸盐制浆废液中蒸馏获得的。糠醛作为由木材或非木材中木聚糖制备的最重要的化学品,可用作化学反应中间体而应用广泛,如石油炼制、塑料工业、医药工业和农用化学品等。每年世界糠醛的市场需求量约为 210000t,其中 60% 左右用于生产糠醇[102]。图 7 - 8 中列出了几种可有糠醛制备的重要化学品。

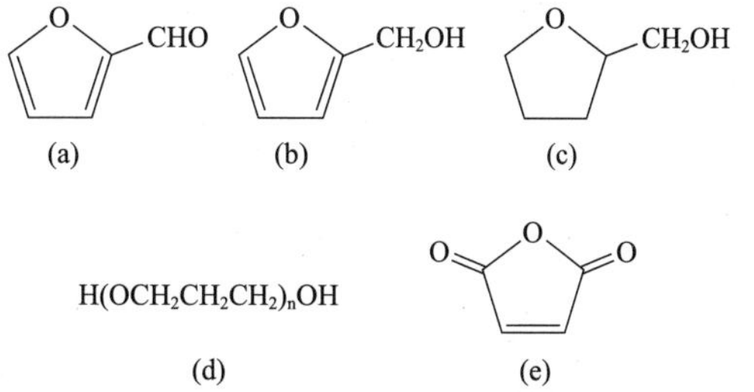

原则上来讲,六碳糖或六碳聚糖可通过

图 7 - 8 可由糠醛制备的典型衍生产物
(a)糠醛 (b)糠醇 (c)四氢糠醇
(d)聚四甲基醚二醇 (e)马来酸酐

五碳糖脱水生成糠醛相似的途径制备 5 – 羟甲基 – 2 – 糠醛(HMF)。因为 HMF 不可以水蒸气蒸馏且可进一步降解生成乙酰丙酸等副产物,所以反应过程中在酸性条件下高温处理时间很短,同时需要快速冷却[21],产品可通过溶剂萃取分离并进一步蒸馏纯化。近年来,很多学者对这一传统的工艺进行了改进。例如,采用双相溶剂法由果糖制备 HMF,极性溶剂相中含有原料(果糖)和盐酸,非极性溶剂相(甲基异丁基酮,MIBK)同步萃取分离反应生成的 HMF,提高果糖的转化效率[103,104]。

5 – 羟甲基糠醛酯,如 5 – 甲氧基甲基糠醛、5 – 乙氧基甲基糠醛和 5 – 叔丁氧基甲基糠醛[103],以及 2,5 – 二甲基呋喃都适合作为燃料使用[104]。另外一种氧化产物,2,5 – 呋喃二甲酸,可以代替合成聚对苯二甲酸乙二醇脂(PETs)中所用的对苯二酸而制备得到聚呋喃二甲酸乙二醇酯(PEFs)。采用同样的 2,5 – 呋喃二甲酸部分替代对苯二甲酸方法,可以生产 Kevlar® 型(一种由对位芳酰胺合成的高强度纤维)和 Trogamid® 型(聚三甲基环己烷对苯二甲酰胺)聚酰胺。总的来讲,尽管生产成本较高,但是 5 – 羟甲基糠醛仍被认为是由碳水化合物转化得到传统石油化学工业产品最适合的通用化学中间体(图 7 – 9)。

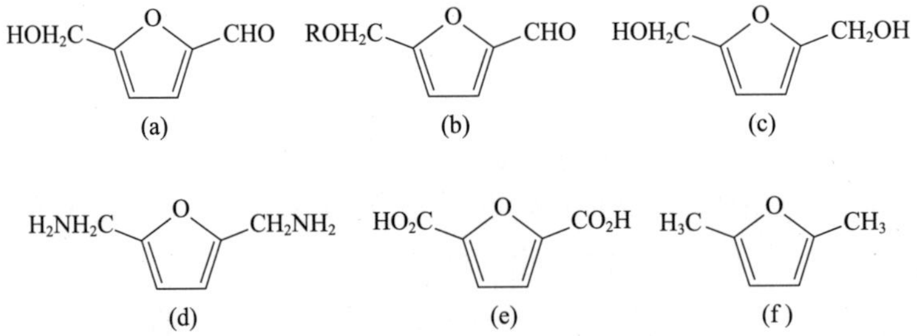

图 7 – 9　可由 5 – 羟甲基糠醛制备的典型衍生产物

(a)5 – 羟甲基糠醛　(b)5 – 羟甲基糠醛酯　(c)2,5 – 二羟甲基呋喃　(d)2,5 – 二氨基甲基呋喃

(e)2,5 – 呋喃二甲酸　(f)2,5 – 二甲基呋喃

采用特殊微生物由纤维素基原料中制备甲烷(CH_4)的过程已在第 2 章中有所讨论。通常来讲,氢气(H_2)被认为是最清洁的能源,因为氢气燃烧的最终产物只有水。尽管已有很多种微生物被发现具有较强的产氢气能力,但是大规模采用生物技术制氢的工艺仍受到经济成本因素的制约。在自然界中,具有两种完全不同酶系统的氢化酶和定氮酶都具有产生氢气的功能,但是氢化酶催化体系的还原性较弱而产生的氢气相对较少。因此,具有光合成能力的固氮细菌可以利用太阳光能促进氢气的产生(光发酵),近年来受到研究学者的关注。紫色细菌(*Rhodopseudomanu species*),一种光能合成细菌,可在有机碳源和太阳光存在条件下产生氢气,但是研究表明此过程中太阳能利用效率较低,仍然仅限于实验室,要想实现实际生产还需要进行大量的研究工作。

只有基于现有工业木质素(硫酸盐木素、碱木质素和木素磺酸盐)生产的基础上才有可能实现由木质素制备化学品或材料的大规模生产。即便是溶解在经过不同处理方式获得的废液(如黑液等)中的木质素也可进一步利用,但是木质素的规模化利用必须依靠先进分离技术的广泛应用。此外,各种有机溶剂木质素和生物炼制木质素(如经蒸汽爆破处理后获得的木质素)近年来被认为是更适合于木质素基产品生产的原料。木质素基产品可以采用多种的化学处理或热处理方式获得,因此产品种类很多,例如固体和液体燃料、碳纤维、树脂和其他改型聚合物[39,105 – 108]。热解木质素尽管可以获得很多种酚类产物,但是在碱性条件下空气氧化木素磺酸盐得到香草醛(4 – 羟基 – 3 – 甲氧基苯甲醛)是目前木质素基产品中最重要的工业化学品。此外,对浓缩后的硫酸盐制浆黑液在 200 ~ 250℃ 下进行加硫反应 10 ~ 60 min,可以同时获得酚类产物和甲硫醚(DMS,CH$_3$SCH$_3$)[109]。甲硫醚和甲硫醇(MM,CH$_3$SH)主要用于天然气中的臭味剂,同时也可以作为优良的有机溶剂和化学反应原料。甲硫醚氧化首先可以得到二甲基二硫醚(DMDS,CH$_3$SSCH$_3$)和二甲基亚砜(优良溶剂,CH$_3$SOCH$_3$),也可进一步氧化获得二甲基砜(CH$_3$SO$_2$CH$_3$)。

参考文献

[1] Liu,Z. L. and Blaschek,H. P. Biomass conversion inhibitors and in situ detoxification,in Biomass to Biofuels – Strategies for Global Industries,A. A. Vertes,N. Qureshi,H. P. Blaschek and H. Yukawa (Eds.),John Wiley & Sons,New York,NY,USA,2010,pp. 233 – 259.

[2] Badger,P. C. Ethanol from cellulose:A general review. (http://www. hort. purdue. edu/newcrop. ncnu02/v5 – 017. html). (read 26. 11. 2010)

[3] Foust,T. D. ,Aden,A. ,Dutta,A. and Phillips,S. 2009. An economic and environmental comparison of a biochemical and a thermochemical lignocellulosic ethanol conversion processes,Cellulose,16,547 – 565.

[4] Clausen,E. C. and Gaddy,J. L. 1993. Ethanol from biomass by gasification/fermentation,ACS,38,855 – 861.

[5] Anon. Cellulosic ethanol. (http://en. wikipedia. org/wiki/Cellulosic_ethanol) (read 26. 11. 2010)

[6] Gaddy,J. L. Biological production of ethanol from waste gases with Clostridium ljungdahlii,U. S. Patent 6,136,577,2000.

[7] Katzen,R. and Othmer,D. F. 1942. Wood hydrolysis. A Continuous process,Ind. Eng. Chem. ,34,314 – 322.

[8] Wayman,M. Comparative effectiveness of various acids for hydrolysis of cellulosics,in Cellulose – Structure,Modification and Hydrolysis. R. A. Yong and R. M. Rowell (Eds.) Wiley (Interscience),New York,NY,USA,1986,pp. 265 – 279.

[9] Fan,LT. ,Gharpuray,M. M. and Lee,Y. – H. Cellulose Hydrolysis,Springer – Verlag,Heidelberg,Germany,1987,198 p.

[10] Katzen,R. and Schell,D. J. Lignocellulosic feedstock biorefinery – Industrial Processes and Products,Volume 1,B. Kamm,P. R. Gruber and M. Kamm (Eds.),Wiley – VCH,Weinheim,Germany,2006,pp. 129 – 138.

[11] Saeman,J. F. 1945. Kinetics of wood hydrolysis – decomposition of sugars in dilute acid at high temperature,J. Ind. Eng. Chem. 37,43 – 52.

[12] Thompson,D. R. and Grethlein,H. E. 1979. Design and evaluation of a plug flow reactor for acid hydrolysis of cellulose,Ind. Eng. Chem. Prod. Res. Dev. ,18(3) 166 – 169.

[13] Cahela,D. R. ,Lee,Y. Y. and Chambers,R. P. 1983. Modeling of percolation process in hemicelluloses hydrolysis,Biotechnol. Bioeng. ,25(1) 3 – 17.

[14] Wright,J. D. ,Bergeron,P. W. and Werdene,P. J. 1987. Progressing bath hydrolysis reactor,Ind. Eng. Chem. Res. ,26,699 – 705.

[15] Song, S. K. and Lee, Y. Y. 1982. Contercurrent reactor in acid catalyzed cellulose hydrolysis, Chem. Eng. Commun. ,17(1 – 6)23 – 30.

[16] Kim, J. S. ,Lee, Y. Y. and Torget, R. W. 2001. Cellulose hydrolysis under extremely low sulfuric acid and high – temperature conditions, Appl. Biochem. Biotechnol. ,91 – 93,331 – 340.

[17] Badger, P. C. Ethanol from cellulose: A general review. (http://www. hort. purdur. edu/newcrop/ncnu02/v5 – 017. html). (read 26. 11. 2010)

[18] Anon. What is bioethanol? What are the benefits of bioethanol? Bioethanol production. (http://www. esru. strath. ac. uk/EandE/Web_sitss/02 – 03/biofuels/what_bioethanol. htm). (read 26. 11. 2010)

[19] Tian, J. ,Wang, J. Zhao, S. ,Jiang, C. ,Zhang, X. , and Wang, X. 2010. Hydrolysis of cellulose by the heteropoly aicd $H_3PW_{12}O_{40}$, Cellulose, 17,587 – 594.

[20] Kumar, P. ,Barrett, D. M. ,Delwiche, M. J. and Stroeve, P. 2009. Methods for pretreatment of lignocellulosic biomass for efficient hydrolysis and biofuel production. Ind. Eng. Chem. Res. , 48,3713 – 3729.

[21] Herrick, F. W. and Hergert, H. L. Utilization of chemicals from wood: Retrospect and prospect, in The Structure, Biosynthesis, and Degradation of Wood, Recent Advances in Phytochemistry, Volume 11, F. A. Loewus and V. C. Runecles (Eds.), Plenium Press, New York, NY, USA, 1977, pp. 443 – 515.

[22] Lee, Y. Y. ,Iyer, P. and Torget, R. W. 1999. Dilute – acid hydrolysis of lignocellulosic biomass, Adv. Biochem. Eng. /Biotechnol. ,65,93 – 115.

[23] Chang, V. S. and Holtzapple, M. T. 2000. Fundamental factors affecting biomass enzymatic reactivity, Appl. Biochem. Biotech. ,84/86,5 – 37.

[24] Jorgenssen, H. , Kristensen, J. B. and Felby, C. 2007. Enzymatic conversion of lignocelluloses into fermentable sugars: challenges and opportunities, Biofuels, Bioprod. Bioref. ,1,119 – 134.

[25] Mosier, N. , Wyman, C. , Dale, B. , Elander, R. , Lee, Y. Y. , Holtzapple, M. and Ladish, M. 2005. Features of promising technologies for pretreatment of lignocellulosic biomass, Biores. Technol. 96,673 – 686.

[26] Carvalheiro, F. , Duarte, L. C. and Girio, F. M. 2008. Hemicellulose biorefineries: a review on biomass pretreatments, J. Sci. Ind. Res. ,67,849 – 864.

[27] Alvira, P. , Tomas – Pejo, E. , Ballesteros, M. and Negro, M. J. 2010. Pretreatment technologies for an efficient bioethanol production process based on enzymatic hydrolysis: A review, Biores. Technol. 101,4851 – 4861.

[28] da Costa Sousa, L. , Chundawat, S. P. S. , Balan, V. and Dale, B. 2009. "Craddle – to – grave" assessment of existing lignocelluloses pretreatment technologies, Curr. Opinion Biotechnol. ,20, 339 – 347.

[29] Wilson, D. B. and Irwin, D. C. 1999. Genetics and properties of cellulases, Adv. Biochem. Eng. /Biotechnol. ,65,240 – 280.

[30] Himmel, M. E. Ding, S. Y. Johnson, D. K. Adney, W. S. , Nimlos, M. R. , Brady, J. W. and Foust, T. D. 2007. Biomass recalcitrance: engineering plants and enzymes for biofuels production, Science, 315, 804 – 807.

［31］Anon. Classification data on enzymes. (http：\afmb. cnrs – mrs. fr/ ~ pedro/CAZY/db. html). (read 23. 12. 2010）

［32］Collins，T.，Gerday，C. and Feller，G. 2005. Xylanases，xylanases families and extremophilic xylanases，FEMS Microbiol. Rev.，29，3 – 23.

［33］Moreira，L. R. S. and Filho，E. X. F. 2008. An overview of mannan structure and mannan – degrading enzyme systems，Appl. Microbiol. Biotechnol.，79，165 – 178.

［34］Kaylen，M.，Van Dyne，D. L.，Choi，Y. – S. and Blasé，M. 2000. Economic feasibility of producing ethanol from lignocellulosic feedstocks，Biores. Technol.，72，19 – 32.

［35］Wilson，D. 2009. Cellulases and biofuels，Curr. Opinion Biotechnol.，20，295 – 299.

［36］Viikari，L.，Alapuranen，M.，Puranen，T.，Vehmaanperä，J. and Siika – aho，M. 2007. Thermostable enzymes in lignocellulose hydrolysis，Adv. Biochem. Eng. Biotechnol.，108，121 – 145.

［37］Himmel，M.，Ruth，M. and Wyman，C. 1999. Cellulase for commodity products from cellulosic biomass，Curr. Opinion Biotechnol.，10，358 – 364.

［38］Werpy，T.，Petersen，G.，Aden，A.，Bozell，J.，Holladay，J.，White，J.，Manheim，A.，Elliot，D.，Lasure，L.，Jones，S.，Gerber，M.，Ibsen，K.，Lumberg，L. and Kelley，S. Top value added chemicals from biomass – Volume I：Results of screening for potential candidates from sugars and synthesis gas，U. S. Department of Energy，Oak Ridge，TN，USA，2004，69 P.

［39］Bozell，J.，Holladay，J.，Johnson，D. and White，J. Top value added chemicals from biomass – Volume II：Results of screening for potential candidates from biorefinery lignin，U. S. Department of Energy，Oak Ridge，TN，USA，2007，79 P.

［40］Margeot，A.，Hahn – Hägerdahl，B.，Edlund，M.，Slade，R. and Monot，F. 2009. New improvements for lignocellulosic ethanol，Curr. Opinion Biotechnol.，20，372 – 380.

［41］Gírio，F. M.，Fonseca，C.，Carvalheiro，F.，Duarte，L. S.，Marques，S. and Bogel – Lukasik，R. 2010. Hemicelluloses for fuel ethanol：A review，Biores. Technol.，101，4775 – 4800.

［42］Xu，Q.，Singh，A. and Himmel，M. 2009. Perspectives and new directions for the production of bioethanol using consolidated bioprocessing of lignoelluloses，Curr. Opinion Biotechnol.，20，364 – 371.

［43］Dutta，A.，Dowe，N.，Ibsen，K. N.，Schell，D. J. and Aden，A. 2010. An economic comparison of different fermentation configurations to convert corn stover to ethanol using Z. mobilis and Saccharomyces，Biotechnol. Progress，26，64 – 72.

［44］Sassner，P.，Galbe，M. and Zacchi，G. 2008. Techno – economic evaluation of bioethanol production from three different lignocellulosic materials，Biomass & Bioenergy，32，422 – 430.

［45］Aden，A.，Ruth，M.，Ibsen，K.，Jechura，J.，Neeves，K.，Sheehan，J.，Wallace，B.，Montague，L.，Slayton，A. and Lukas，J. Lignocellulosic biomass to ethanol process design and economic utilizing co – current dilute acid hydrolysis prehydrolysis and enzymatic hydrolysis for corn stover，NREL/TP – 510 – 32438，2002.

［46］Detroy，R. W. and St. Julian，G. 1983. Biomass conversion：fermentation chemicals and fuels，Crit. Rev. Microbiol.，10，203 – 228.

［47］Wang，Z. X.，Zhuge，J.，Fang，H. and Prior，B. A. 2001. Glycerol production by microbial fermentation：A review. Biotechnol. Adv.，19，201 – 223.

[48] Qureshi, N. and Blaschek, H. P. Clostridia and process engineering for energy generation, in Biomass to Biofuels – Strategies for Global Industries, A. A. Vertès, N. Qureshi, H. P. Blaschek and H. Yukawa (Eds.), John Wiley & Sons, New York, NY, USA, 2010, pp. 347 – 358.

[49] Dürre, P. 1998. New insight and novel developments in clostridial acetone/butanol /isopropanol fermentation, Appl. Microbiol. Biotechnol. ,49 ,639 – 648.

[50] Ezeji, T. C. , Qureshi, N. and Blaschek, H. P. 2007. Bioproduction of butanol from biomass: From genes to bioreactors, Curr. Opinion Biotechnol. ,18 ,220 – 224.

[51] Jojima, T. , Inui, M. and Yukawa, H. 2008. Production of isopropanol by metabolically engineered Escherichia coli, Appl. Microbiol. Biotechnol. ,77 ,1219 – 1224.

[52] Matsumura, M. , Takehara, S. and Kataoka, H. 1992. Continuous butanol/isopropanol fermentation in down – flow column reactor coupled with pervaporation using supported liquid memberane, Biotechnol. Bioeng. ,39 ,148 – 156.

[53] Deckwer, W. – D. , Diekmann, H. and Wilke, D. (Eds.). Beyond 2000: Chemicals from Biotechnology, FEMS Microbiol. Rev. ,1995 ,pp. 1612 – 1613.

[54] Biebl, H. and Marten, S. 1995. Fermentation of glycerol to 1,3 – propanediol: use of cosubstrates, Appl. Microbiol. Biotechnol. ,44 ,15 – 19.

[55] Sinsky, A. J. Organic chemicals from biomass: An overview, in Organic Chemicals from Biomass, D. L. Wise (Ed.), The Benjamin/Cummins Publishing Company, London, England, 1983 , pp. 1 – 67.

[56] Anon. Butanediol fermentation. (http://en. wikipedia. org/wiki/Butanediol_fermentation). (read 27. 11. 2010)

[57] Grover, B. P. , Garg, S. K. and Verma, J. 1990. Production of 2,3 – butanediol from wood hydrolysate by klebsiella pneumonia, World J. Microgiol. Biotechnol. ,6 ,328 – 332.

[58] Anon. Biobutanol. (http://www. Biofuestp. eu/butanol. html). (read 27. 11. 2010)

[59] Anon. Acetic acid. (http://en. wikipedia. org/wiki/Acetic_acid). (read 3. 12. 2010)

[60] Ravinder, T. , Ramesh, B. , Seenayya, G. and Reddy, G. 2000. Fermentative production of acetic acid from various pure and natural cellulosic materials by Clostridium lentocellum SG6, World J. Microbiol. Biotechnol. ,16 ,507 – 512.

[61] Anon. Propanoic acid. (http://en. wikipedia. org/wiki/Propanoic_acid). (read 3. 12. 2010)

[62] Hsu, S. – T. and Yang, S. – T. 2004. Propionic acid fermentation of lactose by Propionibacterium acidipropionici, Biotechnol. Bioeng. ,38 ,571 – 578.

[63] Anon. Butyric acid. (http://en. wikipedia. org/wiki/Butyric_acid). (read 3. 12. 2010)

[64] Tsao, G. T. , Cao, N. J. , Du, J. and Gong, C. S. 1999. Production of multifunctional organic acids from renewable resources, Adv. Biochem. Eng. /Biotechnol. ,65 ,240 – 280.

[65] Kamm, B. , Kamm, M. , Gruber, P. R. and Kromus, S. Biorefinery systems – An overview, in Biorefinery – Industrial Processes and Products, Volume 1, B. Kamm, P. R. Gruber and M. Kamm (Eds.), Wiley – VCH, Weinheim, Germany, 2006, pp. 3 – 40.

[66] Datta, R. and Henry, M. 2006. Lactic acid: Recent advances in products, processes and Technologies – a reviews, J. Chem. Technol. Biotechnol. ,81 ,1119 – 1129.

[67] Anon. Lactic acid. (http://en. wikipedia. org/wiki/Lactic_acid). (read 4. 12. 2010)

［68］Narayanan, N. , Roychoudhury, P. K. and Srivastava, A. 2004. L(+) – lactic acid fermentation and its production polymerization, Electronic J. Biotechnol. ,7(2) ,167 – 179.

［69］Tay, A. and Yang, S. – T. 2002. Production of L(+) – lactic acid from glucose and starch by immobilized cells of Rhizopus oryzae in a rotating fibrous bed bioreactor, Biotechnol. Bioeng. , 80(1) ,1 – 12.

［70］Venus, J. 2006. Utilization of renewable for lactic acid fermentation, Biotechnol. J. ,1 ,1428 – 1432.

［71］John, R. P. and Nampoothiri, K. M. 2007. Fermentative production of lactic acid from biomass: An overview on process developments and future perspectives, Appl. Microbiol. Biotechnol. , 74 ,524 – 534.

［72］Xu, X. , Lin, J. and Cen, P. 2006. Advances in the research and development of acrylic acid production from biomass, Chinese J. Chem. Eng. ,14 ,419 – 427.

［73］Corma, A. , Iborra, S. and Velty, A. 2007. Chemical routes for the transformation of biomass into chemicals, Chem. Rev. ,107 ,2411 – 2502.

［74］Van Maris, A. J. A. , Konings, W. N. , van Dijken, J. P. and Pronk, J. T. 2004. Microbial export of lactic acid and 3 – hydroxypropanoic acid: Implications for industrial fermentation processes, Meatbolic Eng. ,6 ,245 – 255.

［75］Alén, R. and Sjöström, E. 1980. Condensation of glycolic, lactic and 2 – hydroxybutanoic acids during heating and identification of the condensation products by GLC – MS, Acta Chem. Scand. ,34 ,633 – 636.

［76］Anon. Glycolic acid. (http://en. wikipedia. org/wiki/Glycolic_acid) . (read 5. 12. 2010)

［77］Soucaille, P. Glycolic acid production by fermentation from renewable resources, WO/2007/140816 ,2007.

［78］Wei, G. , Yang, X. , Gan, T. , Zhou, W. , Lin, J. and Wei, D. 2009. High cell density fermentation of Gluconobacter oxydans DSM 2003 for glycolic acid production, J. Ind. Microbiol. Biotechnol. ,36 ,1029 – 1034.

［79］Hayes, D. J. , Fitzpatric, S. , Hayes, M. H. and Ross, J. R. H. The biorefinery process – Production of levulinic acid, furfural, and formic acid from lignocellulosic feedstocks, in Biorefineries – Industrial Processes and Products, Volume 1 , B. Kamm, P. R. Gruber and M. Kamm (Eds.) , Wiley – VCH, Weinheim, Germany, 2006, pp. 139 – 164.

［80］Girisuta, B. Levulinic acid from lignocellulosic biomass, Doctoral Thesis, the University of Groningen, Groningen, the Netherlands, 2007 ,149 p.

［81］Shilling, W. L. 1965. Levulinic acid from wood residues, Tappi, 48(10) ,105A – 108A.

［82］Wiggins, L. F. 1949. The utilization of sucrose, Adv. Carbohydr. Chem. ,4 ,293 – 336.

［83］Kuster, B. F. M. 1990. 5 – hydroxymethylfurfrual (HMF). A review focusing on its manufacture, Starch, 42 ,314 – 321.

［84］Timokhin, B. V. , Baransky, V. A. and Eliseeva, G. D. 1999. Levulinic acid in organic synthesis, Russian Chem. Rev. ,68(1) ,73 – 84.

［85］Kamm, B. , Kamm, M. , Schmidt, M. , Hirth, T. and Schulze, M. Lignocellulose based chemical products and product family trees, in Biorefineries – Industrial Processes and Products, Volume

2, B. Kamm, P. R. Gruber and M. Kamm (Eds.), Wiley – VCH, Weinheim, Germany, 2006, pp. 97 – 149.

[86] Song, H. and Lee, S. Y. 2006. Production of succinic acid by bacterial fermentation, Enzyme Micro. Technol. ,39,352 – 361.

[87] Bechthold, I. , Bretz, K. , Kabasci, S. , Kopitzky, R. and Springer A. 2008. Succinic acid: A new platform chemical for biobased polymers from renewable resources, Chem. Eng. Technol. ,31, 647 – 654.

[88] Zeikus, J. G. , Jain, M. K. and Elankovan, P. 1999. Biotechnolog of succinic acid production and markets for derived industrial products, Appl. Microbiol. Biotechnol. ,51,545 – 552.

[89] Hub, Y. S. , Jun, Y. – S. , Hong, Y. K. , Song, H. , Lee, S. Y. and Hong, W. H. 2006. Effective purification of succinin acid from from fermentation broth produced by Mannheimia succiniciproducens, Process Biochem. ,41,1461 – 1465.

[90] Anon. Malic acid. (http://en. wikipedia. org/wiki/Malic_acid). (read 6. 12. 2010)

[91] Anon. Malolactic fermentation. (http://en. wikipedia. org/wiki/Malolactic _acid). (read 6. 12. 2010)

[92] Anon. Fumaric acid. (http://en. wikipedia. org/wiki/Fumaric_acid). (read 6. 12. 2010)

[93] Roa Engel, C. A. , Straathof, A. J. J. , Zijlmans, T. W. , van Gulik, W. M. and van der Wielen, L. A. M. 2008. Fumaric acid production by fermentation, Appl. Microbiol. Biotechnol. ,78,379 – 389.

[94] Tabuchi, T. , Sugisawa, T. , Ishidori, T. , Nakahara, T. and Sugiyama, J. 1981. Itaconic acid fermentation by a yeast belonging to the genus Candida, Agric. Biol. Chem. ,45,475 – 479.

[95] Wilke, T. and Vorlop, K. – D. 2001. Biotechnological production of itaconic acid, Appl. Microbiol. Biotechnol. ,56,289 – 295.

[96] Reddy, C. S. K. and Singh, R. P. 2002. Enhanced production of itaconic acid from cor starch and market refuse fruits by genetically manipulated Aspergillus terreus SKR10, Biores. Technol. ,85,69 – 71.

[97] Meena, V. , Sumanjali, A. , Dwarka, K. , Subburathinam, K. M. and Sambasiva Rao, K. R. S. 2010. Production of itaconic acid through submerged fermentation employing different species of Aspergillus, RASAYAN J. Chem. ,3(1),100 – 109.

[98] Anon. Citric acid. (http://en. wikipedia. org/wiki/Citric_acid). (read 6. 12. 2010)

[99] Znad, H. , Markoš, J. and Baleš, V. 2004. Production of gluconic acid from glucose by Aspergillus niger: Growth and non – growth conditions, Process Biochem. ,39,1341 – 1345.

[100] Anon. Aspartic acid. (http://en. wikipedia. org/wiki/Aspartic _acid). (read 6. 12. 2010)

[101] Anon. Glutamic acid. (http://en. wikipedia. org/wiki/Glutamic _acid). (read 6. 12. 2010)

[102] Mamman, A. S. , Lee, J. M. , Kim, Y. – C. , Hwang, I. T. , Park, N. – J. , Hwang, Y. K. , Cjang, J. – S. and Hwang, J. – S. 2008. Furfural: Hemicellulose/xylose – derived biochemical, Biofuels, Bioprod. Bioref. ,2,438 – 454.

[103] Gruter, G. – J. And de Jong, e. 2009 Furanics: novel fuel option from carbohydrates, Biofuels Technol. ,(Issue 1) ,11 – 17 (www. biofuels – tech. com)

[104] Anon. Hydroxymethylfurfural. (http://en. wikipedia. org/wiki Hydroxymethylfurfural). (read

19. 1. 2010）

[105] Sarkanen, K. V and Ludwig, C. H. (Eds.). Lignin – Occurrence, Formation, Structure and Reactions, John Wiley & Sons, New York, NY, USA ,1971,916P.

[106] Goheen, D. W. Chemicals from lignin, in Organic Chemicals from Biomass, Goldstein, I. S. (Ed) , CRC Press, Boca Raton; FL USA ,1981, pp. 143 – 161.

[107] Glasser, W. G and Sarkaene, S. Lignin：Properties and Materials, American Chemical Society, Washington, DC, USA ,1989 ,545 p.

[108] Pye, E. K. Industrial lignin production and applications, in Biorefineries – Industrial Processes and Products, Volume 2 , B. Kamm, P. R. Gruber and M. Kamm (EDs.) , Wiley – VCH, Weinheim, Germany ,2006, pp. 165 – 200.

[109] Enkvist, T. 1975. Phenolic and other organic chemicals from kraft black liquors by disproportionation and cracking reactions, Appl. Polym. Symp. ,28 ,285 – 295.

第⑧章　林业生物质热化学转化

8.1　概述

在过去的几十年中,随着能源需求的增加及环境问题的恶化,利用生物质生产能源变的越来越重要。生物质可以经过不同的热化学转化过程转化为热能、电能以及运输燃料等形式的能源。依据不同的处理条件,热转化方式被分为气化、高温裂解、直接液化和燃烧[1-7],转化条件的选择要考虑到经济性、生物质原料的种类、所需生物质能源的形式以及环境条件。生物质原料有较高的不均一性和较高的含水量,在热化学转化之前必须对其进行某些方式的进行预处理。生物质原料通常会被破碎、干燥及研磨。在依据不同目的和热化学行为评价生物质品质的时候,生物质的实际尺寸分布会被当做一个重要的参数。干燥是指通过慢速热裂解生物质来去除特定的挥发性物质并且降解一部分半纤维素的精制过程,此处理过程是将生物质原料在225~300℃隔绝空气条件下热裂解一定时间,处理后可以增加木材原料的碳含量和净热值(增加了木材的能量密度)。通过干燥处理的木材原料可以被更有效地气化,而且在加工过程中可以减少烟雾的产生。

通常来说,生物质热化学转化主要生成气体、液体和固体三种产物,不同产物之间的相对比例主要受加工方法和特定反应条件的影响。在不考虑水和其他化学试剂的情况下,热化学转化相对于糖化过程(见第7章)的处理速度较快,但其主要缺点是反应的选择性较差,尤其是像高温裂解生物质这样的过程会产生多种低得率的单体物质。含碳生物质在高温(>800℃)以及有限的氧气和水蒸气存在条件下气化主要转化为一氧化碳、氢气和二氧化碳。相比之下,高温裂解通常是在450~550℃缺氧或绝氧条件下进行的,产生的焦炭、焦油以及气体产物之间的比例受反应条件影响。与传统的以制备木炭为目的的高温裂解相比,快速热裂解(以300℃/min升温速率反应几秒钟甚至更短时间)的优点是可以形成高得率的液体产物。通常来说,热裂解是气化和燃烧(>900℃)的第一步,这一步奏紧随在部分或全部初级产物的氧化反应之后。液化通常是指生物质在溶剂的作用下,加入催化剂,在还原性氛围(一氧化碳或氢气)下进行的,此过程也被称作催化液化。相比之下,无催化剂的热水液化过程通常被称作直接液化。直接液化相对于高温裂解需要的温度较低,且液化前不需要对原料进行干燥,但是反应过程会产生一定的压力(300~350℃,5~20MPa,反应30min)。液化和热裂解都是利用固体原料生产液体产品,因此两者往往被认为是相似的过程。液化过程中的产品也包括气体、液体和固体,但是,液化反应需要更加复杂和昂贵的反应器,使得研究者对其的关注要少于高温裂解。

林业生物质材料包括木材衍生材料以及木材废料(采收和切削残余物、树皮、木屑)和制浆黑液(参见第 2 章)都可用于生物能源的生产,而利用生物质原料通过有氧燃烧或厌氧消化(生物沼气)直接应用的相关内容不在本章范围内。本章重点介绍生物质原料的气化和高温裂解,对于液化过程只给出几个例子加以说明。

8.2 气化

8.2.1 前言

气化是指由固体生物质或废弃燃料[8-11]通过热处理产生混合气体的过程,该过程要用来生产含有氢气和一氧化碳的合成气,并可使用特定的气体氛围增强气化反应,产生的气体产物和各种液体生物燃料一样可以被转化为热量、动力和化学品。

生物质原料的热化学转化除了产生的大量的气体化合物之外,也会产生液体和固体组分。许多未经处理的原料包含大量的挥发性物质,它们只有在加热条件下才能直接释放出来,而其他气态化合物是经由气体、液体和固体之间的复杂化学反应形成的。气化过程中产生的气体混合物通常被称作合成气(synthetic gas),其缩写形式为"syngas",也有文献使用"product gas"和"producer gas",后两种表述形式对气化反应产生的混合气体具有更普遍的表述意义。"synthetic gas"或"syngas"用在直接以气体混合物为气态原料进行化学品合成的文章中。高温气化反应器用"gasification reactor"表示,在本文中其缩写为"gasifier"(气化器)。

8.2.2 原料

8.2.2.1 原料特性

气化器可以处理任何符合尺寸和含水率要求的含碳原料,提高原料的适应性将会推动气化技术的发展。从原料种类来讲,气化器可以气化化石原料、生物质原料和循环废料;从原料的物理特性来讲,气化器可以加工固体、液体甚至气体原料;也可以将这些不同的原料混合后同时在气化器中气化,然而,原料的性质会对其实际使用造成一定的限制。

颗粒的尺寸是决定固体原料燃烧和气化的重要因素,气化器对颗粒尺寸相对较小的原料的加工能力通常比尺寸较大的好。为了达到更好的气化效果,以合理的能耗对原料进行破碎是很必要的。原料颗粒尺寸的减小会增加其比表面积,同时生物质的气化受化学动力学控制,颗粒尺寸的大小将决定哪种热交换将占主导地位,在生物质气化过程中,大颗粒内部高温裂解所产生气体的快速膨胀会使得大颗粒爆裂成小颗粒。气化原料品质的波动将会影响到气化器的操作和产品气体的构成,只有均一的原料才能得到品质稳定的气体产物。

原料的含水率与其热值成反比,在气化器中用于水分蒸发的能量将会减少气化器的能量产出。用于水分蒸发的热量越多,剩余给气化反应的能量就越少,这就使得气化效率降低,因此,含水的原料在投入气化器前必须通过干燥来改善其在气化过程中的表现。对气化来说,合适的原料含水率通常要低于 20% ~30%,当然对于某些反应器也会有例外。

原料中挥发性物质的含量是影响其气化应用的重要因素,如某些煤炭挥发物含量低,导致热裂解后焦炭得率较高。气化器在较高温度下操作时通常要求确保能有足够的焦炭气化反应率,利用流化床反应器气化生物质可以在相对较低的温度下得到高挥发物含量、高反应活性以及较低的焦炭得率的产品。在气化过程中,高挥发物含量通常会导致较多的焦油形成,焦油是原料经处理得到的由混合碳氢化合物组成的一类改性树脂,在高反应温度条件下,这些碳氢化合物以气体形式存在,但在合成气生产线下游温度较低的表面上它们会凝结,导致管道阻塞。

原料的元素组成是决定气体产物最终组成的重要因素。通过设置流化床气化器的最大操作温度可以使原料的灰分部分熔融或烧结从而间接影响气体产物的最终组成。在夹带式流化床气化炉里,灰分被以液态形式移除,灰分烧结温度决定了加工过程的最低温度,尤其是灰分中的碱含量较高时会显著降低灰分的熔融温度。因此,在气化过程中,对特定的原料来说当气化器内的温度很高时会导致严重的污垢问题和烧结问题。表8-1列出了几种典型的原料及其性质。

表8-1 被用作气化原料的含碳化合物的性质[12-13]

性质	木材	树皮	泥炭	REF,RDF	煤
水分(质量分数)/%	30~45	40~65	40~55	5~30	10
灰分(质量分数)/%(干原料)	0.4~0.5	2~3	4~7	1~16	14
挥发物(质量分数)/%(干原料)	84~88	70~80	65~70	70~86	30
LHV/(MJ/kg 干原料)	18~20	18~20	18~22	17~37	26~28
元素分析(质量分数,干原料)/%					
C	48~50	51~66	50~57	48~57	76~87
H	6~6.5	5.8~8.4	5~6.5	5~9	3.5~5
N	0.1~2.3	0.3~0.8	1~2.7	0.2~0.9	0.8~3
O	38~42	24~40	30~40	10~45	3~11
S	<1	<2	<1	0.05~2	0.5~5
Cl	<0.01	<0.03	0.03	0.03~0.7	<0.1

注:REF 及 RDF 分别为"循环燃料"及"垃圾衍生燃料",LHV 为"低热量值"。

这几种原料的主要区别在于其含水率、挥发性物质含量、灰分含量以及氧元素含量的不同。原料灰分的性质对原料气化过程也有重要影响,这是由它们在高温高压下的熔融特性造成的。

8.2.2.2 气体原料

根据产物气体应用目的不同,气化介质可以是空气、O_2、水蒸气、CO_2 或者是它们的混合气体。为了最大限度的提高 H_2 和 CO 的得率,则不能使用空气为气化介质,这是因为使用空气会向反应器中引入惰性气体 N_2 起到稀释剂的作用。生物质的气化通常是在 800~1000℃ 的温度下进行的,且投入气化器的氧气占完全氧化的化学计量的 20%~50%,部分原料与氧气的燃烧提供了气化反应所需的热量。水蒸气也可用于流化床空气气化生物质的过程中来提升产品气的品质,此外,它还可以作为一种流态介质及气体稀释剂,并且使气化反应器内的温度保持均一。以氧气为主要的气化介质时所得产物的化学能相对较高,这是由于在气体中没有来自于空气中的 N_2 作为稀释剂。氧气气化所得气体产品的低热值为 7~15MJ/m^3,这种气体的典型应用是气体涡轮机、合成物或代用天然气(SNG)的生产、H_2 的生产、燃料电池的生产以及化学品和液体燃料的合成。现有技术下的氧气生产需要消耗大量电能且成本极高,因此,氧气气化适用于需要较高气化温度或燃烧温度的大规模气体生产加工过程中。原料的反应活性是决定气化介质选择的一个因素。挥发性组分含量较高且拥有较高反应活性的生物质可以被空气有效地气化,而挥发性组分含量较低且反应活性较低的煤炭就要求使用氧气进行气化。产品气或合成气的应用对气化介质提出了相应的要求,在复杂的化学合成中不希望有 N_2 存在,但是当把燃气注入燃气涡轮来增加通过涡轮的总燃气质量流量时,N_2 起到了积极地作用。

8.2.2.3　固体原料的处理

一般在气化反应之前已通过预处理降低了原料的含水量,且原料在投入气化反应器之前通常要进行粉碎、颗粒化或者储存一段时间。气化反应在高压下进行时,在该条件下将固体燃料加入反应器需要特殊的加料技术,另外,该技术对在高温高压下的气化和气体净化过程中移除如灰分这样的固体成分也同样有效,关于该技术的详细内容这里不做叙述。

8.2.3　气化过程

固体燃料在流化床气化的热转化过程遵循以下步骤(在实际情况中有可能是相继发生或同时发生)[10]:a. 颗粒快速升温;b. 可能的膨胀(不仅限于木质生物质);c. 干燥;d. 高温分解;e. 挥发物燃烧;f. 焦炭燃烧;g. 焦炭气化;h. 焦炭碎解;i 焦炭淘洗。

上述步奏中的一部分在图 8－1 中展示。首先,当原料颗粒暴露在高温下时,该颗粒升温至干燥温度,水分被蒸发,之后,干燥的原料颗粒继续升温,由于温度的升高使得颗粒发生裂解或挥发,这意味着某些气态的挥发物已开始逸散,高温分解后剩余的炭渣在气化反应中被消耗。由于一个大颗粒在外部发生反应的同时内部可能依然处在干燥过程中,这几个步骤中的某几个可以同时进行。

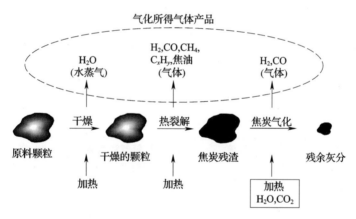

图 8－1　固体燃料在气化反应中热转化的主要步骤

由于反应器的反应温度很高,原料中的水分大部分在原料注入反应器过程中就被蒸发掉,因此,在干燥过程中传热是最重要的限制因素,由于水分大量蒸发导致的较大的压力梯度使得传质相对较快。原料中水分含量越低,水分蒸发所消耗的热量越少,气化器的生产能力就越大。

木质原料中的挥发性组分约占其总质量的80%,相当于原料燃烧所释放能量的50%。在高温分解过程中,原料中的挥发性物质被转化为轻质烃、焦油、油、酚类物质以及其他的重质烃类,在气化反应温度下,这些缩合物都是以气体形式存在的。挥发性组分全部逸散后,原料颗粒中残留下来的物质被称为焦炭或木炭。残余焦炭在气化反应和燃烧反应中都会被氧化。气化反应也是高温分解反应,且主要是吸热反应,反应需要通过外部加热来维持反应过程的进行。通常来说,热量是通过燃料的部分氧化引入到气化器中的,产生的能量为热解及气化反应所用。在气化反应中,正常的氧气使用量为原料完全氧化所需要的化学计量的 20% ~50% 。如图 8 -1 所示,气化器中气体的最终组成为以上提到的所有步骤中气体的混合物。对所有的原料来说,它们气化过程中的主要反应基本都一样,原料与氧化性介质之间的放热反应为气化反应提供了大部分的热量:

$$C + \frac{1}{2}O_2(g) \rightarrow CO(g) \qquad \Delta H_{298K} = -110.5 \frac{kJ}{mol} \qquad (8-1)$$

$$C + O_2(g) \rightarrow CO_2(g) \qquad \Delta H_{298K} = -393.5 \frac{kJ}{mol} \qquad (8-2)$$

$$H_2 + \frac{1}{2}O_2(g) \rightarrow H_2O(g) \qquad \Delta H_{298K} = -241.8 \frac{kJ}{mol} \qquad (8-3)$$

$$CO(g) + \frac{1}{2}O_2(g) \rightarrow CO_2(g) \qquad \Delta H_{298K} = -283.0 \frac{kJ}{mol} \qquad (8-4)$$

最重要的气化反应是焦炭残渣中的固体碳与 CO,CO_2,H_2O 及 CH_4 彼此间的非均相和均相反应:

$$C + H_2O(g) \leftrightarrow CO(g) + H_2(g) \qquad \Delta H_{298K} = 131.3 \frac{kJ}{mol} \qquad (8-5)$$

$$C + CO_2(g) \leftrightarrow 2CO(g) \qquad \Delta H_{298K} = 172.4 \frac{kJ}{mol} \qquad (8-6)$$

$$CO(g) + H_2O(g) \leftrightarrow CO_2(g) + H_2(g) \qquad \Delta H_{298K} = -41.4 \frac{kJ}{mol} \qquad (8-7)$$

$$C + 2H_2(g) \leftrightarrow CH_4(g) \qquad \Delta H_{298K} = -74.6 \frac{kJ}{mol} \qquad (8-8)$$

$$CH_4(g) + H_2O(g) \leftrightarrow CO(g) + 3H_2(g) \qquad \Delta H_{298K} = 205.9 \frac{kJ}{mol} \qquad (8-9)$$

由于反应式(8 -5)至式(8 -9)均为可逆反应,所有反应的最终产物均决定于该反应条件下的化学平衡。如果原料颗粒的升温速率足够快,就会出现当气化反应开始出现时高温降解反应还没有彻底完成的现象,在流化床中,这可能是由于气体与原料颗粒之间高效的传热导致的。由不同原料得到的气化气体产物的典型组成如表 8 -2 中所示。

表 8 -2　　　　由不同原料得到的气化气体产物的典型组成(体积分数)[14 -15]　　　　单位:%

成分	木材,空气气流(湿气体)	木材,氧气和水蒸气气流(干气体)	泥炭,氧气及水蒸气气流(干气体)
CO	12 ~14	20 ~22	15 ~16
H_2	9 ~11	23 ~25	16 ~28
CH_4	3 ~5	7 ~9	16 ~28
CO_2	12 ~13	25 ~35	20 ~28
H_2O	12 ~18	0	0
N_2	40 ~49	1 ~10	1 ~10
LHV/(MJ/m³)	4 ~6	8 ~11	7 ~10

8.2.4　气化反应的反应器

8.2.4.1　流化床反应器

在流化床反应器中固体原料的气化反应发生在一个以气体介质为流动相的固体颗粒组成

的床式单元上,床式结构中固体的状态类似于沸腾的液体。依据流态化速率可以将流化床分为气泡式流化床和循环式流化床。气泡式流化床中流态化速率通常为 0.7 ~ 1.5m/s,循环式流化床中流态化速率在 4 ~ 10m/s。流化床气化器的主要组成为:反应器、空气分配器网格、加料系统、灰分移除系统、固体分离器以及从分离器到气化器的固体回流管(料封管)。流化床适用于生物质的气化,但是对煤的气化效率较低,即使以氧气为流化介质在 1100℃ 的条件下反应也不理想。流化床气化最大的挑战在于需要将气化产物纯化至下游催化过程所需的超纯净水平[11]。流化床汽化器的基本类型如图 8 – 2 所示。

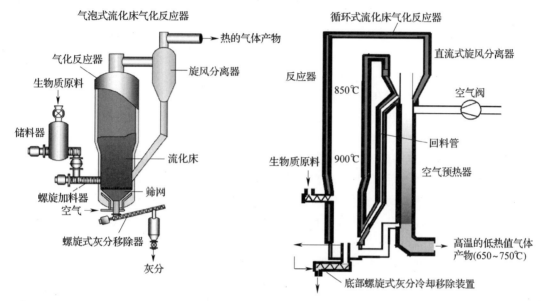

图 8 – 2　气泡式流化床气化器及循环式流化床汽化器[16 – 17]

8.2.4.2　气流床反应器及固定床反应器

在气流床反应器中,气化介质可以是氧气或空气与水蒸气的结合。燃料及氧化性气体的高速加入可使其在反应器中有效地紊流混合。流化床气化器的示意图如图 8 – 3 所示,主要适用于化石燃料的气化。原料进料颗粒的尺寸限制为 100μm,当原料尺寸大于这一值、且可研磨性较差时,该原料就不能被有效利用。所以,气流床反应器不适用于生物质的气化。在气流床中较小的颗粒尺寸在一定程度上弥补了原料在此装置中保留时间短所带来的问题。

气流床气化器操作温度很高(>1300℃),熔融的灰分以熔渣的形式从反应器中移除。反应器中的高温减少了在气体产物中的炭和油,气体中 CH_4 的含量也较低,这种特征使得该气体产物适合于合成化学品。气体产物在极高的温度(1250 ~ 1600℃)下离开反应器,这就对未净化气体的冷却系统及净

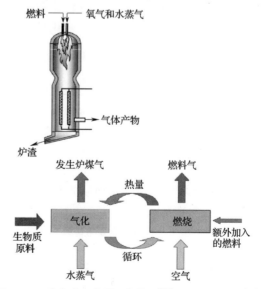

图 8 – 3　流化床气化器(夹带式[18]及双流化床式[19])

化系统提出了很高的要求,气流床气化器中的高温对固体原料进料系统也提出了相应的要求。气流床气化器中气化所需的高温可以由氧气代替空气为气化介质来达到,因此,氧气生产设备的高投资费用使得气流床反应器只有在大型装置中才能获得收益。气流床气化中最大的问题是在高温高压条件下的进料和固体移除,这都要求设备制造时要使用能适合于这些要求的先进材料,同时也要求由这些材料制得的装置具有较好的耐用性[11]。固定床气化器主要用于小规模的能量和热量生产(CHP – 热量、能量结合)。气体和液体的非均匀流动和沟流会使气化反应器存在温度波动的区域,因此,固定床会受到灰分烧结和结块的困扰。另一方面,气化器中温度很低的区域可能会导致焦油的形成,在生产中应该尽量避免这一现象的发生。沟流效应的影响会随着反应器规模的增大而增大,所以固体床不适用于大规模气化生物质生产气体产品。

8.2.4.3 双流化床气化

双流化床气化器主要用在一些合成气的示范性生产项目中。其主要原理是生物质高温分解及吸热气化反应所需的热量是被间接提供或由外部供给的,也就是通过燃料炭在一个单独的燃烧室内部分燃烧提供。这种类型反应器的实例有气化 – 燃烧联合反应器,即"MILENA"气化器[9,20],以及由维也纳理工大学研制的双并列式气化 – 燃烧流化床系统[9,19](图 8 – 3)。在奥地利的示范性装置与后者相似,这部分内容将在后面提到(参见 8.2.8 节)。间接气化最重要的优势是焦炭的燃烧可以仅使用空气代替氧气来进行,也可以提供很高的碳转化率。由于燃料气中惰性的 N_2(来自于空气)没有与气化所得气体产物混合,所以气化所得的气体产物中有价值的 CO 和 H_2 含量相对较高。用空气替代 O_2 避免了生产氧气所需的高投资费用,然而这种技术目前只小规模应用于示范性生产,现阶段依然缺少大规模商业化生产气体生物燃料的工厂。

8.2.5 气体产品的加工(净化和精制)

8.2.5.1 概述

气体产物精制成为纯净的合成气的操作过程很大程度上取决于合成气的使用方式。精制过程包括:重整、冷却、过滤、水煤气转化和超净化。超净化是指从气体产物中移除可能对催化转化过程有害的少量化学污染物。气化过程中的一些潜在的污染物及其性质如表 8 – 3 所示。

表 8 – 3　　　　气化过程中潜在的污染物(改进自文献[21])

污染物	实例	问题	净化方法
颗粒物	灰分,焦炭,床原料	腐蚀及阻塞	过滤,洗涤
碱金属	钠(Na)和钾(K)化合物	热腐蚀及催化位置	冷却,吸收,冷凝,过滤
重金属和痕量元素	汞(Hg),砷(As),镉(Cd),铅(Pb),碲(Te)	催化位置	冷凝,过滤,保护床,洗涤(超净化)
与燃料混杂的氮气	主要是 NH_3 和 HCN	在气体燃烧时形成的 NO_x	洗涤,选择性催化清除
焦油	活性芳香族物质	过滤器阻塞,内部的冷凝及沉积	焦油的裂解/重整或洗涤
硫(S)和氯(Cl)	HCl 和 H_2S(以及一些羧基硫)	催化位置,腐蚀,气态硫的消除	石灰石或白云石,Zn 基的保护床,洗涤,吸收

在气体处理流程中,合成气净化和精制过程可以被设置为各种不同的顺序。气体产物中的固体微粒和焦油是被除去的最主要的组分。焦油是气体产物处理流程中在低温表面冷凝下来的重质碳氢化合物的混合物,由灰分和残余碳组成的细微固体颗粒通常会与气化器中的气体产物一同排出。机械过滤可以使细微颗粒首先被移除,细微颗粒的移除有利于合成气体处理流程中下游阶段其他过程的进行。气体可以先被冷却除去焦油,然后过滤除去细微颗粒,在这种情况下,无焦油的催化材料包含细微颗粒,则催化剂表面就没有被腐蚀或阻塞的问题。这些步骤完成以后气体产物就已经被部分冷却了,热量进入热交换器被用于工厂的其他地方,水煤气转化和超净化通常在这些步骤之后。

8.2.5.2 重整和脱焦油

重整是为了将气体产物中的焦油和重质碳氢化合物转化为更有价值的气体组分,如 H_2 和 CO。焦油的移除阻止了可能发生在低温表面上的冷凝,因此也消除了在气体产物处理流程下游的堵塞问题。图 8-4 为重整操作的示意图。

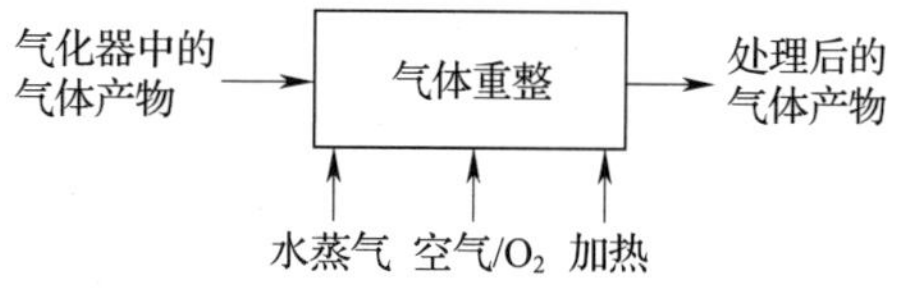

图 8-4 气体净化过程中重整操作的示意图

重整反应器通常在与气化反应器相同的压力下进行工作,反应温度取决于所选择的催化剂,这些催化剂的表面为特定的气态反应物提供了反应活性位点。最重要的重整反应是 CH_4、CH_3CH_3 以及各种大分子质量的碳氢化合物(如笨、甲苯、萘)转化为 H_2 和 CO 的反应。在液体生物燃料的生产中,CH_4 的高效重整是十分重要的,这是因为它在生物质基气体产物中含量很高且所含的能量也相对较高。气态反应物在重组反应中的转化过程受操作压力、温度以及活性催化剂的综合影响。碳氢化合物的重整可以通过碳氢化合物与水蒸气反应形成 H_2 和 CO 的反应来描述。通常可以表示为:

$$C_nH_{2n+2} + nH_2O \rightarrow nCO + (2n+2)H_2 \tag{8-10}$$

例如,CH_4 的重整以如下反应形式发生:

$$CH_4 + H_2O \rightarrow CO + 3H_2 \tag{8-11}$$

碳氢化合物的重整广泛应用于石油精炼中来生产氢气。上面所示的反应需要消耗热能,尤其是 CH_4 的重整反应,这些能量可以由外部提供也可以由内部提供,注入氧气后可以通过产品气体中可燃性组分的部分氧化产生热量。通常情况下,重整反应器是在 800~950℃ 的温度下工作的,不过,一些新研制的催化剂扩大了操作温度范围。原料中的 N_2 注入到气化器后会在气体产物中形成 NH_3,而重整反应器中的催化原料可以使气体产物中一部分 NH_3 降解:

$$2NH_3 \rightarrow N_2 + 3H_2 \tag{8-12}$$

8.2.5.3 气体加工

过滤:在流化床气化过程中,大多数经过淘洗的原料经旋风分离后进入气化器中,但是,一些细微颗粒还是被夹带到了下游的操作流程中,这些细微颗粒可通过机械过滤去除。由不同材料(陶瓷、金属和聚四氟乙烯)制成的屏障型过滤装置可以用于分离气体产物中的灰尘。过滤温度范围由所选过滤装置材料的耐用性决定,通常在 180~800℃。

过滤装置由几个正对着被污染气流的袋状或柱状的过滤器组成,颗粒物和污染物被截留在过滤器中,净化后的气体则通过过滤器。袋状或柱状过滤器用脉冲式惰性气流清理,从而使滤饼脱离滤芯。最后,过滤出来的污染物在过滤装置底部被收集。在 600℃ 以下的温度条件下过滤时,碱金属可以凝结在气体夹带的颗粒上,因此将气体产物冷却后进行过滤可以除去碱金属。

水煤气转化：水煤气转化是一个在化学工业中常用于 H_2 生产的催化过程。与通过气化反应所得的气化产物的加工处理相比，水煤气转化可显著增加产物气体中氢气的得率。液体生物燃料的加工通常需要特定比例的 H_2 和 CO 混合气体，H_2/CO 比例可根据水煤气转化进行调节。

化学反应如下（参见 2.4.1）：

$$CO + H_2O \rightarrow H_2 + CO_2 \tag{8-13}$$

当气体产物的温度为 $200 \sim 500\,^\circ\!C$ 时，在水煤气转化反应器中加入固体催化剂，水蒸气作为注入气可以增加氢气的形成，进而减小了催化床尺寸。水煤气转化反应受化学平衡控制，上述温度范围对氢气的形成十分有利，因此，一部分气体产物被送入旁路，通过控制旁路气体的量可以使水煤气转化反应器出口的 H_2/CO 被控制在所需要的水平上。

8.2.5.4　超净化

脱焦油并经过过滤的气体产物在洗涤前通常会被冷却到 $150\,^\circ\!C$ 以下。湿法洗涤可以除去气体产物中包括 H_2S 和 NH_3 在内的各种污染物，在洗涤操作中，用合适的液体（水和氢氧化钠溶液）进行喷淋，可以清除剩余的固体颗粒、碱金属和重金属、含硫化合物和氨气以及产品气体中残余的少量焦油。产品气中 CO_2 浓度较高，气化处理流程中的 CO_2 通过物理法洗涤除去，即将产品气体通入到一个由特殊吸收剂制成的吸收柱中来完成，吸收剂从气流中吸收 CO_2，然后清洁的气体被进一步用于化学合成，被吸收的 CO_2 通过再生处理后被储存起来。为了增加工厂的生产效率和经济效益，捕集的 CO_2 可以被反向循环回气化器中作为气化介质。

一个单独的氧化锌保护床可以使气体组分中总的硫含量降至 10ppb$_v$ 以下，另加一个以镍为原料的保护床可以增加硫的清除效果[22]，这种超低硫含量的产品气体对烃类合成十分有利。目前已有商业化的吸收技术应用于有害污染物的去除，例如 Selexol™ 和 Rectisol 技术可将酸性气体降至很低的浓度，从而满足合成所需的要求，然而，该过程的复杂性及高投资费用不利于生物质液化工厂（BTL）小规模应用。总之，对大多数应用，如发动机，涡轮机，燃料电池发电厂，尤其是合成来说，气体净化是发展先进气体加工技术的关键问题。

8.2.6　用费－托（F－T）法加工产品气体

8.2.6.1　概述及发展历程

生物质基合成气体作为生产高级产品的原料被广泛用于化学工业中，例如，它可以被用于生产液体燃料（生物柴油），代用天然气（SNG），H_2 以及化肥。图 8-5 展示了加压状态下集合了不同化学合成步骤的生物质基氧气气化过程。

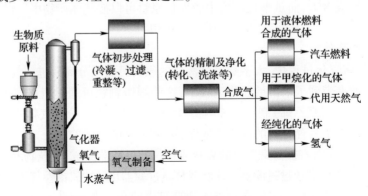

图 8-5　生产合成气的典型步骤[16]

费 - 托合成是一个重要的转化加工过程,即在催化剂存在的条件下将产品气体中的主要组分转化为直链化合物。合成反应在 $1 \sim 4MPa$ 的压力下进行,低温合成(在 $200 \sim 240℃$)适合于生产生物柴油。基本的反应是:

$$nCO + 2nH_2 \rightarrow n(CH_2) + nH_2 \tag{8-14}$$

根据费 - 托合成反应式可知,H_2/CO 比例为 $2:1$ 时有利于生产合成气,在气化过程及产品气体的净化精制流程中应注意这个特点。费 - 托合成反应通常是在钴(Co)及铁(Fe)基催化剂催化下完成,合成过程会强烈放热,反应过程中热交换效果不好会导致操作温度较高,进而导致碳沉积及催化剂钝化,因此该过程中需要一个较好的热交换器带走多余的热量,同时,此过程对产品气体的纯度及组成的要求也非常高。费 - 托合成有非常悠久的历史,可以追溯至 20 世纪初,法国化学家 Paul Sabatier 和 Jean - Baptiste Senderens 在 1902 年发现 CO 可以由镍催化剂催化加氢转化为 CH_4,此后该合成开始快速发展,目前,不同的固定床反应器、流化床反应器及泥浆床反应器已被用于商业生产中。费 - 托合成发展的里程碑式事件如下所列:

① 1923 年:Franz Fischer 和 Hans Tropsch 发现 CO 与 H_2 在 Co、Fe 和 Ru 催化剂催化下反应可以转化为液体碳氢化合物;

② 1925 年:第一个专利(德国);

③ 1936 年:第一个商业工厂(德国);

④ 1944 年:在德国出现生产高峰期,每天 1.6 万桶或每天 2400 万 L;

⑤ 1947 - 1953 年:在美国开始生产;

⑥ 1955 年:南非合成石油公司每天生产 800 桶或每天 12.5 万 L;

⑦ 1975 年:在美国开设新工厂;

⑧ 1980 年:南非合成石油公司每天生产 15 万桶或每天 23800 万 L,Fe 催化剂;

⑨ 1993 年:壳牌中间馏分加工过程,马来群岛;

⑩ 2000 年以后:生物质基的示范性计划。

在研究合成反应的早期,具有催化活性金属的发现是通过测试所有能想到的金属来实现的。起初,在像德国这样经过一战后经济萧条的国家里,褐煤这样易得的燃料是家用燃料的首选,在这之后,典型的燃料包括天然气(气体液化)、煤(煤液化)以及最近渐渐发展起来的生物质液化燃料也逐渐被使用。费 - 托合成反应的发展一直与政治问题及世界经济密切相关,典型的例子包括:为抵制南非种族隔离制度的石油禁运,20 世纪 70 年代世界范围的石油危机以及反对地球气候变化的运动等。关于费 - 托合成的较好的数据资料可以在参考文献[23]中找到。

8.2.6.2　生物质原料

理论上合成气反应与原料无关,但在实际生产中不同原料会有不同的气化特性。气化技术本身是已经比较成熟,但是在生物质气化及气体净化方面仍然缺乏经验,例如,不同种类的生物质的组成及气化反应特性有极大的不同。生物质气化工厂的生产规模通常要比用煤或天然气为原料的工厂小一到两个数量级,这是生物质燃料工厂的较为突出的特点。例如,Choren's beta BT - 工厂[24]设计的生产能力是每年 1.3 万 t 汽车燃料,而在卡塔尔的 Oryx GTL 工厂的设计值是每年生产 $1.6 \times 10^9 t$。由于气化及气体净化占据了绝大部分的投资费用,因此,为小规模应用找一个切实可行且合算的方案是很有挑战性的。最近的示范项目将在后面详细讨论(参见 8.2.8 节)。

8.2.6.3 反应网络

费－托合成中会发生一些反应,其中最重要的反应如下所列:

甲烷化作用:$CO + 3H_2 \rightarrow CH_4 + H_2O$ $\quad\quad \Delta H_{298K} = -247kJ/mol$ $\quad\quad\quad$ (8-15)

煤油:$(2n+1)H_2 + nCO \rightarrow C_nH_{2n+2} + nH_2O$ $\quad \Delta H_{298K} = -180kJ/mol$ $\quad$ (8-16)

烯烃:$2nH_2 + nCO \rightarrow C_nH_{2n} + nH_2O$ $\quad\quad\quad\quad\quad\quad\quad\quad\quad$ (8-17)

乙醇:$2nH_2 + nCO \rightarrow C_nH_{2n+1}OH + (n-1)H_2O$ $\quad\quad\quad\quad\quad$ (8-18)

也可能发生其他的氧化(酸、醛和酮,参见8.2.4.1)

转化:$CO + H_2O \rightarrow CO_2 + H_2$ $\quad\quad\quad\quad \Delta H_{298K} = -41kJ/mol$ $\quad\quad$ (8-19)

(布杜阿尔反应):$2CO \rightarrow C + CO_2$ $\quad\quad \Delta H_{298K} = -172kJ/mol$ $\quad\quad$ (8-20)

焦化:$H_2 + CO \rightarrow C + H_2O$ $\quad\quad\quad\quad\quad\quad\quad\quad\quad\quad\quad\quad$ (8-21)

在费－托合成中,形成煤油的反应是最主要的反应,尤其是通过 Co 催化的合成反应。催化剂及反应条件的不同对反应的贡献也有显著差别,例如,仅由铁进行催化的水煤气反应式(8-19),烯烃和含氧化合物产品的含量在铁催化下相对较高,而在低温和低流速下使用 Co 或 Ru 催化剂是生产重质煤油的最好选择。值得注意的是,费－托合成的主要反应会大量放热,这一点在工艺设计中必须充分考虑。此外,从整个加工过程的经济性及成本效率的观点出发,对释放出的热量进行有效利用是很重要的。大多数有用的产品不应包含氧元素,氢的一部分化学能在形成水的过程中损失,而碳的损失是由反应式(8-19)及布杜阿尔反应式(8-20)形成 CO_2 引起的。

8.2.6.4 产品气的品质

如前所述,在气体中存在许多污染物,所以,在气体应用之前对其进行净化是十分必要的。对于要被用于合成反应的气体,其净化要求是极其严格的,这是因为合成所需的金属催化剂(Co,Ru,Pt,Ni 以及 Rh)容易被污染物影响而导致催化剂中毒。典型的污染物包括机械颗粒、酸性气体和碱性气体、碱金属以及焦油,产品气中只允许极低浓度的污染物存在,因此,各种污染物可以被接受的最大量是一个需要讨论的问题。表8-4列出了一个已报道的数据实例,其他实例以及考察见文献[26]。

表8-4 产品气净化要求[25]

特征	要求的纯度
H_2/CO 比例	Fe 催化剂 1.4~2,Co 催化剂 ≈2
惰性气体含量(体积分数)/%	<10
颗粒尺寸/(mg/m^3)	0.1
焦油含量/ppm_v	在露点以下 -15℃ <1
卤素含量/ppb_v	<10
碱含量/ppb_v	<10
硫含量/(mg/m^3)	<0.15
氮含量/(mg/m^3)	<0.015
重金属含量	低

很明显,气体纯度规格是一个与优化相关的问题。改进气体净化技术的花费应小于不断减少的生产花费以及更换保护床或催化剂所需的花费。此外,据报道,Fe 催化剂对硫的耐受力比 Co 催化剂强很多,尤其要强于 Ru 催化剂[27]。

8.2.6.5　反应机理和产物分布

虽然费－托合成有很长的历史,但其详细的反应机理仍然不是很清楚。几种包含不同表面物质的反应途径已经在文献中提出[28]。但是,所有的合成反应都可以被看作是亚甲基基团(—CH$_2$—)阶梯式聚合,如图8－6所示。

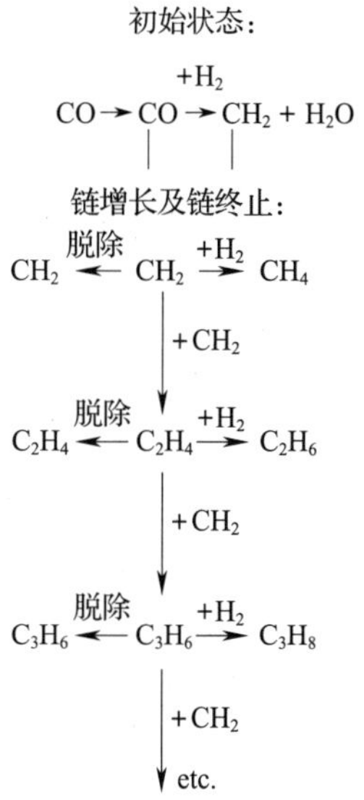

这些表面物质可以被解吸用来生产烯烃,氢化后解吸作为烷烃(主要反应)或通过增加其他的亚甲基基团来继续链增长。研究表明,费－托合成的产物分布模型化十分困难,为了用于实际操作,常常使用假定链增长几率与逐渐增长的碳氢链长度无关的理想化模型来解决实际问题。由于烷基链上远离末端的原子几乎不会被末端增长中心的反应影响,所以这个假设看似正确,因此,根据 Anderson－Schulz－Flory 公式,产物分布通过一个因素(连增长几率 α)就可以描述:

$$W_n = n(1-\alpha)^2 \cdot a^{n-1} \qquad (8-22)$$

W_n 是包含有 n 个碳原子的产物的质量分数,n 是碳原子数。

初始状态:

$$CO \rightarrow CO \xrightarrow{+H_2} CH_2 + H_2O$$

链增长及链终止:

$$CH_2 \xleftarrow{\text{脱除}} CH_2 \xrightarrow{+H_2} CH_4$$

$$\downarrow +CH_2$$

$$C_2H_4 \xleftarrow{\text{脱除}} C_2H_4 \xrightarrow{+H_2} C_2H_6$$

$$\downarrow +CH_2$$

$$C_3H_6 \xleftarrow{\text{脱除}} C_3H_6 \xrightarrow{+H_2} C_3H_8$$

$$\downarrow +CH_2$$

$$\downarrow \text{etc.}$$

图 8－6　费－托合成中碳氢化合物形成的一般途径

正如在图8－7和图8－8中展示的那样,用式(8－22)可以计算不同 α 值的产物分布。但费－托合成的初级产品通常是复杂的混合物,较差的反应选择性对经济和技术提出了挑战,同时,产品所需的进一步的加工也增加了生产费用。只有汽油(5～12 个碳,最大质量分数51%)或柴油(13～18 个碳,最大质量分数为21%)组分由于其适中的选择性可由费－托合成直接生产。除了 CH$_4$ 以外,重蜡(α 接近1)是唯一一种能以很高选择性生产出来的碳氢化合物产品,这个发现首先被用于壳牌中间馏分加工(SMDS)过程[30],详细的描述见8.2.6.6。图8－9展示了液体费－托合成产物的分布。

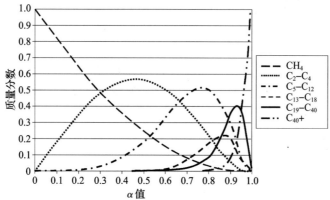

图 8－7　通过 Anderson－Schulz－Flory 分布建立的烃类选择性模型

8.2.6.6　两段法费－托合成

正如上文所述,直接费－托合成无法选择性的生产碳原子数范围较窄的产品,为了克服这个限制,壳牌公司提出一个两阶段概念,即把与链度无关的费－托链增长反应和与链度相关的裂解过程相结合(图8－10)。在第一阶段中,合成气被转化为长链烃蜡(重石蜡合成,HPC)。在第二阶段,重链烷烃选择性地转换成所需的中间馏分油、煤油和瓦斯油(重石蜡转换,HPC)。重石蜡转换步骤是一个使用双功能催化剂的温和加氢裂化过程。通过不同的工艺条件,可以根据需求定制产品分布。

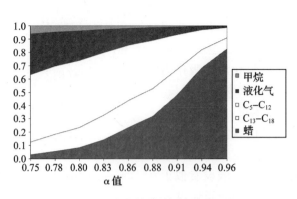

图8-8 产品链增长概率分布函数

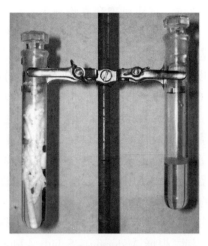

图8-9 可凝缩的费-托合成产物
（左侧 α 值为 0.8，右侧 α 值为 0.6）

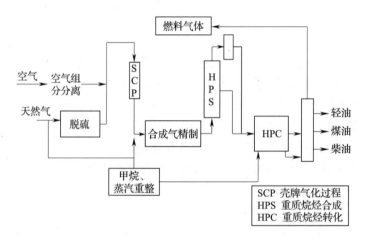

图8-10 壳牌中间馏分合成过程示意图

壳牌中间馏分合成（SMDS）过程首先被用于大型的 GTL 工厂。后来，根据格林的碳-V阳光柴油概念，一个相同的两步过程被应用于生物质液化工厂[24,32]。最近，新的 GTL、CTL 和 BTL 项目已几乎完全基于相应的两段技术。这些项目的明显缺点就是设计复杂，且裂化步骤需要氢气，从而导致投资成本高。

8.2.6.7 工艺方案和流程的整合

一个典型的费-托合成过程如图8-11所示。

热量在加工过程中以高压（HP），中压（MP）和低压蒸汽（LP），以及燃料气体的形式释放出来。在生产过程中，这些能量是宝贵的资源，必须充分利用，从而实现经济效益最大化，因此，对流程进行整合是必要的。例如，在芬兰和瑞典等国家的纸浆和造纸厂需要大量的能量就是进行整合的潜在方向。同时，森林工业迫切需要新的产品和经营模式。图8-12展示的是将可再生柴油生产整合到纸浆和造纸厂的模式图，将造纸厂和费-托合成工厂充分集成的好处是显而易见的，其原料的转换效率非常高，生产费-托合成产品（甲醇、天然合成气和氢气）的工厂已经对此技术的经济指标进行了大量的评估[34]。

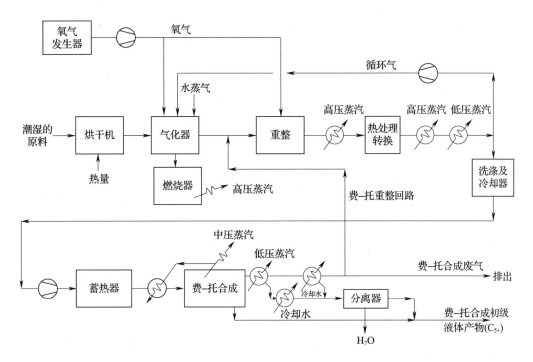

图 8-11　改进后的费-托合成循环图

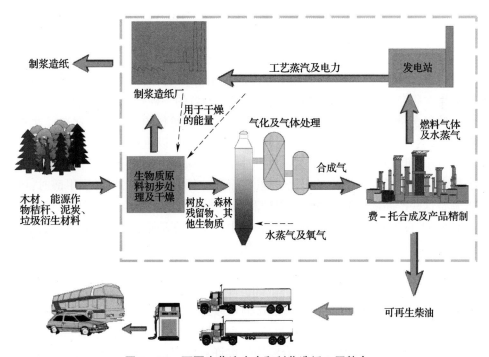

图 8-12　可再生柴油生产和制浆造纸工厂整合

8.2.7　其他生产液体和气体生物燃料的方法

8.2.7.1　氢气

氢气的生产在化学工业中为人所熟知。氢气通常用于生产其他化学品,例如,用原油来生产柴油和汽油[20,34]。氢气可以通过生物质气化产生,在生产过程中最大限度地提高水煤气转换反应器中合成气的产率,然后,将除氢气外的其他的合成气成分分离,剩余的一氧化碳则转化成甲烷。氢气可以被当作运输燃料,目前以氢气为燃料的汽车也正在研制中,在这种汽车中,氢气通过在燃料电池中燃烧来提供动力。目前,还不能大量地制备氢气,所以为运输燃料利用时其成本显得相对较高。为建立一个稳定的氢气经济产业所面临的技术挑战包括:改善流程效率,降低生产成本,利用可再生资源生产氢气[20],另外,以氢氯为燃料的燃料电池发动机的整体效率问题也可能对其产生限制[18]。

8.2.7.2 合成天然气

合成天然气的主要成分是甲烷,其主要是通过甲烷化反应[见反应式(8-15)]得到的,该反应是放热反应($\Delta H_{298K} = -247kJ/mol$),所以适当的散热是必要的[32]。合成天然气有许多应用,例如它也可以与通过厌氧消化产生的生物燃气一样作为运输燃料[35-36]。然而,与液体生物燃料相比,合成天然气的能量密度很低,压缩液化可以提高其能量密度。在奥地利的Güssing工厂一个合成天然气的示范项目正在建设当中[19]。

8.2.7.3 甲醇和二甲醚

目前甲醇主要来源于合成,其生产是使用Co-Zn基催化剂,在5~10MPa压力下,200~300℃温度条件下实现的[20,36],利用生物质转化制备甲醇的收率可达到55%。几个基于生物质的试点规模的示范项目已经在世界各地开展。甲醇的合成反应式如下:

$$CO(g) + 2H_2(g) \rightarrow CH_3OH(g) \tag{8-23}$$

甲醇还可以通过以下反应生成二甲醚(CH_3OCH_3,DME)(反应条件:铝催化剂,310℃,2.6MPa):

$$2CH_3OH(g) \rightarrow CH_3OCH_3(g) + H_2O(l) \tag{8-24}$$

在此反应中,二甲醚以气体的形式从二甲醚、乙醇和水混合物中分离出来,一步法生产二甲醚的方法正在研究中[36]。二甲醚是液化石油气(LPG)的一种较好的替代品,它具有高的十六烷值和高的氧含量,使其成为一种可以作为柴油发动机燃料的替代品。就选择性和效率而言,生产合成天然气、甲醇和二甲醚与费-托合成燃料相比(以生产生物柴油为例),优势在于其分子质量较小,可以从合成气中生成且该过程中没有明显的副产物。替代品的可选择性最大限度的提高了给定量合成气的最大化学能[37],而且,在联合生产二甲醚和甲醇时,可以根据市场需求调整这些产品之间的选择性。甲醇和二甲醚的联合生产已被证明可以进行商业规模生产,一个年产1百万t的甲醇和二甲醚的联合生产工厂在瑞典的Piteä正在建设中,另外还有一个黑液气化工厂也在同时在建造中[38]。使用二甲醚作为运输燃料的试验已在加拿大已展开[36]。

8.2.7.4 乙醇和混合醇

商业化的合成甲醇的Cu/Co/ZnO基催化剂可以通过改性使它们具有选择性催化合成乙醇的趋势,产率小于60%。Rh催化剂在反应温度大约为275℃和反应压力10MPa时合成乙醇的选择性更高。近期,通过生物质气化合成乙醇也许可以与由玉米生产乙醇在成本上一比高低[36]。混合醇(MAs)合成,也叫"高级醇合成"(HAS)与费-托合成和甲醇合成相似,使用类似的催化剂[9],也可以利用Mo基催化剂转化一氧化碳合成其他燃料[39]。合成过程中产生了醇混合物,如甲醇、乙醇、丙醇和其他较重的醇,很显然,要想利用这些醇首先需要对其进行分离。通过评估可知,混合醇合成的最小经济规模和费-托合成一样。Coskata公司在美国的半商业化的工厂尝试通过微生物发酵转化合成气生产乙醇[40]。目前,在美国很多公司正在努力使合成气转化成乙醇实现商业化生产及利用[41-43]。

8.2.7.5 汽油

甲醇可通过 MTG 过程在分子筛的催化作用下生产汽油,此发明由美孚化工部发明[15,36]。Haldor Topsoe A/B 公司开发出了 TIGAS 过程,这是一个改进的 MTG 过程[15]。这种汽油的产生过程可能由一串反应组合而成,包括甲醇合成反应式(8-23),DME 合成反应式(8-24),水煤气转换反应式(8-13)和汽油的合成反应:

$$CH_3OCH_3 \rightarrow 2-CH_2- + H_2O \qquad (8-25)$$

在这里—CH_2—代表汽油。

汽油合成的整个反应网络(反应条件:温度 250℃和压力大于 2MPa)如下:

$$3CO + 3H_2 \rightarrow 2-CH_2- + H_2O + CO_2 \qquad (8-26)$$

在 TIGAS 过程中,没有必要分离或储存甲醇,因为它会很快反应形成二甲醚,而汽油产品必须从烃类气体和水中分离出来。根据 Nielsen[15]的报道发现,TIGAS 过程的另外一个优点就是其要求 H_2/CO 的比例是 1:1,生物质通过空气吹进反应器进行气化产生氢气和一氧化碳,从而用于合成反应,这使在商业应用中不需要氧分离装置。因此,TIGAS 过程比较适合与生物质气化工厂结合,能同时生产热能和电能,比如 IGCC。Haldor Topsoe 在美国建立了示范工厂,目前已经运行 7000h。

8.2.8 示范项目

天燃气制油和煤制油都是较为成熟的技术,然而目前还没有商业的生物质制油(BTL)工厂出现。最近几年,许多试点的示范项目已经启动。在最近的一项研究中,Bacovsky[44]已经列举了 16 个在欧洲和北美上市项目,下面简单介绍一下这些项目。

科林过程:德国科林(Choren)公司已经开发出了碳-V®标记的 BTL 过程,它基于三步气化过程。2003 年,有史以来第一次在 1MW 的试验工厂里利用生物质生产了费-托合成液体。同一年,他们开始兴建第一个每年生产 13000t 合成汽车燃料的工业厂房,该工厂的投产经历了很长的过程,表明该项目具有一定的的复杂性。尽管存在财政和技术上的问题,第三个更大的工厂已经在筹备中,预计每年生产 20 万 t 的 BTL 燃料。虽然基本概念已公布,科林一直不愿意提供更多关于此过程的信息。根据已公布的信息,一些可能出现有关碳-V®技术的问题也已确定,例如,各单元的组合似乎较为复杂,特别是在气化步骤中,这使得该过程很昂贵,此外,气体的热值是比较差的[45]。世界上大约有 12 个基于科林技术生产 BTL 产品的项目。

宜高过程:宜高目前在奥地利的 Güssing 经营着一个 8MW 的热电厂。木炭被送入循环流化床的燃烧区中燃烧提供能量用于蒸汽气化用(图 8-3),两组单独的气流产生的热量用于区域供热[19]。这家工厂建设的初衷是作为热电厂,而最近的研究和开发项目的主要目标是生产可燃合成气、甲醇和费-托合成液体,这些都需要安装额外的气体净化设备。自 2005 年以来,已经通过浆料反应器成功地生产了少量的费-托合成液体,此外,一个更大的示范工厂的计划已经公布,根据这项计划,三代电、热和费-托合成液体生产项目也正在考虑中。除了产生的热能和电能之外,一个 30MW 的工厂还能生产大约 4200t 的柴油,但一个不得不考虑的是问题是费-托液体生产在预定的规模下是否是经济可行的。

Chemrec 的黑液气化:Chemrec 在瑞典 Piteä 开发的 DP-1 工厂,利用吹入氧气喷流的专利技术,操作压力为3MPa,每天可以消耗20t的固体[45],原料是制浆造纸产生的副产物黑液(见第2章)。Chemrec打算扩大技术,建立一个完整的每天处理500t固体的商业规模的气化炉。虽然Piteä厂运营长达10000h,但是这只是一个典型的中试工厂。气化所使用的夹带床气化器需要高的压力和温度,气化后需要冷却气化器,反应器壁和连接点需要高质量的材料。此外,黑液原材料包含高含量的无机材料,因此对纯化合成气要求比较高。

美国的BTL:美国已建立了几个关于BTL的示范项目,例如,Rentech公司,Coscata公司,Velocys的和陶氏化学[45-46],这些公司最大的特点是他们利用合成气的BTL技术生产生物柴油或液体醇。相关科研也正在许多研究机构和大学开展,例如美国能源部(DOE)、国家可再生能源实验室和天然气技术研究所[11]。美国能源部对开发BTL技术表现出了浓厚的兴趣,为示范规模或生物炼制提供了大量资金及技术支持[46]。

芬兰示范项目:芬兰目前有两个财团在运行BTL示范项目,一个大的纸浆和纸张公司正是这两个财团的主要成员之一。制浆造纸需要大量的能量,他们都想集成费-托合成工厂获得能量。制浆造纸运输木材的经验可以在BTL生产燃料上得到应用。

Neste石油公司和斯道拉恩索已经建立了50/50的合资企业(NSE生物燃料公司),该公司首先开发技术,然后用木材和/或林木残留物生产成下一代可再生柴油和原油[11]。芬兰技术研究中心作为其合资伙伴,同时还充当了测试和研究合作伙伴的角色,而福斯特惠勒则作为气化供应商。该公司目前正在斯道拉恩索的Varkaus工厂建设一个12MW的示范项目。合成气生产和天然气处理的规模将达到5MW。当双方有足够的经验对示范工厂的投资进行决策时,就可以建立一个商业规模的工厂。BTL应用商业工厂规模的大小已被设置在200~300MW或10万t/a F-T蜡左右。芬欧汇川集团与安德里茨组建了一个单独的部门[11,47],正在美国芝加哥的德斯普兰斯开展试点。生物质在氧或空气的氛围下气化,为BTL技术提供合成气,该项目正在进行5MW规模的测试。一个商业规模的工厂工程设计工作正在进行,经济影响评估和环境影响分析已经开始。同时,对选址,木材供应链和物流的调研仍在继续。在美国,直到中试规模的测试程序积攒足够的经验之前,商业规模的工厂生产是不会被实施的。

Vapo是当地的可再生燃料、生物电和生物热供应商,该公司已宣布要建设一个容量为250MW的BTL工厂项目[11,48]。燃料的原料由木材(最大50%)和泥炭(最小50%)组成,项目的现状至今尚未公布。

8.3 热裂解

8.3.1 热解生物油的用途

快速热裂解生物油通常也叫"生物原油"、"快速热裂解油"、"闪速热裂解油"或者"热裂解液",其主要来源于植物残渣的快速热裂解,可以替代石化燃料和化工原料。目前生物油在工业窑炉、锅炉、柴油发动机和燃气涡轮机方面已开始使用测试。以生物油中的主要成分为原料进一步合成合成气方面的研究也得到了一定的发展。另外,也有一小部分的生物油进一步降解成为可以作为运输燃料的馏分[49-50]。然而,到目前为止,利用生物油做为能源产品的应用还没有商业化。

如果生物油的特殊燃料性能得到认可,它就可以像常规液体燃料一样能被运输、储存和利用。20 世纪 90 年代,生物油的大规模使用测试在斯德哥尔摩首先展开[51]。一个设计以轻质生物油为燃料功率在 300kW 的小型全自动热锅炉进行了一个采暖季度的测试[52]。生物油也可以和天然气在天然气锅炉里进行共燃料利用,这种应用相对于小锅炉应用技术要求不高[53]。

生物油也可作为一种小规模分布式发电的燃料[54]。生物油在柴油机上的测试工作在 20 世纪 90 年代已经开展[55],然而,到目前为止还没有突破性的进展能够克服生物油利用所面临的挑战,例如生物油对喷射设备的磨损。在 20 世纪 90 年代中叶,生物油在燃气轮机方面利用的研究开始开展,Orenda 在这方面的研究比较突出[56]。他们把现有的发动机进行改装转换成可以燃烧生物油的发动机,并把它安装在了加拿大一家生物油生产工厂的一个车间内[57]。

在德国,包括以分布广泛的生物质原料(秸秆)为原料的液体生物燃料的生产正在不断发展[58]。生物油也可以成为一个大型中央工厂的辅助燃料,目前,有 40 家分布在全国各地的生物油生产工厂把他们制备的生物油浆液运输到一个年产 100 万 t 烃类生物燃料的 F-T 工厂。众所周知,如果液体生物燃料大量的生产,将造成生物质原料的竞争收紧,在这种情况下,可行的方案就是把不同的生物燃料运输至单一的气化工厂。

生物油的精炼在 20 世纪 80 年代首先由西太平洋国家试验室(PNNL)提出,其主要目标就是对生物油进行降解来生产运输燃料[59]。西太平洋国家试验室在生物油加氢精炼方面得到了一系列可喜的成果[50]。后来,生物油的降解精炼又得到了进一步的重视,这其中包括一个欧洲项目,它和 Veba Oel 在 20 世纪 90 年代做的工作目标是一致的[60]。

Sipila 等对欧洲制浆造纸工业生产生物油的可能性进行了分析[61],表明欧洲制浆造纸工业可以建成 50 个以流化床锅炉为主要设备的集成生物油生产工厂。在短时间内,热裂解生物油在能源方面的市场主要是用来代替石灰窑和锅炉中的天然气。

8.3.2　生产技术

快速热裂解技术的发展可以追述到 20 世纪 60 年代晚期到 70 年代早期美国西部石油的一个发展计划。然而,加拿大 Waterloo 大学的 Scott 和他的合作者们在此方向上工作的开展对这个领域的发展起到了重要作用,现在对快速热裂解的认识主要是基于他们的开创性工作[62]和后来的出版物。另外重要的发展主要开始于加拿大 Western Ontario 大学,并最终促使 Ensyn 技术体系的建立[63]。美国国家可再生能源实验室在很早的时候就开展了基础性研究工作,在欧洲,这个领域的发展最初始于荷兰的 Twente 大学,生物质技术团队(Biomass Technology Group,BTG)的工作促进了生物质精炼的发展。

图 8-13 展示了自 1990 年以来生物油产品的发展路径,其中用于生产食品调料方面的内容不在此次调查的范围之内,对于 1990 年以前的工作只做了小规模调查。除本图所示的生物油发展路径之处,还有一篇关于生物油产品发展的综述性文章可供读者了解[65]。

Metso 电力[66]通过与 UPM 和 VTT 合作在芬兰建立了世界上第一个完整的热裂解试验工厂,该项目旨在开发一种新型的综合性木材热解制备生物油的系统。该系统包括整个产业链,从原料的采购和预处理,生物油的生产、运输、储存和最终用途。对不同的热裂解反应器构造将在下边论述。

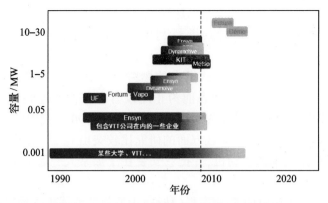

图 8-13　快速热裂解能源化应用的发展道路

8.3.2.1　鼓泡流化床反应器法

鼓泡流化床反应器(Bubbling fluidized beds,BFB),通常被称为流化床,其建设和运营简单,温度控制良好,由于高固体密度的生物质颗粒使得反应过程具有高效的热传递功能(详见8.2.4.1 节)。如果此反应器可以可靠和有效地运行,则有效的生物油得率可以达到 70% ~ 75%(以干基原料计算)。流化床反应器可以利用其良好的固体混合性,通过生物质颗粒之间固-固传递90% 热量,而通过气-固之间的热传递所传递的热量只占整个热量的 10% 。图8-14 所示为鼓泡流化床反应器的简图和工作原理。

8.3.2.2　循环流化床和快速输送床反应器法

循环流化反应器(Circulating fluidized and transported beds,CFB)和快速输送床反应器(Transported bed)与鼓泡流化床反应器具有很多共同特点,其热量通常是通过二级焦炭燃烧加热过的热沙再循环供应,在某种程度上,这种布置类似双流体床。图 8-15 所示为循环流化反应器示意图与工作原理。

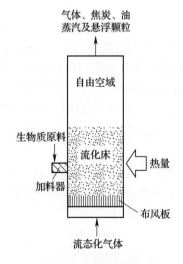

图 8-14　鼓泡流化床
反应器示意图[67]

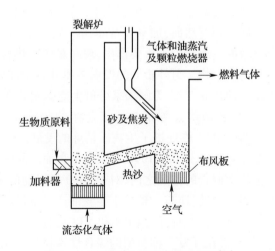

图 8-15　循环流化反应器示意图[67]

8.3.2.3　烧蚀裂解法

烧蚀热解反应速率受限于生物质颗粒热传递的速率,通过将惰性载气(水蒸气或氮气)切向引入涡流反应器中可使生物质颗粒加速至很高的速度。在这种条件下,生物质颗粒在反应器的内表面高速运动形成离心力在反应器壁上滑过,反应器壁保持较高的温度,从而高效地熔融生物质颗粒。载气将在表面上产生的蒸汽由载气从反应器中带出,导致蒸汽在反应器中的停留时间短。烧蚀热解与 EFB 或 CFB 系统相比发展相对滞后。

8.3.2.4　旋转锥裂解生物质

旋转锥反应器是由输送反应器和烧蚀热解器组合而成。作为输送床反应器,这里输送所用的是离心力的作用,而不是气体。热沙和生物质在离心器的驱动下在旋转锥中加热,而蒸汽被收集和处理。在此期间,焦碳在二次燃烧器中燃烧,并和热沙再循环到反应器中,其主要的优点是需要的载气较少。旋转圆锥体热解集成系统,鼓泡床式燃烧和沙循环系统比其他热解反应器复杂得多[68]。图 8 - 16 所示带有沙回收焦炭燃烧系统的集成热解反应器。

8.3.3　热解原料与产品收率

把生物质诸如林木废弃物,工业残渣及部分农业废弃物制备成为生物油具有潜在的经济效益。虽然农业废弃物收集起来很困难,其成本也相当高,但是农业废弃物占总的生物质量是很大的,其潜力非常广阔。

在生物质热裂解过程中,原料成分对裂解产物的收率有很重要的影响。液体收率最高的是木材生物质的热解,最低的是农业生物质热解,并含有大量的碱金属。而正是由于碱金属的存在,农业生物质热裂解得到的产品中的水和气体的产率比木质生物质热裂解得到的产品含量高。热裂解木材(不包括树皮)得到的产品包括 64% 的生物油,12% 的水(化学溶解在有机液体里),12% 的焦碳,还有 12% 的不凝结气体。有机液体收率的不同主要是由原料的物理化学性质的不同造成的,而反应器的不同对产品性质的影响较小。图 8 - 17 所示为生物质热裂解液体收率。

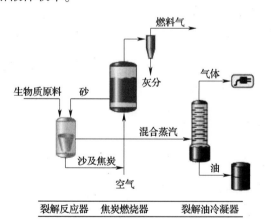

图 8 - 16　旋转锥反应器示意图[69]

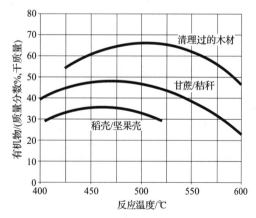

图 8 - 17　生物质热裂解液体收率

8.3.3.1　产品成分和性质

生物质热解液体与石油基燃料的物理性质(表 8 - 5)和化学成分(表 8 - 6)有着明显的不同。热解液化得到的液体呈酸性,且不稳定,是极性和高分子质量的产品,并含有大量的化学溶解水。轻燃料油主要由饱和的烯烃和芳族烃类($C_9 - C_{25}$)组成,与热解的液体不能混溶。热解液体的性质在决定燃油品质及应用过程中必须予以考虑。

表 8 - 5 热裂解油与化石油的性质[71]

性质	热裂解油	轻燃料油
含水量(质量分数)/%	20 ~ 30	0.025
固体含量(质量分数)/%	0.01 ~ 0.5	0
灰分(质量分数)/%	0.01 ~ 0.2	0.01
氮(质量分数)/%	0 ~ 0.4	0
硫(质量分数)/%	0 ~ 0.05	0.2
稳定性	不稳定	稳定
黏度(40℃)/cSt	15 ~ 35	3.0 ~ 7.5
密度(15℃)/(kg/dm³)	1.10 ~ 1.30	0.89
闪点/℃	40 ~ 110	60
流点/℃	-36 ~ -9	-15
低位热值/(MJ/kg)	13 ~ 18	40.3
pH	2 ~ 3	中性
蒸馏性/℃	不确定	160 ~ 400

表 8 - 6 典型的松木裂解油的化学成分[72],通过溶剂分馏获得的馏分的总量

化学成分	湿重	干重	C	H	N	O
水	23.9	0	40	6.7	0	53.3
酸	4.3	5.6				
甲酸		1.5				
乙酸		3.4				
丙酸		0.2				
乙醇酸		0.6				
醇	2.2	2.9	60	13.3	0	26.7
乙二醇		0.3				
异丙醇		2.6				
醛和酮	15.4	20.3	59.9	6.5	0.1	33.5
脂肪族醛		9.7				
芳香醛		<0.1				
脂肪族酮		5.4				
呋喃		3.4				
吡喃		1.1				
糖	34.3	45.3	44.1	6.6	0.1	49.2
1,5 - 脱水 - β - D - 阿拉伯呋喃糖		0.3				
1,5 - 脱水 - β - D - 吡喃葡萄糖		4				
1,4:3,6 - 二脱水 - α - D - 吡喃葡萄糖		0.2				
低分子质量木质素	13.4	17.7	68	6.7	0.1	25.2
儿茶酚		<0.1				
木质素衍生的苯酚		<0.1				
愈创木酚		3.8				
高分子质量木质素	2	2.6	63.5	5.9	0.3	30.3
抽出物	4.4	5.7	75.4	9	0.2	15.4

热解液体的化学性质随着时间的变化而不同,尤其在加热时变化更大。在储存期间,热解液体的主要化学成分发生了变化,其中水不溶性部分增多,醛类和酮类成分降低(图 8-18)。另外,水含量会增加,碳水化合物的量也会减少直至低到某种程度。随着液体的老化,其黏度也开始增加(图 8-19),但挥发物酸的浓度不发生改变。

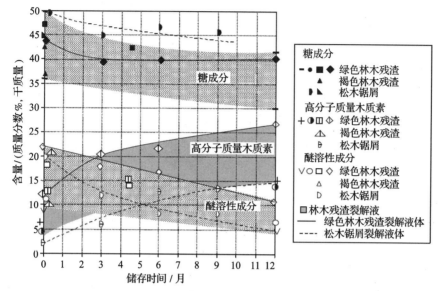

图 8-18　软木裂解液体贮藏期间的主要变化[72],观察四种林木残留物的裂解液和两个松木屑裂解液的变化,HMM 和 FR 分别代表高分子质量和林木残渣

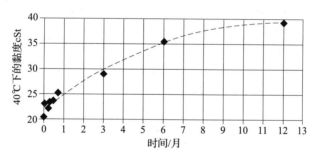

图 8-19　裂解液在室温下储存过程中的黏度变化[72]

8.3.3.2　化合物与其他产品

近年来,从生物油中提取化学品加以利用引起了研究者们的兴趣,Radlein[73]综述了从热解液体中提取的化学品类型(见图 8-20)。目前,研究者普遍认为进一步分析生物油的主要的障碍是缺乏一种能打破生物油的化学分类的常规分析方法。裂解液体潜在使用的途径是用于合成气生产的原料。

8.4　液化

目前不适宜发展直接液化生物质技术制备烃类化合物用于运输燃油,在研究者提供的数据基础上可以看出,没有氢气参与的简单步骤反应过程是没有前途的。在氢气氛围内一定压力和一定催化剂的双重作用对液化生物质所产生的降解物再分解起到了关键作用,这使降解

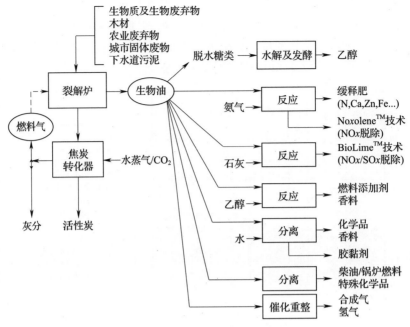

图 8 – 20　生物精炼的概念示意图[73]

物最终转化成为水和二氧化碳,这种两步过程是可行的技术[74],其经济可行性已得到了证实。生物质液化得到的生物油和现代燃料相比较,从其液化过程到最终的利用,整个流程都需要去考虑论证。该利用存在的核心问题是,生物油中存在大量的氧,需要移除氧后才能符合标准加以利用。

造纸黑液中含有降解木质素和多糖降解产物,另外还有一小部分的提取物(见第 2 章)[75]。在现今的硫酸盐纸浆厂中,提取物分离后通过蒸发浓缩到65% ~90% 的固体含量,然后在回收炉中该燃烧产生能量。然而,由于诸多因素,如能源回收的热效率低、发电能力有限、回收设备成本较高等,使得增加黑液转化为高价值的能源形式的可能性吸引了越来越多的关注。除了气化技术(见 8.2.1 节)之外,另一个可能的通过热化学转化黑液中有机物的方法就是和液化木质生物质相似的方法,此方法是基于液相在高温(300 ~ 350℃)高压(大约20MPa),大气氛围(或氢气与一氧化碳),带或不带添加剂的情况下进行热处理[76-77]。在这种处理中,一种油状有机产物(主要来源于木质素的降解)包含无机材料和残余的有机物从水相中分离出来,精炼后该有机相产品可用于作为各种用途的燃料。到目前为止,这种黑液的热化学转化只能在小规模的反应堆上开展,现阶段在经济上没有吸引力。

参考文献

[1] Brink. D. L. Gasification, in Organic Chemicals from Biomass, I. S. Goldstein (Ed.) CRC Press, Boca Raton, FL, USA, 1981, pp. 45 – 62.

[2] Soltes. Ed. and Elder T. J. Pyrolysis, in Organic Chemicals from Biomass, I. S Goldstein (Ed.), CRC Press, Boca Raton, FL, USA, 1981, pp. 63 – 99.

[3] Fengel, D. and Wegener, G. Wood – Chemistry; Ultrastructure, Reactions, Walter de Gruyter;

Berlin, Germany, 1989, pp. 526 – 566.

[4] Alén, R. Conversion of cellulose – containing materials into useful products, in Cellulose, Sources and Exploitation – Industrial Utilization, Biotechnology, and Physico – Chemical Properties, J. F Kennedy, G. O. Phillips and P. A Williams (Eds), Ellis Horwood, Chichester, West Sussex, England: 1990, pp. 453 – 464.

[5] Sjöström, E. Wood Chemistry – Fundamentals and Applications, 2nd edition Academic Press, San Diego, CA, USA, 1993, pp. 225 – 248.

[6] Bridgwater. A. V (Ed.). Fast Pyrolysis of Biomass: A Handbook Volume 2, CPL Press, New Greenham Park, Newbury, United Kingdom, 2002, 425 p.

[7] Arshadi, M. and Sellstedt, A. Production of energy from biomass, in Introduction to Chemicals from Biomass, J. Clark and F. Deswarte (Eds.), Chichester, West Sussex, United Kingdom, 2008, pp. 143 – 778.

[8] Knoef, H. A. M. (Ed.). Handbook Biomass Gasification, BTG Biomass Technology Group, Enschede, The Netherlands. 2005. (http:l//www. btgworld. com). (read 9. 2. 2010)

[9] Anon. E4Tech: NNFCC Project 09 – 008 Review of Technologies for Gasification of Biomass and Wastes, NNFCC Publications, London, UK, 2009. (http://www. Nnfcc. co. uk/metadot/ndex. pl? id = 0). (read 9. 2. 2070)

[10] de Jong, W. Nitrogen Compounds in Pressurized Fluidized Bed Gasification of Biomass and Fossil Fuels, Doctoral Thesis, Delft University of Technology. Delft, the Netherlands, 2005, 283 p.

[11] Kurkela, E, Gasification R&D activities in Finland, in Finnish – Swedish Flame Days, 28 – 29 January Naantali, Finland, 2009. (http://www. tut. fi/units/me/ener/IFRF/IFRF. html). (read 9, 2. 2010)

[12] Moilanen, A. , Nieminen, M. and Alén, R. Polttoaineiden ominaisuudet ja luokit – telu, in Poltto ja Palaminen, R. Raiko, I. Kurki – Suonio, J. Saastamoinen and M. Hupa (Eds.), Jyväfskylä, Finland, 1995, pp. 87 – 108.

[13] Alakangas, E. Suomessa käytettävien polttoaineiden ominaisuuksia, VTT Research Notes 2045, 2000, 172 p.

[14] Kurkela, E, Simell, P. , McKeough, P. and KurKe!a, M. Production of synthesis gas and clean fuel gas, VTT Publications 682, Espoo, Finland, 2008, 54 p. (in Finnish). (http://www. vtt. fi/inf/pdf/publications/2008/P682. pdf). (read 9. 2. 2010)

[15] Nieisen, P. E. H. From biomass to liquid products and power – The Topsøe TIGAS process, in CD 4th BtLtec Conference, Graz, Austria, 24 – 25 September, 2009.

[16] Salo, K. Carbona Inc, Helsinki, Finland, private communication, 2009.

[17] Palonen, J. Foster Wheeler; Varkaus, Finland, private communication, 2009.

[18] Aho, M. VTT Jyväskylä, Finland, private communication, 2009.

[19] Rauch, R. Status of BioSNG production and FT fuels from biomaSS steam gasification, in CD 4th BtLtec Conference, Graz. Austria, 24 – 25 September, 2009.

[20] Zwart, R. W. R, Boerriger. H. , Deurwaarder. E. P. , van der Meijden, C. M. And van Paasen, S. V. B. Production of synthetic natural gas (SNG) from biomass – Development and operation of an integrated bio – SNG system, Non – confidenta; version, Report number ECN – E – 06 –

018, Energy Research Centre of The Netherlands (ECN), The Netherlands, 2006, 62 p.

[21] Bridgwater; A., Beenackers, A. A. C. M and Sipila, K. An assessment of the possibilities for transfer of European biomass gasification technology to China – Part l. Report of mission to China, Aston University (Birmington, UK), Groningen University (Groningen, The Netherlands) and VTT Energy (Espoo, Finland), 1998, 65 p.

[22] Beltramini, J. N., Tanksale, A. and Lu, G. M. 2010. A review of catalytic hydrogen production processes from biomass, Renew. Sustain. Energy Rev. , 14, 166 – 182.

[23] Stranges, A. (Ed.). Fischer – Tropsch Archive. (http://www. fischer – tropsch. org). (read 9. 2. 2010)

[24] Rudloff, M. CHOREN's BTL activities, state of the art and future prospects. CD 4th BtLtec Conference, Graz, Austria, 24 – 25 September, 2009.

[25] Olofsson, I., Nerdin, A. and Söderlind, U. Initial review and evaluation of process technologies and systems suitable for cost – efficient medium – scale gasification for biomass to liquid fuels, ETPC Report 05 – 02, Umeå University and Mid Swedish University, Umeå and Sundsvall, Sweden, 2005, 90 p. (http://www. Biofuelregion. se/dokumen t/5_95. pdf). (read 9. 2. 2010)

[26] Leibotd, H., Hornung, A. and Seifer H. 2008. HTHP syngas cleaning concept of two stage biomass gasification for FT synthesis, Power Technol. , 180, 265 – 270.

[27] Steynberg, A. and Dry, M. Fischer – Tropsch Technologyl Elsevier; Amsterdam, The Netherlands, 2004, 722 p.

[28] Davis, B. 2009. Fischer – Tropsch synthesis: Reaction mechanisms for iron catalysts, Catalysis Today 141, 25 – 33.

[29] Puskas, I. and Hurlbut, R. S. 2003. Comments about the causes of deviations from the Anderson – Schulz – Flory distribution of the Fischer – Tropsch reaction products, Catalysis Today 84, 99 – 109.

[30] Sie, S. T. , Senden, M. M. G and Van Wechem. H. M. H. 1991. Conversion of natural gas to transportation fuels via the Shell middle distillate synthesis process (SMDS), Catalysis Today, 8, 377 – 394.

[31] Anon. The Shell global homepage. (http://www. shell. com). (read 9. 2. 2010)

[32] Anon. Biomass energy/Choren. (http://www. choren. com/dl). (read 9. 2. 2010)

[33] McKeougn, P. and Kurkela, E. Process evaluations and design studies in the UCG project 2004 – 2007, VTT Research Notes 2 434, Espoo, Finland, 2008, 45 p. (http://www. vtt. fi/inf/ pdf/tiedotteet/2008/T2434. pdf. (read 9. 2. 2010)

[34] Lau, FS. , Bowen, D. A. , Dihu, R. , Doong: S. , Hughes, E. E. , Remick, R, Slimane, R. , Turn, S. Q. and Zabransky, R. Techno – Economic Analysis of Hydrogen Production by Gasification of Biomass, Project Report, U. S. Department of Energy (DOE), 2002, Washington, DC, USA.

[35] Tunä, P. Substitute Natural Gas from Biomass Gasification, Master Thesis, Lund University Department of Chemical Engineering, Lund, Sweden, 2008.

[36] Zhang, W. 2009. Automotive fuels from biomass via gasification, Fuel Proc. Technol. , doi: 10. 1016/j. fuproc. 2009. 07. 010.

[37] Gebart, R. Luleå University of Technology, Sweden, private communication, 2009.

[38] Austin, A. Nov 2009. Chemrec granted $ 70 million to build biorefinery at Swedish pulp mill,

Biomass Magazine. (http://www.biomassmagazine.com/). (read 9.2.2010)

[39] Consonni, S., Kafosky, R. E and Larson, E. D. 2009. A gasification – based biorefinery for the pulp and paper industry, Chem. Eng. Res. Design 87, 1293 – 1317.

[40] Wang, 1. 2009. Coskata tries waste – to – ethanol engineering at new plant, Chem. Eng. News, 87(44)20 – 21.

[41] Anon. Range Fuels – Biomass to energy. (http://www.rangefuels.com/). (read 9.2.2010)

[42] Anon. Syntec Biofuel – Conversion of waste biomass into ethanol. (http://www.syntecbiofuel. com/). (read 9.2.2010)

[43] Anon. Coskata, Inc. – Our process. (http://www.coskata.com/process/). (9.2.2010)

[44] Bacovstky, N. Overview on wide spread implementation of 2nd generation biofuel demonstration plants in the world, in CD 4th BtLtec Conference, Graz, Austria, 24 – 25 September, 2009.

[45] Anon. Chemrec – Turning pulp mills into biorefineries. (http://www.chemrec.se/). (read 9.2.2010)

[46] Anon. Green Car Congress: National Research Council Report on America's energy future highlights vechile efficiency technologies, conversion of biomass and coal – to – liquids fuels, and electrifying the light duty fleet with PHEVs, BEVs and FCVs, 31 July 2009. (http://www. greencarcongress.com/biomasstoliquids_btl/). (read 9.2.2010)

[47] Salo, K. Biomass gasification applications, in Topsoe Catalysis Forum, August 2008. (www.top-soe.com/sitecore/shell/Applications/ .../Salo.ashx). (read 9.2.2010)

[48] Anon. Vapoil. (http://www.biodiesel – hanke.fi/en/). (read 9.2.2010)

[49] Oasrnaa, A., Solantausia, Y., Arpiainen, V, Kuoppala, E. and Sipilä, K. 2010. Fast pyrolysis bio – oils from wood and agricultural residues, Energy Fuels, 24, 1380 – 1388.

[50] Elliot, D. C. 2007. Historical developments in hydroprocessing bio – oils, Energy & Fuels, 21, 1792 – 1815.

[51] Lindman, E. K. and Hägerstedt, L. E. Pyrolysis oil as a clean city fuel, in Power Production from Biomass Ⅲ, Gasification and Pyrolysis, R&D&D Fir Industry. K. Sipilä and M. Korhonen (Eds.), VTT Symposium 192, Espoo, Finland, 1999, pp. 293 – 300.

[52] Kytö, M., Martin, P. and Gust, S. Development of combustors for pyrolysis liquids, in Pyrolysis and Gasification of Biomass and Waste, A. V Bridgwater (Ed.), CPL Press, Newbury UK, 2003, pp. 187 – 190.

[53] Wagenaar B. M., Gansekoele, E., Florijn, J., Venderbosch, R. H, Penninks, F. W. M. and Stellingwerf, A. Bio – oil as natural gas substitute in a 350 MWe power station, 2nd World Conference on Biomass for Energy, Industry and Climate Protection, 10 – 14 May 2004, Rome, Italy.

[54] Chiaramonti, D, Oasmaa, A., Solantausta, Y. and Peacocke, C. 2007. The use of biomass derived fast pyrolysis liquids in power generation: Engines and turbines. Power Engineer, 11(5)3 – 25.

[55] Jay, D. C., Rantanen, O., Sipilä, K. and Nylund, N. – O. Wood pyrolysis oil for diesel engines, in: Proc. 1995 Fall Technical Conference, Milwaukee, WI, USA, 24 – 27 Sept. 1995, ASME, Internal Combustion Engine Division, 1995, pp. 51 – 59.

[56] Andrews, R., Fuleki, D., Zukowski, S. and Patnaik, P. Results of industrial gas turbine tests using a biomass – derived fuel, in Making a Business from Biomass in Energy, Environment,

chemicals, Fibers, and Materials, R, Overend and E. Chornet (Eds), Elsevier, Amsterdam, The Netherlands, 1997, pp. 425 – 435.

[57] Anon. Bio – oil production at Dynamotive's Quelph plant. PyNe Newsletter, (http://www. pyne. co. uk/Resources/user/PYNE% 20Newsletters/PyNe% 20Issue% 2023. pdf). (read 27. 4. 2010)

[58] Henrich, E., Dahmen, N. and Dinjus, E. 2009. Cost estimate for biosynfuel production via bio-syncrude gasification. Biofuels, Bioproducts & Biorefining, 3(1):28 – 41.

[59] Elliott, D. C. and Baker, E. G. Process for upgrading biomass pyrolyzates. US Patent 4,795, 841, January 3, 1989.

[60] Baldauf, W. and Balfanz, U. Upgrading of fast pyrolysis liquids at Veba Oel, in Biomass Gasifi-cation and Pyrolysis, State of th. e Art and Future Prospects, M. Kaltschmitt, M. And A. Bridg-water (Eds.), CPL Press, Newbury, UK, 1997, pp. 392 – 398.

[61] Sipilä, E., Vasara, P., Sipilä, K. and Solantausta, Y. Feasibifity and market potential of pyroly-sis oils in European pulp and paper industry, 15th European Biomass Conference & Exhibition, ETA – WIP, Berlin, Germany, 7 – 11 May, 2007.

[62] Scott, D. S. and Piskorz, J. 1982. The flash pyrolysis of aspen – poplar wood, Can. J. Chem. Eng. ,60,666 – 674.

[63] Freel, B. and Graham, R. G. Method and apparatus for a circulated bed transport fast pyrolysis reactor system, US Patent WO/1991/011499, PCT/CA91/000,08. 08. 1991.

[64] Diebold, J. D. and Power. A. J. Engineering aspects of the vortex pyrolysis reactor to produce primary pyrolysis oil vapors for use in resins and adhesives, in Research in Thermochemical Bi-omass Conversion, A. V. Bridgwater and J. /. Kuester (Eds.), CPL Press, Newbury, UK, 1988, pp. 609 – 628.

[65] Bridgwater; A. V Fast pyrolysis of biomass, in Thermal Biomass Conversion: A. V. Bridgwater, H. Hofbauer and S. van Loo (Eds.), CPL Press, Newbury, UK, 2009, pp. 37 – 78.

[66] Lehto, J., Jokela, P., Solantausta, Y. and Oasmaa, A. Integrated heat, electricity and bio – oil production, in Bioenergy 2009 – Book of Proceedings, FINBOIO publication 45, Finland, 2009, pp. 915 – 922.

[67] Brown, R. C. and Holmgren, J. Fast pyrolysis and bio – oil upgrading, 47 p. (http://www. ars. usda. gov/sp2UserFiles/Program/307/biomassto Diesel/Robert Brown&Jennifer Holmgrenpre-sentationslides. pdf). (read 2. 4. 2010)

[68] Bridgwater; A. V, C. zernik, S. and Piskorz, J. The status of biomass fast pyrolysis, in Fast Py-rolysis of Biomass: A Handbook, Volume 2, A. V. Bridgwater (Ed.), CPL Prees, Newbury, UK, 2002, pp. 1 – 22.

[69] Anon. BTG Biomass Technology Group b. v. – Fast pyrolysis. (http://www. btgworld. com/in-dex. php? id = 22&rid = 8&r = rd BTG). (read 2. 4. 2010)

[70] Oasmaa, A. and Peacocke, C. A. Properties and Fuel Use of Biomass – Derived Fast Pyrolysis Liquids: A Guide, VTT Publication 731, Technical Research Centre of Finland, Espoo, Fin-land, in press.

[71] Oasmaa, A. and Peacocke, C. A. Guide to Physical Property Characterisation of Biomass – De-

rived Fast Pyrolysis Liquids; VTT Publication 450, Technical Research Centre of Finland, Espoo, Finland, 2001, 65 p.

[72] Oasmaa, A. Fuel Oil Quality Properties of Wood – Based Pyrolysis Liquids, Doctoral Thesis, University of Jyväskylä, Laboratory of Applied Chemistry, Jyväskylä, Finland, 2003, 32 p.

[73] Radlein: D. 1999. The production of chemicals from fast pyrolysis bio – oils, in Fast Pyrolysis of Biomass: A Handbook, Vol. 1. , A. Bridgwater, S. Czernik, J. Diebold, D. Meier A. Oasmaa, G. Peacocke and J. Piskorz (Eds.), CPL Press Newbury, UK, pp. 164 – 788.

[74] Behrendt, F. and Neubauer; Y. 2008. Direct liquefaction of biomass, Chem. Eng Technol. , 31, 667 – 677.

[75] Alén, R. , Basic chemistry of wood delignification, in Forest Products Chemistry, Book 3, P. Stenius (Ed.), Fapet Oy; Helsinki, Finland, 2000, pp. 58 – 104.

[76] Alén, R. , McKeough, P. , Oasmaa, A. and Johansson, A. 1989. Thermochemical conversion of black liquor in the liquid phase, J. Wood Chem. Technol. , 9, 265 – 276.

[77] Alén, R. and Oasmaa, A. 1989. Thermochemical conversion of hydroxy carboxylic acids in the liquid phase, Holzforschung, 43, 155 – 158.

第 ⑨ 章　纤维素衍生物

9.1　纤维素及其衍生物的概念

9.1.1　背景

纤维素是自然界最丰富的天然聚合物,主要来源于植物、藻类、细菌、真菌及少量动物体。据估计,全球每年生物质的产量超过 10^{11} t,其中纤维素约占40%。在生物合成过程中,纤维素作为光合作用的主要产物存在于生物体中,起着机械支撑作用[1-8]。由于分子内与分子间的氢键较强,纤维素分子聚集成微纤丝,进而形成纤维。纤维素分子的聚集,一部分分子排列比较整齐、有规则,占纤维素总量的60%～80%,宽度为50～150nm,这部分称为结晶区;另一部分的分子链排列不整齐、较松弛,但其取向大致与纤维主轴平行,长度为25～50nm,这部分称为非结晶区(无定形区)[9]。

虽然纤维素已应用于各个领域,但是其化学性质及结构的研究一直未受到重视。目前,纤维素的结构虽已经被阐释清楚,但其超分子和聚合物性质仍有待进一步研究。总体说来,纤维素一直被认为是人类最早利用并一直沿用至今的聚合物。最早商业应用中的纤维素来源于棉籽纤维(棉短绒含约95%纤维素)和韧皮纤维(约70%的纤维素),如亚麻(亚麻布)、黄麻、大麻、剑麻和苎麻[10]。此外,木材也是纤维素的主要原料(针叶材和阔叶材,40%～50%纤维素),因具有高强度和耐久性而作为建筑材料(占世界消量总量25%～30%),同时还可作为燃料[11](占世界消量总量50%～55%)。在第2章中提到的,化学木浆年产量约130亿t,主要用于纸和纸板生产[12],高得率浆(机械浆和半化学浆)和非木材浆的年产量约分别为45亿t和20亿t。此外,一部分化学浆(占总化学浆的3%,每年约4Mt)用于生产溶解浆——一种完全去除了木质素和半纤维素的高纯度精制化学浆。溶解浆主要可用于生产酯化、醚化纤维(如硝化纤维、醋酸纤维、玻璃纸、羧甲基纤维素)和再生纤维素(黏胶人造丝,世界年产量约3Mt),应用于纺织和包装行业。再生纤维素与溶解浆中纤维素具有相同的聚合度(DP)和多分散系数(M_w/M_n),但两者的形态不同,主要是由微纤丝在溶解和再生的过程中缠绕造成的。

与造纸和纸板工业相比,纤维素高值化利用工业还处于初步阶段。世界上约1/3纯纤维素被作为基础性原料广泛用于纤维素衍生物的生产,主要是通过对纤维素线性大分子链进行改性得到一定取代度(DS)的衍生物。"纤维素衍生物"的分类方式可按照不同的化学处理进行分类,也可根据不同的产品用途进行分类,如纤维、膜和塑料等。纤维素衍生物还可应用于建筑业砂浆和涂料黏合物与添加剂、造纸添加剂、胶黏剂和增稠剂、合成树脂、色谱柱填料等方面。此外,细菌纤维素、微晶纤维素、纳米纤维素和不同用途的液晶纤维素广泛应用于各行各业。

纤维素通过化学改性后制得的纤维素衍生物,一部分可溶于水,使纤维素应用领域更加广泛。以可再生的生物质为原料制备的纤维素衍生物产品具有无毒性和潜在应用性。一直以来,人们一直依赖以石油为原料的化学品和材料,这就人们对纤维素的研究减缓。直到 20 世纪 70 年代,石油短缺、价格波动和环境污染等问题的出现使得人们重新对纤维素进行研究利用。目前,纤维素的清洁高效分离技术、纤维素的高效溶解技术和纤维素衍生物制备技术是纤维素开发的瓶颈。因此,纤维素的潜在的应用有待进一步开发。

与石油基产品相比,纤维素聚合物成本较高、应用范围窄。近年来,人们通过聚合技术制备了一系列的生物基聚合物,如淀粉聚合物、聚乳酸(PLA)、聚环丙烷对苯二酸酯(PTT)、聚丁烯对苯二酸酯(PBT)、聚丁烯琥珀酸酯(PBS)、聚羟基脂肪酸酯(PHAs)、聚亚安酯(PUR)和聚酰胺(尼龙),给生物质材料开辟了新的应用领域[13]。尽管如此,纤维素基产品还不能完全替代石油基产品。当前纤维素研究的主要目的不仅要提高纤维素衍生物的产量,而且还要制备出具有化学可控性和超分子结构的纤维素产品,并应用于医药、食品、精制化学品、建筑等领域。除了要寻找新的纤维素衍生物经济可行的合成方法,还要研究这些衍生物的化学结构及性质。本章节将对纤维素的性质和纤维素衍生物的制备进行简要概述,其中关于纤维素衍生物的制备及其应用研究很多[2,3,14-22],大部分数据都在参考文献中,这里将不再重复。

9.1.2 历史进程

1837—1838 年,法国植物学家 Anselme Payen 首次发现大部分植物中具有机械性能的成分,该成分具有相同的化学结构。1839 年,Anselme Payen 用硝酸、氢氧化钠溶液交替处理木材,分离出来一种结构均匀的白色物质,首次将其命名为 cellulose,即纤维素,意指细胞破裂后所得到的物质。直到 1932 年才由 Staudinger 确定纤维素的聚合物形式。在纤维素结构得到确定之后,人们就已经开始将纤维素改性制备纤维素衍生物。早在 1832 年,Henri Braconnot 就已经通过化学改性制备出纤维素硝酸酯,而无机酸酯的发展是伴随着 19 世纪欧洲战争发展起来的。1846 年,Friedrich Schönbein 利用硝酸 - 硫酸混合物制备出高取代度的纤维素硝酸酯("棉粉"或"棉枪",含氮量为 12.0% ~13.6%);1863 年,Frederick Abel 提出了纤维素硝酸酯安全可操作的制备方法,并将其用于生产炸药。1868 年,为了代替象牙制品来生产撞球,John Wesley Hyatt 通过不断地探索,最终将含氮量 9% ~11% 的纤维素硝酸酯、樟脑(占 20%)和少量塑化剂(如二丁基硫酸酯)混合后制备出了热塑性塑料"胶片"。因此,纤维素硝酸酯(见9.2.1 节)成为炸药、塑料、油漆、保护涂层、胶片和胶合剂的先驱。纤维素硝酸酯的合成是生产"人工丝绸"的重要原料,将纤维素硝酸酯的乙酸溶液进行纺丝,然后在乙醇溶液沉淀。

1892 年,Charles Frederick Cross、Edward John Bevan 和 Clayton Beadle 等人首次制备出了黏胶纤维(人造丝)。并于 1894 年,该制备方法很快被工业化应用于纺织行业。如今,人造纤维丝已用于许多服装用品的生产,而且被认为是对人类最有用的纤维或丝织品。纤维素经碱化后,与二硫化碳反应生成纤维素黄酸酯,然后再溶解制成纺丝溶液,进行纺丝成形和后加工(见 9.2.1 节)。1885 年,Cout Hilaire 发现纤维素硝酸酯可通过脱硝、溶解、旋转和再生形成再生纤维素(该技术于 1899 年工业化)。早在 1850 年,Sir Joseph Joseph Swan 就已经通过挤压技术制成了电灯泡灯丝,而 Georges Audemars 于 1855 年利用同样的方法得到了商业价值较高硝地化纤维基人造丝。但是,由于这种含氮的人造丝具有可燃性,很快就被市场淘汰。Chardonnet 研制的人造丝在 1899 年的巴黎展览会上获得了 Grand Prix 奖,在那个年代,还有许多其他的途径获得类似的产品。其中,19 世纪 90 年代由德国化学家 Eduard Schweizer 提出了“铜氨液法”制备铜氨纤维,将纤维素溶解在铜氨溶液中,然后将溶液通过纺丝、凝固成形而成纤维。

19 世纪 90 年代,源于对科学研究的兴趣和实际应用,人们一直致力于将纤维素改性使其溶于水,然后进行“人造丝”制造。“玻璃纸”塑料(膜)是由裂缝替代正常的喷丝头,将甘油加入纤维素溶液中(防止形结晶度过高),采用胶黏法制成的薄膜。在 20 世纪 30 年代,以纤维素、乙酸、乙酸酐为原料,在酸性催化剂的催化下制备出了纤维素醋酸酯(见 9.2.1 节),广泛应用纺织、塑料、涂料、黏合剂等工业部门。正是由于纤维素的乙酰化和脱乙酰化反应(“乙酰基纤维素”或“纤维素醋酸酯”,“醋酸纤维”或“醋酸人造丝”)使得纤维素化学成为了聚合物化学的一个分支。19 世纪初,大量的纤维素衍生物和纤维素基产品投入工业生产并服务于人类。此外,纤维素用于造纸在纤维素应用中占相当大的比重(见 9.1.1 节)。在一般的教科书和专著中都有关于纤维素和纤维素衍生物的历史及发展,在本章节就不再做详细陈述。

9.1.3 化学结构

纤维素是多分散的线性的均一多糖[7],由 β - D - 吡喃型葡萄糖(β - D - Glcp)通过(1→4) - 糖苷键连接而成的线性高分子(图 9 - 1)。在$^4C_1$ 构造上,β - D - 吡喃型葡萄糖链单元上所有的取代(C_1—OR、C_2—OH、C_3—OH、C_4—OR 和 C_5—CH_2OH)均以平伏键存在,使得链单元更稳定。纤维素链末端的羟基具有不同的性质,其中 C_1 上末端羟基具有还原性,而 C_4 末端羟基具有非还原性。木材纤维素的聚合度(DP)约 10000,相对分子质量为 1.6×10^6,分子长度为 5.2μm,而棉花纤维素聚合度更大,其聚合度、分子量和分子长度分别约为 15000、2.4×10^6Da、7.7μm。实际生产得到的纤维素聚合度降低,如化学浆的纤维素聚合度为 500 ~ 2000,再生纤维素的聚合度为 200 ~ 300,多分散度(M_w/M_n)小于 2。

(1)

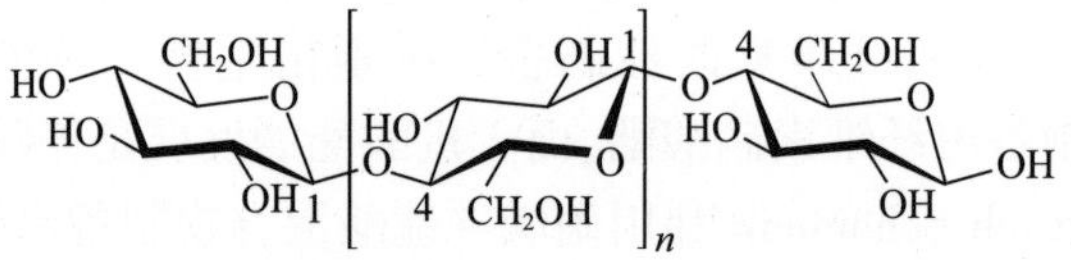

(2) β-D-Glcp-(1→4) [β-D-Glcp-(1→]$_n$ 4) β-D-Glcp

(3)

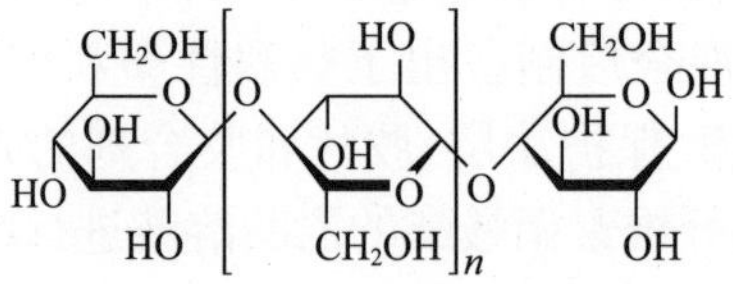

(4)

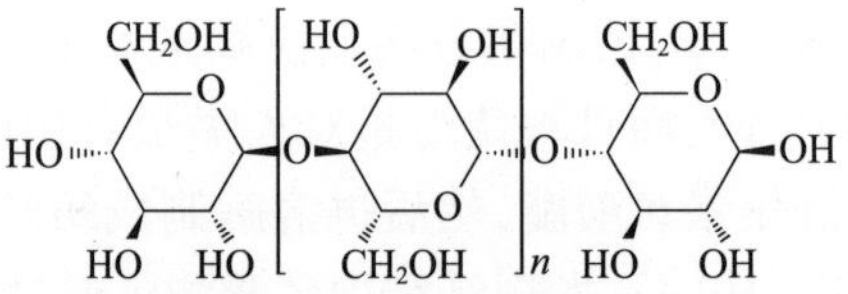

图 9 - 1 纤维素的结构[7]

(1)立体化学式 (2)缩写式 (3)Haworth 式 (4)Mills 式

9.1.4 可及度和反应性

纤维素衍生物的性质由纤维素的取代位置和取代度所决定。通常,所有的 β-D-吡喃型葡萄糖单元在纤维素链上都有三种不同反应活性的羟基,在 C_2 和 C_3 仲醇羟基以及在 C_5 上的羟甲基。纤维素衍生化反应的转化率和转化速度主要取决于的纤维素羟基的可利用程度,也叫"可及度"[1,5,19]。换句话说,可及度是指反应试剂抵达纤维素的难易程度,是纤维素反应活性的一个重要因素。因此,在不同反应物、不同反应条件下,纤维素的可及度是不同的。此外,由于纤维素不可溶,反应最初发生在纤维素的表面,属于异相反应,但是经过连续反应后,所得产物可能全部溶解,进而进行均相化衍生反应。

很明显,纤维素的可及度和反应活性的影响因素很多。醚化反应的前提是羟基被离子化,形成活化碱(C—O)(见 9.2.3 节)。由于羟基的邻位诱导作用,羟基的反应活性顺序为: C_2—OH > C_3—OH > C_6—OH。与其他羟基相比,C_2 羟基更容易发生醚化,但是,当 C_2—OH 的羟基被取代后,C_3—OH 的反应活性增强,使反应速度更快。与醚化反应相反,酯化反应时 C_6—OH 反应活性最高(见 9.2.1 节和 9.2.2 节)。而且,由于 C_6—OH 的空间位阻最小,使得 C_6—OH 反应活性更强。

局部化学和形态学(结晶区与非结晶区比例)被认为是影响纤维素化学反应与可及度的重要因素。非结晶区的羟基可及性强、反应活性高,结晶区内部由于氢键强烈结合使其可及度低。因此,纤维素在醚化和酯化反应时要进行酸或碱预处理,也可通过生物预处理来提高纤维物的可及度。预处理使纤维素的羟基可及性增强。虽然纤维素结晶度主要取决于它的来源,但是有效地选择纤维素的预处理方法可有效降低纤维素结晶度。

纤维素衍生物的取代度和转化率与纤维素溶胀或溶解程度密切相关。理论上,纤维素在高度溶胀或溶解状态时,纤维素的可及度可达 100%。实际上,高结晶度纤维素可及度为 10%,去结晶纤维素可及度为 90%。当纤维素完全溶解时,纤维素则在均相体系下改性。若纤维素羟基全部发生反应时,取代度最大值为 3,当取代度小于 3 时,其反应就存在未取代、单取代、双取代、全取代四种情况。实验结果表明,取代形式与取代度高低无关,例如,当取代度为 2 时,未取代、单基取代、双基取代和全取代的分布分别为 5%、20%、45% 和 30%。

在烷基醚衍生物(如羟乙基纤维素)的制备过程中,环氧乙烷与纤维素的初始羟基或已经被取代的纤维素羟乙基的侧链发生反应(见 9.2.3 节)。对于后者来说,伯羟基团的末端与环氧化物反应形成了一个含氧乙烯链。"摩尔取代"(MS)是描述反应物和产物的关系。取代度(DS)低于摩尔取代,MS/DS 代表了纤维素衍生物的侧链相对长度。不同的溶剂对纤维间、纤维内的溶胀或纤维的溶解能力各不相同[2-5,23,24]。溶胀程度主要取决于溶剂和纤维素的性质(化学机械法处理程度和纤维素中半纤维素和木质素的含量)。结晶区间溶胀只到达无定形区和结晶区的表面;结晶区内溶胀则发生在无定形区和结晶区,并形成润胀化合物,产生新的结晶格子。润胀化合物的形成一般需要强酸、强碱或一些盐溶液。润胀分为有限润胀和无限润胀,对于有限润胀,溶胀剂仅仅与有序纤维结合而没有完全破坏纤丝间的氢键;对于无限润胀,溶胀剂则可进入纤维素无定形区和结晶区内发生润胀,并形成润胀化合物,并导致纤维素氢键的大量断裂,进而导致纤维素溶解。纤维素在电解质溶液中溶胀效果优于水分子中的溶胀,这主要是因为水合离子渗透时比水分子渗透时需要更大的渗透空间。在一定湿度下,纤维素含水量的多少主要取决于纤维素的和解吸附作用是否平衡。纤维经过反复的吸水与失水,吸水能力逐渐变弱。当干燥的纤维在潮湿的环境中时,纤维吸水后纤维横向水分大量增加,如在湿度为 100%、80%、60%、40% 和 20% 条件下,纤维素相应的含水率分别为 23%、10%、6%、4% 和 3%,而纤维素解吸作用的相对值分别为 24%、12%、8%、5% 和 4%。然而,在不同湿度条件下,纤维纵向的含水率变化较小。

碱类物质如 NaOH、KOH、LiOH、CsOH 和 RbOH 是纤维素最重要的润胀溶剂,与纤维素形成"加成化合物"(ROH·MOH 或是醇盐水合物 ROM·H_2O),一些无机化合物[如 LiCl、$ZnCl_2$、LiSCN 和 Ca(SCN)$_2$]和有机碱(如三烷基、四烷基氢氧化铵)也可作为润胀溶剂。"碱纤维素"中的碱和纤维素之间存在一定的假化学当量关系,碱预处理时,溶剂逐渐向溶胀纤维素结构中渗透,与初始的纤维素相比其反应性增强(如磺化纤维素,见 9.2.1 节)。因此,纤维素在碱性条件下(NaOH 和 NH$_3$)的润胀可有效提高纤维素的可及度,尤其是纤维素溶解后的反应也在碱性条件下进行的反应。NaOH 作为一种强溶胀剂,在晶内溶胀中使得纤维素的结晶结构发生了变化(即多形态的网格结构的变化)。

1844 年已经出现了碱纤维素的传统制备方法[在室温下用 NaOH 溶液(16%～18%)中处理不同时间],并由 John Mercer 命名为"丝光作用"。但是,纤维素在有氧的碱性溶液环境中会发生一定程度的解聚。纤维素还可在各种酸性和盐溶液中发生溶胀,但在强酸(H_2SO_4 或 HCl)处理条件下纤维素会发生水解;然而,纤维素在 H_3PO_4 和 HNO_3 溶液中不是发生水解,而是与 HNO_3 在一定程度上会发生化学反应(如硝化纤维素,见 9.2.1 节)。此外,还有一些其他的预处理活化方式,如溶剂交换、机械处理等,都能够提高纤维素的反应活性。

9.1.5　溶剂

纤维素在化学反应中通常表现不活泼性,但是溶于部分溶剂后,可及度和反应性大大提高。纤维素的溶剂和溶解在纤维素工业和基础理论研究中是一个非常重要的科学问题。纤维素不溶于水和大部分的有机溶剂,通常将其衍生化后加以利用。20 世纪 70 年代,人们采用黏胶法(NaOH/CS$_2$ 衍生化体系)生产人造丝和玻璃纸,近年来又发现了一些新的纤维素溶解体系。纤维素在溶剂中完全溶解后,可在均相体系下化学改性制备高取代度的纤维素衍生物。

根据溶剂与纤维素反应介质和相互作用机理,可将纤维素溶剂分为非衍生化溶剂和衍生化溶剂;也可将其分为水相溶剂和非水相溶剂[5]。纤维素在溶解过程中发生酯、醚或乙缩醛等衍生化反应的溶剂称为衍生化溶剂;在溶解过程中只通过分子间的反应溶解纤维素,没有发生衍生物反应的溶剂称为非衍生化溶剂。表 9-1 列出了几种常见的非衍生物溶剂,非衍生溶剂主要包括无机盐络合物,如氢氧化铜氨液(铜铵络合物 Cuoxam 或 Schweizer 溶液)、氢氧化镍氨液(Nioxam)、氢氧化铜乙烯胺溶液(Cuen 或 CED)、氢氧化镉乙烯胺溶液(Cadoxen)、氢氧化钴乙烯胺溶液(Cooxen)、氢氧化镍乙烯胺溶液(Nioxen)、氢氧化锌乙烯胺溶液(Zincoxen)和酒石酸铁化钠(FeTNa,酒石酸铁或 EWNN 的钠盐,Elsen-Weinsäure-Natium Komplex)[2,19]。还包括其他化合物(en 是乙烯胺,pp 是丙烯二胺,tren 是三(2-氨基)胺,dien 是二乙烯胺):Pd(en)(OH)$_2$、Cu(pp)$_2$(OH)$_2$、Ni(tren)(OH)$_2$ 和 Zn(dien)(OH)$_2$。此外,还有熔盐水合物[25]如高氯酸锂(LiClO$_4$·3H$_2$O)和硫氰酸锂(LiSCN·2H$_2$O)和水溶性溶液如饱和的硫氰酸铵(NH$_3$/NH$_4$SCN)[26-27]或是硫氰酸钙[Ca(SCN)$_2$],该类物质只能够溶解有限的纤维素。图 9-2 列举部分有机溶液/无机盐溶液体系:二甲胺/氯化锂(DMA/LiCl)[5,29]、N,N-二甲基乙酰胺/氯化锂(DMAc/LiCl)[30-33]、二甲基亚砜/四丁基氟化铵(·3H$_2$O)(DMSO/TBAF)[34-36]、乙二胺/硫氰酸钾(EDA/KSCN)[37]、1,3-二甲基-2-咪唑啉酮/氯化锂(DMI/LiCl)[38]、N-

甲基 – 2 – 吡咯烷酮/氯化锂（NMP/LiCl）[39] 和聚乙烯醇/氢氧化钠（PEG/NaOH）[40] 溶液。另一类纤维素的非衍生化、非水相溶剂中最重要的溶剂是 N – 甲基吗啉 – N – 氧化物（NMMO 或 NMNO，天丝制备过程见 9.2.1 节）[5,41]。

表 9 – 1 纤维素无机溶剂的性质

缩写	结构式*	颜色
Cuixam 或 Schweizer 溶液	$Cu(NH_3)_4(OH)_2$	紫罗兰
Nioxam	$Ni(NH_3)_6(OH)_2$	深蓝
Cuen 或 CED	$Cu(en)_2(OH)_2$	紫罗兰
Cadoxen	$Cd(en)_3(OH)_2$	无色透明
Cooxen	$Co(en)_3(OH)_2$	暗红
Nioxen	$Ni(en)_3(OH)_2$	紫罗兰
Zincoxen	$Zn(en)_3(OH)_2$	无色透明
FeTNa 或 EWNN	$Fe(C_4H_3O_6)Na_6$	绿色

注：* en 是乙烯二胺（—$HNCH_2CH_2NH$—）。

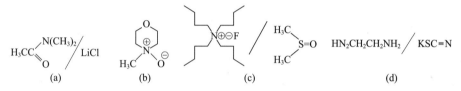

图 9 – 2 纤维素非衍生化溶剂结构图

（a）N,N—二甲基乙酰胺/氯化锂（DMAc/LiCl） （b）N—甲基吗啉 N—氧化物（NMMO）

（c）二甲基亚砜/四丁基氟化铵（DMSO/TBAF） （d）乙二胺/硫氰化钾（EDA/KSCN）

离子液体（ILs，图 9 – 3）是非水溶性的有机盐，在温度低于 100℃ 时呈液态的由离子构成且具有较高热稳定性、不易挥发的液体。室温离子液体作为一种室温下熔融的盐，以其特有的溶剂性、强极性、不挥发、不氧化、对无机和有机化合物有良好的溶解性和对绝大部分试剂稳定等优点而备受关注。近年来，人们利用离子液体作为溶剂制备了再生纤维素和一系列的纤维素衍生物，还利用其分离木质纤维原料的主要组分（纤维素、半纤维素和木质素）[42-51]。离子液体是分子间和分子内反应的非衍生溶剂（绿色溶剂），由于具有多样性和独特性，现在对离子液体研究的主要在于加强它的电化学性、合成和分析，从而扩大应用范围。早在 1934年，Graenacher 发现了熔融的 N – 乙烷吡啶氯代在氮气保护下可溶解纤维素，但是这种

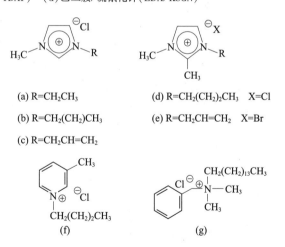

(a) R=CH₂CH₃

(b) R=CH₂(CH₂)₂CH₃

(c) R=CH₂CH=CH₂

(d) R=CH₂(CH₂)₂CH₃ X=Cl

(e) R=CH₂CH=CH₂ X=Br

图 9 – 3 典型的离子液体（ILs）结构图

（a）1 – 乙基 – 3 – 甲基咪唑氯代 （b）1 – 丁基 – 3 – 甲基咪唑

（c）1 – 烯丙基 – 3 – 甲基咪唑氯代

（d）1 – 丁基 – 2,3 – 二甲基咪唑氯代

（e）1 – 烯丙基 – 2,3 – 二甲基咪唑溴代

（f）1 – N – 丁基 – 3 – 甲基咪唑氯代

（g）甲基苯（十四烷基）氯化铵

熔融的盐系统在当时的研究条件下是非常复杂的,由于其相对熔点较高(118℃),其实际价值不高。1－乙基－3－甲基咪唑氯代(EMIMCl)、1－丁基－3－甲基咪唑(BMIMCl)(或氟硼酸BMIM－BF$_4$)、1－丁基－2,3－二甲基咪唑氯代(BDMIMCl)、1－烯丙基－3－甲基咪唑氯代(AMIMCl)、1－烯丙基－2,3－二甲基咪唑溴代、1,3－二甲基咪唑二甲基磷酸(DMIMDMP)、1－乙基－3－甲基咪唑二氰胺、1－N－丁基－3－甲基咪唑氯代、1－N－乙基－3－甲基咪唑乙基磷酸、二甲基苯(十四烷基)氯化铵和1－N－乙基－3－羟甲基咪唑乙基磷酸都是重要的离子液体。

对纤维素新溶剂(尤其是离子液体)的研究主要包括环境问题("绿色化学")与新溶剂中形成的液晶(见9.2.2节和9.2.3节)。由于离子液体的性能优越,在室温下(或微波加热)的离子液体可替代常规的有机溶剂而应用于各个领域,其中具强氢键接收功能的阴离子离子液体效果最好。纤维素的离子液体溶液可通过水、乙醇、丙酮等溶剂将纤维素再生出来。关于离子液体的研究,离子液体的价格、不同纤维素离子液体的物理性质(黏性或弹性)、工业化的可行性、可回收性与毒性(如DMSO/TBAF)等发面尚需进一步研究。纤维素的水溶性和非水溶性衍生化溶剂体系主要有5:磷酸(>85%)/水、蚁酸/氯化锌(HCO$_2$H/ZnCl$_2$,Cell—O—(O)CH)、三氟乙酸/三氟乙酸酐(CF$_3$CO$_2$H/CF$_3$(CO)$_2$O,Cell—O—(O)CCF)、二氧化氮/N,N－二甲基甲酰胺(N$_2$O$_4$/DMF,Cell—O—N══O)、三甲基氯硅烷/嘧啶((CH$_3$)$_3$SiCl/pyridine,Cell—O—Si(CH$_3$)$_3$)、二甲基亚砜/多聚甲醛(DMSO/PF,Cell—O—CH$_2$OH)、氯醛/二甲基亚砜/四乙基氯化铵(CCl$_3$CHO/DMSO/TEA,Cell—O—CH(OH)CCl$_3$)和二硫化碳/氢氧化钠/水(CS$_2$/NaOH/H$_2$O,Cell—O—C(S)SNa)。

9.2　纤维素衍生物

纤维素分子链中每个葡萄糖单元上都有三个活泼的羟基:一个伯羟基(C$_6$位)和两个仲羟基(C$_2$和C$_3$位)[2,3,16-19,52]。因此,纤维素可发生氧化、醚化、酯化、接枝等反应生成纤维素衍生物。此外,纤维素还可形成加成化合物(见9.1.4节)和金属复合物(见9.1.5节),以及通过接枝共聚或交联反应实现纤维素骨架的转变。目前,许多纤维素衍生物和共聚物已工业化生产,本章节主要描述一些典型的纤维素衍生物及实际应用。

9.2.1　纤维素无机酸酯

纤维素酯化物是一种由纤维素羟基与无机酸、有机酸、酸酐等发生酯化反应生成的纤维素衍生物[2,3,16,17,19,52]。纤维素首先在酸中发生润胀,然后以醇和酸形成酯和水的方式发生反应。对于有机酸、酸酐,在酸水解时质子首先被带到带负电的羧基上,使得羧基更容易与纤维素醇羟基发生亲核取代反应。纤维素的酯化反应是一个典型的平衡反应,通过除去反应生成的水,可控制反应向生成酯的方向进行,从而抑制其逆反应——皂化反应的生成。

到目前为止,只有少部分无机酸能促进纤维素的酯化,且得到的无机纤维素酯化物较少。硝化纤维素是实际生产中最重要的酯化物,纤维素还可与其他无机酸如硫酸(H$_2$SO$_4$)、磷酸(H$_3$PO$_4$)和硼酸(H$_3$BO$_3$)反应形成纤维素无机酯化物。此外,纤维素二硫代碳酸(H$_2$COS$_2$)酯化物、纤维素黄酸盐及其钠盐是人造纤维丝生产中制备再生纤维素的主要中间产物。

硝化纤维素最早是在硝化棉和人造丝(见9.1.2节)工业生产中得到的纤维素衍生物。

如今工业上仍然采用在水和硫酸(硝化酸)存在的条件下利用纤维素与硝酸(HNO_3)发生反应来生产硝化纤维素[2,3,17,19]。生产过程中产生的水阻碍了反应的进行,因此要用硫酸除去水而使反应继续进行。

反应的第一步会产生亚硝酸离子(NO_2^+):

$$HONO_2 + 2H_2SO_4 \Longleftrightarrow NO_2^{\oplus} + 2HSO_4^{\ominus} + H_3O^{\oplus} \tag{9-1}$$

此反应是一种酸碱平衡反应,硫酸是酸性组分,而硝酸是碱性组分。因此,有以下分解:

$$HNO_3 + H_2O \longrightarrow NO_3^- + H_3O^{\oplus} \tag{9-2}$$

上述反应中产生大量的水会影响亚硝酸离子浓度和硝化程度(DS)。在进一步的反应中,亲电子的亚硝酸离子与纤维素羟基发生反应:

$$Cell-OH + NO_2^{\oplus} \Longleftrightarrow Cell-O^{\ominus}-H-NO_2 \Longleftrightarrow Cell-O-NO_2 + H^{\oplus} \tag{9-3}$$

硝化纤维素的性质由硝化酸种类、反应时间和反应温度所决定[2,17,19]。工业上通过多步程序或连续反应来实现溶解浆或棉短绒的硝化。在传统的制备方法中,纤维素与硝酸 – 水 – 硫酸(1:20 – 1:50)溶液混合 20 ~ 30min 后得到硝化纤维素。其中,硝酸与硫酸的比率决定了产物取代度和结构,当硝酸:水:硫酸的相对百分含量为 25.0:19.3:55.7、25.0:15.2:59.8 和 25.0:8.5:66.5 时,取代度分别为 1.9、2.4 和 2.7。硝化反应后,通过离心回收过量的酸。不断地冲洗去除残留的酸以达到硝化纤维素的"预稳定作用"。低、中度硝化产物在 130 ~ 150℃ 条件下,通过连续降解反应可降低分子链长度(黏度调节)、调节 NO_2 的取代位置及取代度("稳定"或"后稳定");而高取代度的硝化物更需要通过稳定作用来控制降解。为了能进一步得到油漆或以纤维和薄片的形式出售的硝化人造丝等产品,可用乙醇代替水来反应;通过加入软化剂,如邻苯二甲酸酯,能够得到胶;软化的硝化纤维素经分散还可用于生产涂层。当硝化产物的取代度达到 1.8 ~ 2.7 时,产物的得率为初始纤维素质量的 125% ~ 150%。这种连续生产(源于 20 世纪 60 年代)硝化纤维素的方法与传统的多步生产方法相比有许多优点,如产品均一性高、反应时间短、安全性高等。

硝化纤维素是一种白色、无味、透明的疏水性物质,其物理化学性质由取代度决定,如取代度为 1.8 ~ 2.8(含氮量为 10.5% ~ 13.7%)时,密度为 1.5 ~ 1.7g/cm³[17,19]。当取代度为 1.8 ~ 2.0 时可溶于乙醇,而取代度为 2.0 ~ 2.2 时则溶于甲醇,还有一些低分子的脂类和酮类物质在取代度为 2.2 ~ 2.8 时溶于丙酮和环己酮。硝化纤维素对人体无毒害,但在振动或撞击条件下易发生爆炸。硝化纤维素在塑料(取代度 1.8 ~ 2.1,含氮量 10.5% ~ 11.7%)、漆、薄膜(取代度 2.0 ~ 2.3,含氮量 11.2% ~ 12.4%)和炸药(取代度 2.2 ~ 2.8,含氮量 12.0% ~ 13.7%)等方面有着多种用途。商业用硝化纤维素还能够与多种传统软化剂混合并塑化制备大量的合成聚合物。

表 9 – 2 还列出了其他的纤维素无机酯化物,一部分纤维素酯还未用于工业生产。其中,磺化纤维素最直接的制备方法是将纤维素与硫酸溶液反应,但是其降解产物多,转化率较低(DS 最大为 1.5)[2,17,19]。硫酸混合物主要包括发烟 H_2SO_4/SO_3、$H_2SO_4/$液态 SO_2、H_2SO_4/C_2— C_5 醇类或惰性有机溶剂、乙酸酐、$SO_3/DMSO$、DMF、吡啶、三乙基磷酸与氯磺酸/SO_3、吡啶。纤维素在硫酸化反应中由于存在自由酸—OSO_3H,使纤维素链中糖苷键在强酸介质中发生断裂。这些酸性基团与氢氧化钠中和形成了纤维素硫酸钠盐,可用作离子交换剂(见 9.2.4 节)。此外,还有一些混合酯化物,如醋酸纤维素硫酸酯,其商业价值不高,一般采用醋酸纤维素在 DMF 中加入磺化剂 SO_3、$ClSO_3H$、SO_2Cl_2 和 H_2NSO_3H 的方法进行制备。

表 9 −2   纤维素无机酯化物的主要反应路线

纤维素硝酸酯

$Cell{-}OH + HNO_3/H_2SO_4 \longrightarrow Cell{-}O{-}NO_2$

纤维素硫酸酯

$Cell{-}OH + SO_3 \longrightarrow Cell{-}O{-}SO_3H$

         $+ H_2SO_4/SO_3$

         $+ ClSO_3/SO_3$

纤维素磷酸酯

$Cell{-}OH + H_3PO_4 \longrightarrow Cell{-}O{-}PO_3H_2$

纤维素硼酸酯

$Cell{-}(OH)_3 + H_3BO_3 \longrightarrow Cell{-}O_3B$

         $+ B(OR)_3$

纤维素亚硝酸酯

$Cell{-}OH + N_2O_4 \longrightarrow Cell{-}O{-}NO$

在酸性条件下分离得到的取代度为 0.2 ~ 0.3 纤维素硫酸酯是一种白色、无味的吸湿粉末,且在 100℃以上保持较好的热稳定性。磺化纤维素有许多特殊的应用,例如,作为漆、化妆品、医药和食品生产的稠化剂,还可以用于印刷油墨、胶片涂料、洗涤剂和石油钻井液等,它还可与盐酸反应制备具阻燃性的脱氧卤化物。含磷的纤维素酯化物(纤维素磷酸酯、亚磷酸酯和次磷酸酯)具有阻燃性、离子交换性,常用于纺织品生产(见 9.2.4 节)[17.19]。纤维素磷酸酯主要通过纤维素与磷酸在尿素[$H_2N(CO)NH_2$]中反应得到,反应物为五价磷,如五氧化二磷(P_2O_5)和氯化亚磷($POCl_3$),反应中形成了磷酸基团[$Cell{-}O{-}P(O)(OH)_2$]、亚磷酸基团[$Cell{-}O{-}P(OH)_2$]、次磷酸基团[$Cell{-}O{-}P(O)(OH)$]以及膦酸基团[$Cell{-}O{-}P(O)(OH)_2$]。目前,尚有许多制备纤维素磷酸化的方法还不够成熟,在制备时可能发生交联等副反应,有待进一步研究。

纤维素硼酸酯具有许多优点,如阻燃性和热稳定性[19]。纤维素硼酸酯是将纤维素与硼酸直接酯化或与低脂肪醇的硼酸酯[$B(OR)_3$]发生酯交换反应得到,同时还可能发生交联反应。纤维素亚硝酸酯是纤维素化学重要的中间产物。由于亚硝酸的酸性和稳定性都较低,因此纤维素亚硝酸酯不能够直接由纤维素与亚硝酸反应制备,一般采用纤维素与二氧化氮(N_2O_4,$NO^+ + NO_3^-$)反应制备。高取代度的纤维素亚硝酸酯是一种黄色、具吸湿性的固体物质,它因吸湿而缓慢放出 NO。纤维素碳酸酯可由性质不稳定的碳酸(H_2CO_3)和纤维素反应制备,但由于其性质不稳定,很难将其从产物中分离得到[19]。硫代碳酸(H_2CO_2S)和二硫代碳酸或黄原酸(H_2COS_2)性质比 H_2CO_3 稳定,是纤维素碳酸酯制备的主要原料。在人造丝纤维和玻璃纸等生产中,纤维素二硫代碳酸酯(纤维素二硫代碳酸酯或纤维素磺酸酯或纤维素黄原酸酯)是再生纤维素重要的中间产物(如下)[2,3,19]。

纤维素磺酸酯是由英国化学家 Cross 和 Beven 于 1892 年首次发现,是生产再生纤维素的重要中间体。制备纤维素磺酸酯的主要原理是碱纤维素与二硫化碳的反应,首先将纤维素经过 NaOH 处理,然后与 CS_2 反应后形成纤维素衍生物,使得纤维素形成水溶或碱溶的纤维素磺酸酯溶液(图 9 - 4)。用这种纤维素溶液喷丝,并经过硫酸铵凝固以及稀硫酸处理后变成为白色的纤维丝。这种黏胶法的化学反应过程非常复杂,反应中消耗了 70% 的 CS_2,其余的 CS_2 在碱性条件下参与了副反应。在金属阳离子(如 Zn^{2+}、Hg^{2+} 或 Ag^+)存在的条件下,碱纤维素溶液与添加剂(胺类或聚环氧乙烷)结合形成纤维丝,这一反应过程对之前的磺化反应和纤维素磺酸酯的溶解都有所影响。

纤维素黄酸盐的形成

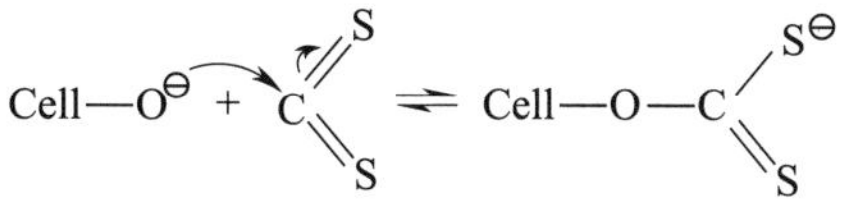

黏胶纤维素的再生

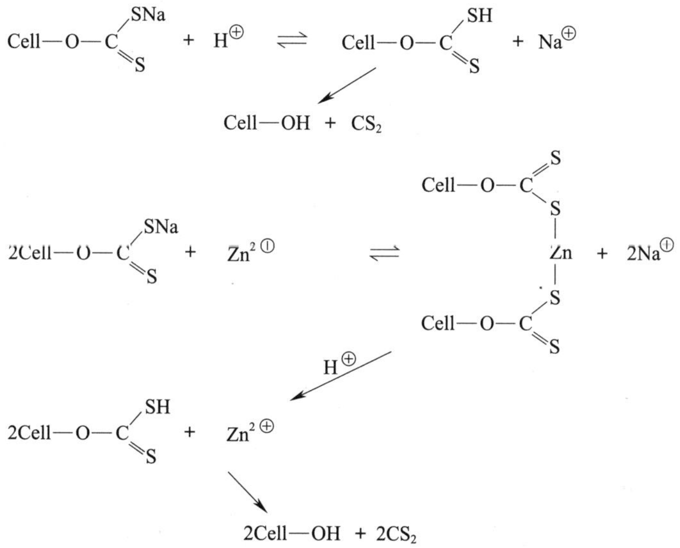

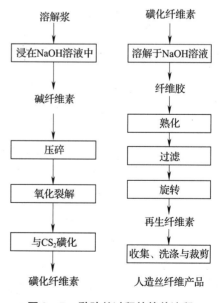

图 9 - 4　黏胶纤维素制备过程中主要反应

人造丝(Rayon)代表了"再生纤维素纤维"的所有形式,它还可以被称为黏胶丝和铜铵丝。黏胶法生产人造丝至今已经有 100 多年的历史,黏胶丝的生产早已工业化。尽管存在 CS_2 的消耗过度、对含硫物排放缓慢等诸多缺点,但是由于其种类多样、应用广泛,一直沿用至今。黏胶丝的生产工艺如图 9 - 5 所示:首先在 15 ~ 30℃ 的条件下将纤维素原料(纤维素含量 91% ~ 96%,灰分含量 < 0.1%)加入 NaOH 溶液(含量 10% 左右)中,充分混合碱液完全渗入后,纤维素就转变为碱纤维素[2,19],然后通过挤压除去大部分的 NaOH;然后温度上升到 30 ~ 32℃ 时,粉碎碱纤维素,并进行老化还原,以控制纤维素的聚合度(200 ~ 400)。当达到预期的聚合度时,将 CS_2 加入到碱纤维素中,于 25 ~ 30℃ 处理 3h 进行磺化。所得的纤维素磺

图 9 - 5　黏胶丝过程的简单流程

酸酯(DS = 0.5)加入到稀的 NaOH 溶液中,在 10℃ 下进行溶解;然后进行纤维素磺酸酯溶液熟成(室温 1~3d),熟成过程在低温条件下进行,由此制备出纤维素磺酸酯溶液,再经过滤、脱气后用于纺丝。传统的纺丝过程是将纤维素在 40℃ 的黏胶溶液中通过一个耐腐蚀的喷丝板(根据不同的产品,从 100~1000 孔,孔径在 50~100μm)进入酸浴(硫酸和硫酸钠)。最后,用水冲洗以去除其中的盐类和其他水溶性杂质,并通过机械改性用于纺织纤维。人造纤维主要应用于纺织品、家具等,具有易染色、易软化、抗皱和高吸收性等性质。不同的生产过程,其产品的性质也不同。

近年在纤维素新溶剂及其纺丝研究领域取得了较大的研究进展。采用溶剂直接溶解纤维素形成黏度适当的纺丝液,进一步纺丝得到的纤维称为"天丝"(见 9.1.2 节)[53]。在 9.1.5 节中已经介绍了许多溶解纤维素的新溶剂,其中主要的纤维素纺丝溶剂是 N - 甲基吗啉 - N - 氧化物(NMMO)。1989 年,国际人造丝及合成纤维标准局将 NMMO/H_2O 溶剂法纺出的丝命名为 Lyocell(在我国俗称"天丝",商业名为"Tencel")。纤维素氨基甲酸酯是再生纤维生产过程中的中间产物,它具有碱溶性,取代度为 0.2~0.3,近年来在工业生产中越来越受重视[19]。以异氰酸为活性中间体,通过纤维素和尿素在梯度温度下反应可制备纤维素氨基甲酸酯,但该技术不能应用于工业生产,有待进一步开发。

9.2.2 纤维素有机酸酯

纤维素有机酸酯是最重要的纤维素衍生物之一。纤维素分子链的羟基均为极性基团,在有机酸溶液中可以被亲核基团或亲核化合物所取代生成相应的有机酸酯[16,19,52],其中亲核试剂或亲核化合物可以是有机酸、酸酐、酸性氯化物等。理论上来说,通过酯化反应可得到一系列的纤维素脂肪酸酯和纤维素芳香酸酯,然而由于产物的酯化度难以控制以及纤维素有机酸酯的应用还不是很广泛,目前只有少部分低分子量有机酸的纤维素酯被深入研究和商业化应用。

纤维素衍生物的取代度以及分子量的分布,在很大程度上取决于羟基的可及度。因此,纤维素的润胀程度以及反应体系是否为均相对反应有很大影响。如果反应进行彻底,就会生成纤维素三酸酯,但由于其反应是可逆反应,纤维素三酸酯还会水解,因此生成的纤维素三酸酯中羟基的多少将影响产物性质,如溶解性以及与其他一些聚合物的相容性,进一步影响纤维素有机酸酯的实际应用。

纤维素醋酸酯,通常称为醋酸纤维素或乙酰纤维素,是重要的纤维素有机酸酯,现年产约 8 万 t。1865 年由舒策伯格(Schützenberger)将棉花与醋酸酐封入玻璃管中,于 180℃ 下反应,第一次得到醋酸纤维素。到了 20 世纪初,通过引入催化剂而使工艺得到改进,以硫酸为催化剂在低温下(50℃)条件反应制备出可溶于丙酮纤维素三乙酸酯(CTA)[16]。图 9 - 6 和图 9 - 7 为目前纤维素醋酸酯制备反应机理和反应流程图,将干燥后的纤维素先用醋酸活化,在硫酸催化剂存在下,与醋酸和酸酐混合液进行酯化反应,使纤维素乙酰化,然后加入稀醋酸水解,中和催化剂,使产物沉淀析出,经脱酸洗涤、精煮、干燥,即得产物。纤维素不断地反应后溶于介质中,使未反应部分暴露出来,因此反应试剂在纤维基质中的扩散快慢决定了反应速率。一般来说,纤维素先用硫酸和醋酸混合液进行预处理,使纤维润胀、均衡以及使纤维有较低聚合度(350~500)适于反应;再与醋酸酐/醋酸在以硫酸为催化剂的条件下进行乙酰化反应(50℃,几小时),完全取代的纤维素三醋酸酯(DS = 3)可完全溶解于溶剂中。

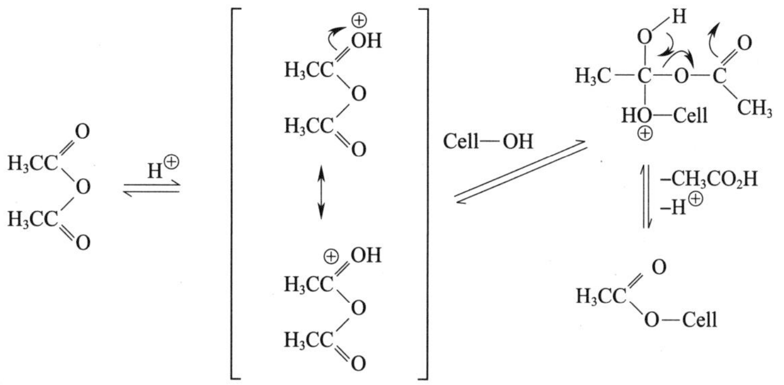

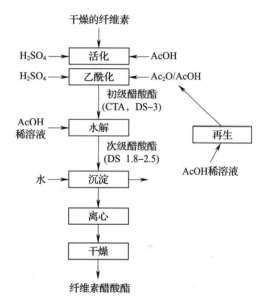

图9-6 酸性条件下纤维素与醋酸酐的反应机理

通常,纤维素三醋酸酯(初级醋酸酯,乙酰基含量44.8%)在醋酸溶液中(40～80℃)易脱乙酰基,转变为取代度为2.5的醋酸酯(纤维素2.5—醋酸酯,乙酰基含量约40%)和取代度为2的醋酸酯(纤维素二醋酸酯,乙酰基含量约35%)。在控制纤维素水解的条件下,去除硫酸根离子(乙酰硫酸的降解产物)和多余的乙酰基,所得的产物(产量约95%)就是纤维素二醋酸酯。纤维素二醋酸酯可溶于丙酮,可通过"干纺丝法"将其转变成细丝或薄膜。纤维素醋酸酯是一种是白色、无臭、无味、无毒、溶解性较好的粒状、粉状或纤维状固体,它主要应用于纺织品(醋酸纤维或醋酸人造丝,见9.1.2节)、复合织物、塑料、薄膜、卷烟过滤嘴、漆、绝缘油和可逆渗透膜等方面。纤维

图9-7 传统的纤维素醋酸酯生产流程图
AcOH—醋酸 Ac₂O—醋酸酐 CTA—纤维素三醋酸酯

素醋酸酯材料有许多的优点,但对普通染料吸收性差,需要专门的染料进行印染。经过皂化和拉伸的纤维素醋酸酯长丝称为"Fortisan"。

为了确保酯化反应均匀进行、维持一定的液比,反应时需加入稀释剂。稀释剂主要分为两类:一类是使醋酸纤维溶解的稀释剂(溶剂),如冰醋酸、CHCl₃、CH₃CHCl₂、CHCl₂等,使用这类稀释剂,乙酰化反应开始为多相反应,后来变为多相反应,因此被称为均相乙酰化;另一类是不使醋酸纤维溶解的稀释剂,如甲苯、苯、己烷和四氯化碳等,乙酰化反应从开始到结束均为多相反应,故称之为非均相乙酰化。纤维素在不使醋酸纤维溶解的稀释剂中可被完全乙酰化生成纤维素三醋酸酯(CTA)[3,16,19,52]。在这一纤维乙酰化过程中,纤维的总体形态不变,水解后的乙酰基含量也不会降低,该反应催化剂为硫酸、高氯酸或氯化锌。此外,以醋酸或醋酸酐为催化剂[5],在醋酸酐52或三氟醋酸酐气态条件下也可对纤维乙酰化。与其他一些纤维素衍生物(纤维素马来酸酯和纤维素琥珀酸酯)制备方法一样,纤维素醋酸酯的制备还可通过将纤维素先溶解于溶剂(DMA/LiCl)中,然后进行醋酸化,可制备出不同取代度的醋酸纤维素。

纤维素醋酸酯进一步改性后,其性质也得到相应改善[55],如纤维素醋酸酯和相应的酸(丙

酸或丁酸)在硫酸环境中可制备出热塑性好的纤维素醋酸丙酸酯或纤维素乙酰丙酸酯(CAP)、纤维素醋酸丁酸酯或纤维素乙酰丁酸酯(CAB)等,它们具有纤维素醋酸酯和CTA不具备的性质,从而增加了其应用性,能够广泛应用于漆、单板、塑料模型、膜制品和热熔涂层等方面。表9-3列出了纤维素三酸酯的熔点、密度、拉伸强度和吸湿率等性质,从表中可以看出纤维素醋酸酯对湿度敏感、不能与其他合成树脂相容、反应温度较高,从而限制了纤维素酯化物在工业上的应用[52]。随着丙烯基链长的增加(如从C_2到C_6),纤维素醋酸酯熔点、密度与拉伸强度降低,耐湿度与非极性溶剂的溶解度增加。此外,一些混合酯化物如纤维素丙酸异丁酸酯和纤维素丙酸戊酸酯具有较好地润滑性和抗水性[3]。某些纤维素酯化物在溶液中有序排列,当溶剂适当,条件适宜时能够表现出液晶特征(见9.1.5节和9.2.3节)。

表9-3　　　　　　　　　　　　　纤维素三酯的性质[56]

纤维素酯化物		熔点/℃	密度/(g/cm³)	拉伸强度/MPa	吸湿率/%(95%相对湿度)
醋酸酯	C_2	306	1.28	71.6	7.8
丙酸酯	C_3	234	1.23	48.0	2.4
丁酸酯	C_4	183	1.17	30.4	1.0
戊酸酯	C_5	122	1.13	18.6	0.6
己酸酯	C_6	94	1.10	13.7	0.4
庚酸酯	C_7	88	1.07	10.8	0.4
十二酸酯	C_{12}	91	1.00	5.9	0.3

相反,有关纤维素芳香酸酯化物制备的研究报道很少,只能够制备出少部分产品(纤维素肉桂酸酯、纤维素水杨酸酯、纤维素邻苯二甲酸酯和纤维素对苯二酸酯),其工业应用也具有一定的局限性。然而,含有双羧基(如邻苯二甲酸二乙酯)的混合纤维素芳香酸酯在碱性下可溶解且具成膜性,因此具有很高的应用价值[52]。此外,对于含对磺酸或磷酸基团的有机酸纤维素酯化物也有报道。表9-4列举了在DMA/LiCl溶剂体系下纤维素与芳香酸制备的一系列纤维素芳香酸酯。纤维素在甲酸溶液中缓慢甲酰化可得到高取代度产物,该反应的一大特点是不需其他溶剂,产物便于分离,但是由于纤维素甲酸酯的性质不稳定,很少用于工业生产。

表9-4　　　　　　均相酯化反应制备纤维素芳香族衍生物(DMA/LiCl溶剂体系)

Cell—OH +

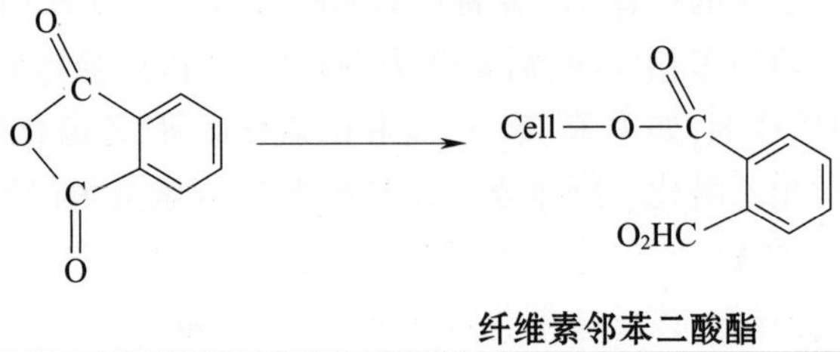

纤维素邻苯二甲酸酯

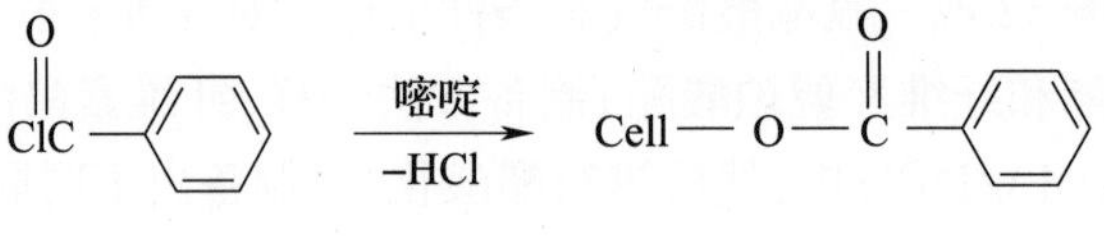

纤维素安息香酸酯

续表

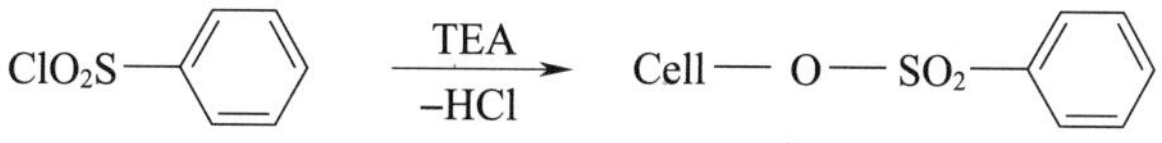

纤维素甲苯磺酸酯

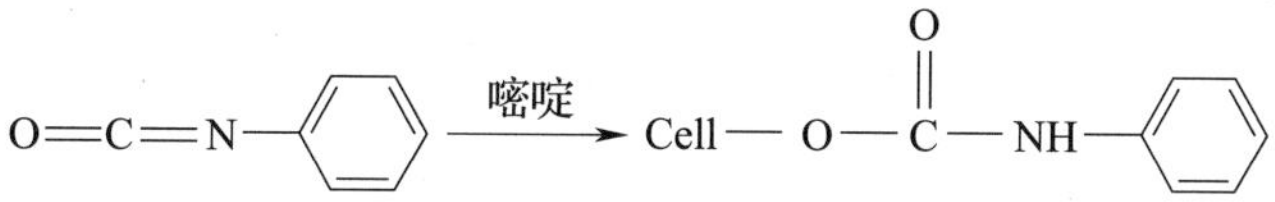

纤维素苯胺基甲酸酯

9.2.3　醚化物

纤维素醚(Celluose Ether)是一类商业价值很高的纤维素衍生物[2,3,18,19,57]，是纤维素与各种功能单体在碱性条件下进行的反应，纤维素葡萄糖单元的羟基被功能基团取代而得到的纤维素衍生物[2,3,18,19,57]。这些醚化物通常是水溶性，可作为水系增稠剂，被广泛用于食品加工、化妆品、制药、泥浆钻探、建筑材料和乳胶涂料等行业。纤维素醚化物具有可溶性、与水结合能力强、无毒、化学性质稳定等特性。纤维素醚化物溶解性与取代基种类、取代度以及取代的均一性有关，例如，当甲基和乙基纤维素的取代度分别为 1.5 ~ 2.0 和 0.7 ~ 1.7 时可溶于水，当取代度分别大于 2.5 和 2.2 时则可溶于有机溶剂[2,19]。碱纤维素可与多种醚化试剂反应制备纤维素醚化物。纤维素醚化反应主要有以下三种（表 9 - 5）：a. Williamson 醚化反应，在氢氧化钠（碱消耗过程，NaOH 与烷基化试剂的摩尔比为 1:1）和惰性稀释剂条件下，羟基与烷基或烷基氯的反应；b. 碱催化烷氧基化反应（开环反应不消耗碱）；c. 碱催化加成反应（Michael 加成反应）。其中，Williamson 醚化反应中的惰性稀释剂用于分散纤维素原料、提供热传递、中和反应动力以及产品回收。这三种反应都是在高温下（50 ~ 140℃）进行，为避免纤维素的氧化降解还可以在氮气下反应，但这些反应都伴随着副反应的发生。因此，酯化反应过后，粗品采用直接干燥、粉碎即可，而纯品则需要除去副产物后再进行干燥。此外，一些具有商业价值的纤维素醚化物含有多种功能性基团，即"混合的纤维素醚化物"。

表 9 - 5　　　　　　　　　　　不同纤维素醚化物的制备方法

A. 与烷基或芳香基氯化物的反应

羧甲基纤维素	Cell—O—CH₂CO₂H	CMC
甲基纤维素	Cell—O—CH₃	MC
乙基纤维素	Cell—O—CH₂CH₃	EC
丙基纤维素	Cell—O—CH₂CH₂CH₃	PC
苯甲基纤维素	Cell—O—CH₂C₆H₅	BC

B. 环氧烷基的反应

羟乙基纤维素	Cell—O—CH₂CH₂OH	HEC
羟丙基纤维素	Cell—O—CH₂CH(OH)CH₃	HPC
羟丁基纤维素	Cell—O—CH₂CH(OH)CH₂CH₃	HBC

续表

C. 与 α,β - 不饱和化合物的反应		
氰乙基纤维素	Cell—O—CH$_2$CH$_2$CH$_3$	
氨基甲酰乙基纤维素	Cell—O—CH$_2$CH$_2$CH$_3$	
羧乙基纤维素	Cell—O—CH$_2$CH$_2$CH$_3$	CEC

羧甲基纤维素(CMC)是商业价值最高的纤维素醚化物,其年产量超过 30 万 t[2,18,19,58]。早在 1918 年人们就已阐明羧甲基化的反应机理[59],目前主要是生产工艺优化。通常,用碱纤维素和氯乙酸反应制来制备羧甲基纤维素,过程如下:

$$\text{Cell—O}^\ominus + \text{CH}_2\text{CO}_2 \longrightarrow \text{Cell—O—CH}_2\text{CO}_2^\ominus + \text{Cl}^\ominus \qquad (9-4)$$
$$|$$
$$\text{Cl}$$

副产物有羟甲基酸钠或羟乙酸钠(HOCH$_2$CO$_2$Na)以及氯化钠。羧甲基纤维素大都以钠盐的形式(NaCMC)或钙盐的形式(CaCMC)存在,其中 CaCMC 不溶于水且在溶液介质中易发生溶胀,因此可用作分解质。

在含有过量 NaOH 的浆料中加入氯乙酸(MCA),能够促进反应进行并可使产物呈中性;但在氯乙酸钠存在条件下,只有当纤维素分子中每摩尔葡萄糖苷单元(AGU)含有 NaOH 量 > 0.8mol 时,才可以发生醚化反应(60~80℃下反应 90min)。目前,在工业生产中有两种工艺方法用于制备羧甲基纤维素:一种是"半干法",以乙醇或甲醇作为溶剂;另一种是"悬浮液法",以异丙醇(IPA)作为溶剂,在实验室中也可用苯、丙酮、叔丁醇和乙二醇二甲醚作为溶剂。产物分离后,用乙醇或丙酮溶液洗涤除去盐分可得到较纯净的 CMC(>95% CMC,约占产物的 1/3)。由于 CMC 作为一种聚电解质(pK_a 为 4~5,根据不同的取代度),通过降低溶液浓度即可得到 CMC,其纯度较低(55% ~75% 的 CMC)。工业上使用的 CMC,取代度一般在 0.4~1.4(聚合度为 200~1000)。当取代度低(0.05~0.25)时,产物只溶于 NaOH 溶液(4% ~10%);当取代度为 0.4~1.4 时,产物溶于水;当取代度大于 2.2 时,产物溶于极性有机溶剂。多次羧甲基化反应才能够得到高取代度(2.5)的产物。目前,不同纯度、不同级别和规格的 CMC 产品已有几百种,可广泛用于石油、纺织、印染、造纸、食品、医药和日用化学等工业。

甲基纤维素(MC)和乙基纤维素(EC)是纤维素烷基醚化物中最具代表性的衍生物[2,3,16,19]。碱纤维素与烷基氯化物反应(烷基化)制备烷基纤维素(年产量大约 10 万 t)的反应过程如下:

$$\text{Cell—O}^\ominus + \text{R—Cl} \Longleftrightarrow \text{Cell—O—R} + \text{Cl}^\ominus$$
$$\text{R} = \text{CH}_3 \text{ 或 CH}_2\text{CH}_3 \qquad (9-5)$$

Willianmson 反应是依据 S$_N$2 机理(双分子亲核取代反应)发生的。碱性条件下得到的副产物甲醇或乙醇(ROH),与烷基氯(RCl)进一步反应得到二甲基醚化物或二乙基醚化物(R—O—R)。这一反应消耗了 20% ~30% 的 RCl,降低了药剂乙酰化的效率。烷基纤维素是一种白色至淡黄色、无毒的固体,其取代基团、取代度以及溶剂的不同,其溶解性也不同。

甲基纤维素作为最基本的烷基纤维素衍生物,由烷基纤维素与气态氯甲烷(90~100℃)或液态氯甲烷(60~70℃)反应制得。工业上应用最多的甲基纤维素的取代度在 1.5~2.0,该产物可溶于水,而取代度高的产物(DS >2.5)只能溶于某些有机溶剂。对于乙基纤维素,取代度为 0.7~1.7 时可溶于水;取代度大于 2 时在水中几乎不溶;超过 2.5 时则可溶于非极性溶剂。同时,CMC 和 MC 的化学性质都比较稳定。MC 溶液在高温下(>55℃,此温度下反应可逆)可形成胶体,该胶体化过程受反应物取代度、加热速率以及添加剂(盐类的种类和数量)等影响。MC 的黏度与温度有关:当温度达到凝胶化温度时,黏度迅速增加直到絮凝;而高于这个温度时,黏度则降低。当羟甲基或羟丙基的引入甲基纤维素中时,MC 凝胶化的温度提高。纤维素烷基醚化物,如混合醚化物,可作为许多产品的添加剂。MC 可作为建筑材料(水泥和砂浆)、乳胶漆和壁纸涂料、农产品加工(蛋黄酱和沙拉酱)、化妆品、制药(片剂和配方)、聚合剂和洗涤剂等的增稠剂和乳化剂。通常,EC 具热塑性且可溶于有机溶剂,成膜性能稳定且坚韧,在工业生产中具有很重要价值。但是,在紫外光光照下,当温度高于软化点时,EC 易发生氧化分解。因此,在生产 EC 产品过程中需要抗氧化剂。EC 还可以用作漆的胶黏剂、片剂成粒剂,还可与其他醚化物混合形成液晶体系(见 9.1.5 节和 9.2.2 节)和超薄薄膜。

目前,羟乙烷基纤维素(HEC)和羟丙基纤维素(HPC)已用于工业生产[2,3,18,19]。它们可由碱纤维素与气态环氧烷烃(环氧乙烷或环氧丙烷)或液态氯乙醇反应得到,反应方程式如下:

$$\text{Cell—O}^{\ominus} + \text{H}_2\text{C—C—R} \longrightarrow \text{Cell—O—CH}_2\text{CH}_{\,R}^{\,O^{\ominus}}$$

$$R = H \text{ 或 } CH_3 \tag{9-6}$$

环氧化物与纤维素的羟烷基化是一种基于催化的取代反应,无需控制反应物摩尔比,但需要有足够的 HO⁻ 离子。由于纤维素羟烷基化的产物可能进一步羟烷基化,这就使得羟烷基纤维素侧链的长度和结构有所差别:

$$\text{Cell—O—CH}_2\text{CH}_2\text{OH} + n\text{H}_2\text{C—CH}_2 \xrightarrow{\text{HO}^{\ominus}} \text{Cell—(O—CH}_2\text{CH}_2)_{n+1}\text{OH} \tag{9-7}$$

反应中,由于羟烷基纤维素的取代度(DS)比摩尔取代度(MS)(见 9.1.4 节)低,因此每个葡萄糖单元所对应的环氧烷数量也可相应减少。在反应过程中,环氧乙烷在碱性条件下会生成乙二醇,进一步聚合成聚乙二醇,形成副产物。一般来说,只有一半的环氧乙烷与碱纤维素参与反应。

HEC 和 HPC 是白色、无味、无毒的粉末状固体,其取代度不同,溶解性不同:摩尔取代为 0.05~0.5 时为碱溶性;1.5 时为水溶性。HPC 比 HEC 难溶于水,在 160℃时无需任何软化剂即具可塑性;而 HEC 没有热塑性,在 100℃以上会降解[19]。HEC(年产量约 6 万 t)作为增稠剂、胶体保护剂、保水剂、稳定剂及悬浮剂可用于工业生产的各个方面。同时,它还可以应用于食品接触的金属、纸张或纸板表面的涂层中。HPC 与 HEC 的应用基本相同,主要作为聚氯乙烯(PVC)的生产原料,但 HEC 的应用较 HPC 广泛。近年来,学者多专注于 HEC 与 HPC 液晶溶液系统的研究。改性后的纤维素醚化物,其性质也得到了改善[18,57]。羧甲基羟乙基纤维素(CMHEC)是 HEC 通过阴离子改性的产物,可通过碱纤维素、环乙烷以及氯乙酸钠反应制备,可作为工业用的混合纤维素酯,多用于石油产品的回收。应用于工业生产的纤维素醚化物还包括甲基羟乙基纤维素(EHEC)或羟乙基甲基纤维素(HEMC)、乙基羟乙基纤维素(EHEC)或羟乙基乙基纤维素(HEEC)、疏水性的羟丙基纤维素(HMHEC)、阳离子羟乙基纤维素(阳离子 HEC)、甲基羟丙基纤维素(MHPC)或羟丙基甲基纤维素(HPMC)以及羟丁基甲基纤维素(HB-MC)。此外,甲基乙基化纤维素醚化物也已被成功生产。

碱纤维素在 NaOH 存在条件下,与含有强吸电子基团的 α, β – 不饱和化合物形成(在

30～50℃下反应数小时)生成氰乙基纤维素[3,19]：

$$Cell—O + CH_2 = CH_2—C \overset{\delta\ominus}{\equiv} N \rightleftharpoons Cell—O—CH—C \equiv N$$
$$\delta\oplus$$

$$Cell—O—CH_2CH_2—C \equiv N + HO^{\ominus} \rightleftharpoons Cell—O—CH_2—CH = C—N^{\ominus} \qquad (9-8)$$

纤维素中的阴离子与丙烯腈中正碳原子形成共振稳定的中性阴离子,可与水中的质子形成氰乙基纤维素,同时释放出一个 HO^- 离子。该反应可逆,且无碱消耗。副反应会消耗大部分丙烯腈,形成二(腈乙基)醚化物或 3,3′－氧二丙腈$[O(CH_2CH_2CN)_2]$等。此外,丙烯酰胺($CH_2 = CHCONH$)也能够与碱纤维素反应制备出纤维素氨基甲酰乙基醚化物或氨基甲酰乙基纤维素:

$$Cell—OH + CH_2 = CH—C\overset{O}{\underset{NH_2}{}} \xrightarrow{HO^{\ominus}} Cell—O—CH_2CH_2—C\overset{O}{\underset{NH_2}{}} \qquad (9-9)$$

氰乙基纤维素和氨基甲酰乙基纤维素都能够在高温强碱的($NaOH$)溶液中发生皂化反应而生成羧乙基纤维素钠盐(CEC,$Cell—O—CH_2CH_2—CO_2Na$),酰胺基($—CONH_2$)比腈基($—C\equiv N$)更容易发生皂化而形成羧酸基团($—CO_2H$)。除了腈基和酰胺基,其他一些物质也能够活化 C=C 键并与碱纤维素反应,主要包括:甲基丙烯腈$[H_2C = C(CH_3)—C\equiv N]$、$\alpha-$亚甲基戊二腈$[HO_2CC(=CH_2)(CH_2)_3—C\equiv N]$、$\alpha-$氯丙烯腈($H_2C = CCl—C\equiv N$)、反－丁烯腈($H_3CCH = CH—C\equiv N$)和烯丙基氰($H_2C = CHCH_2—C\equiv N$)。除了 CMC、氨基甲酰乙基纤维素和 CEC 外,还有氨乙基纤维素($Cell—O—CH_2CH_2—NH_2$)和磺乙基纤维素($Cell—O—CH_2CH_2—SO_3H$)等纤维素乙基醚化物。氰乙基纤维素的溶解性与取代度有关:取代度为 0.25～0.5 时溶于碱;取代度为 2.5 时溶于极性有机溶剂。由于氰乙基纤维素具有高介电常数和低耗散因数,可用作绝缘材料。此外,氰乙基化的纸张具有良好的热稳定性和尺寸稳定性。

9.2.4 其他产物

纤维素作为一种天然高分子化合物,具有如不耐化学腐蚀,强度有限等缺点,但可以通过前几个章节讲述的酯化、醚化改性改善其性能。此外,纤维素化学改性的方法中应用较多的有接枝共聚和交联反应,这两种方法都可属于酯化和醚化的作用范畴,但是不能把它们与生成纤维素酯、醚的化学反应相混淆,应从高分子合成的角度去理解。通常,纤维素与某些单体交联或接枝共聚合成的聚合物具有优良特性新型材料[3,19,60,61]。

纤维素纤维及其织物可与某些化学试剂发生分子链间的交联(Crosslinking)[3,19],改变纤维和织物的性质,提高纤维的抗折性和抗皱性、免烫性、耐压烫性、湿强度和尺寸稳定性等。交联的主要目的是通过对纤维素改性,避免纤维素产品在潮湿环境下发生不良变化。一般来说,碱性条件下的酯交联不稳定,交联反应主要是形成醚键。纤维素交联反应要追溯到 20 世纪初,Eschalier 于 1906 年通过甲醛与纤维素的反应,发现可有效提高纤维的强度[62]。该反应以纤维素与甲醛反应,通过半缩醛反应生成中间产物羟甲基纤维素,分为以下两个步骤:

$$Cell—OH + HCHO \Longrightarrow Cell—O—CH_2—OH \tag{9-10}$$

$$Cell—O—CH_2—OH + HO—Cell \Longrightarrow Cell—O—CH_2—O—Cell + H_2O \tag{9-11}$$

这两步反应都是平衡反应,在酸性条件下、100~130℃、几分钟内即可完成[19]。该反应工艺条件已经应用于工业生产,得到的人造纤维素丝尺寸稳定性好。除甲醛外,其他一些含氮化合物的羟甲基化或烷氧基甲基化衍生物也可与纤维素形成缩醛的交联反应,如尿素、氨基甲酸酯、连三嗪或酰胺。将纤维素放入尿素–甲醛溶液中,在酸性环境中迅速升温至 130~160℃,发生如下的交联反应(R 为取代基 CH_3 或者 H):

$$2HCHO + HN(R)—CO—N(R)H \longrightarrow HO—CH_2N(R)—CO—N(R)CH_2—OH \tag{9-12}$$

$$2Cell—OH + HO—CH_2N(R)—CO—N(R)CH_2—OH \longrightarrow Cell—O—CH_2NH—CO—NHCH_2—O—Cell + 2R_2O \tag{9-13}$$

以下是一些其他的交联方式(或交联剂)[19]:

① 纤维素大分子通过化学或辐射法发生自由基重组反应;

② 阴离子纤维素衍生物中二价金属阳离子的反应;

③ 巯基(—SH)与纤维素反应形成的二硫桥(—S—S—);

④ 纤维素的羟基与异氰酸酯(R—N=C=O)形成的聚氨酯(R—NHCO$_2$—R);

⑤ 纤维素羟基与多元羧酸(如,五元酸酐)反应形成的酯键(R—O—CO—R);

⑥ 醚键(R—O—R)与双官能的醚化剂(如,卤代烷、环氧化物或二乙烯基砜)反应。

接枝共聚是指聚合物的主链上接上另外一种单体。1943 年,俄罗斯科学家 Ushatov 发现,纤维素乙烯与丙烯醚化物合成后,能够和马来酸醚化物发生接枝共聚反应[61,63,64]。大多数的纤维素接枝法都包括各种乙烯基单体 CH_2=CH—X(X 是无机部分或是有机取代物)的聚合[61,65]。在传统纤维素接枝反应过程中,利用纤维素和液态或气态单体发生异相反应,该接枝反应由于原材料的不同其效果也不相同。一般,采用接枝共聚法在纤维素骨架上增加聚合物链。纤维素接枝共聚反应主要分为三种[3,61]:a. 自由基聚合;b. 离子型和开环聚合;c. 缩聚或加聚反应。其中,自由基聚合反应是最常用、最可行的方法,这是因为单体类型较多(如丙烯酸、甲基丙烯酸酯、甲基丙烯酰胺、丙烯腈、乙酸乙烯酯、丁二烯、苯乙烯、二乙基氨基乙基甲基丙烯酸酯、羟基丙烯酸、乙烯基吡啶和 N—乙烯基—2—吡咯烷酮)、反应条件不苛刻、工艺简单、易操作。

自由基聚合是一种链反应过程,主要包括三个步骤:链引发、链增长和链终止[3,19,61]。纤维素接枝共聚首先在纤维素基体上形成自由基,然后与单体反应而生成接枝共聚物。纤维素主链上的自由基位点可以由化学方法(如偶氮(异丁腈)(AIBN)、过氧化氢和过氧化苯甲酰)和光辐射法(如 γ 射线)产生。然而,这些引发方法会使纤维素发生不同程度的降解,因此,得到的纤维机械强度降低。"链转移(chain transfer)"是指纤维素聚合过程中,纤维素上的氢原子被去掉而产生游离基,增长链便可接枝上去,该反应是通过自由基的引发完成的,而不是通过直接的反应,如催化反应。链转换已广泛地用于纤维素的接枝反应中,含有巯基(—SH)的化合物能够促进链的转移、提高接枝率。因此,巯基能够与乙烯硫化物反应而进入纤维素分子中(图 9–8)。此外,用过硫酸钾($K_2S_2O_8$)或 Fenton 试剂(Fe^{2+}—H_2O_2 系统)可作为接枝反应的引发剂,从而提高接枝率,可得到如下图反应式所示羟基自由基(HO·):

$$Fe^{2\oplus} + H_2O_2 \longrightarrow Fe^{3\oplus} + HO^\ominus + HO· \tag{9-14}$$

羟基自由基可与纤维素发生反应,进一步引发接枝共聚反应,或羟基自由基与单体直接发生均聚合反应。然而,在反应体系中纤维素的反应位点比单体要高,因此接枝共聚反应比均聚合反应更容易发生。另一引发体系是铈盐体系,Ce^{4+}可直接氧化纤维素链产生自由基,进而引发接枝共聚,类似的体系还有 $Mn(II)/Mn(III)$:

$$Cell—H + Ce^{4\oplus} \longrightarrow Cell· + Ce^{3\oplus} + H^{\oplus} \qquad (9-15)$$

$$Cell· + M \longrightarrow 接枝聚合物 \qquad (9-16)$$

纤维素自由基共聚反应中,单体与纤维素中的自由基能够形成共价键[61]。由于在新的侧链上也可形成自由基,单体就随之进入到侧链上,直到发生链终止反应。链终止反应是主要包括耦合终止(两个纤维素自由基形成一个纤维素大分子)和歧化终止(两个纤维素自由基生成两个纤维素大分子)。此外,末端反应还可能使链转移到单体、引发剂、不可用的聚合物、添加剂或杂质中。

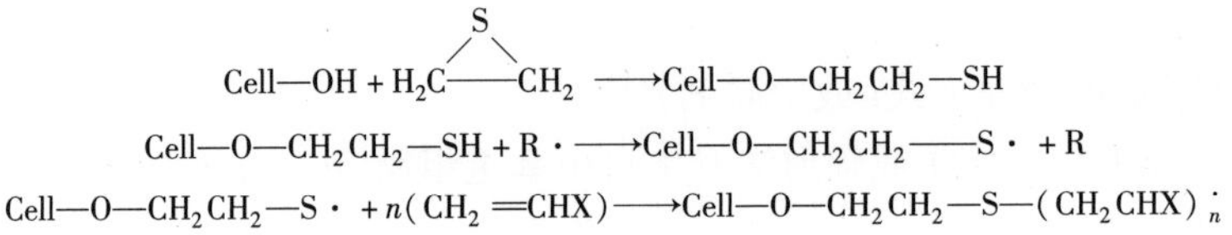

$$Cell—OH + H_2C \overset{S}{\underset{}{\diagup\diagdown}} CH_2 \longrightarrow Cell—O—CH_2CH_2—SH$$

$$Cell—O—CH_2CH_2—SH + R· \longrightarrow Cell—O—CH_2CH_2—S· + R$$

$$Cell—O—CH_2CH_2—S· + n(CH_2{=}CHX) \longrightarrow Cell—O—CH_2CH_2—S—(CH_2CHX)_n$$

图9-8　硫醇化纤维素的制备机理图

除了各种阴阳离子的接枝共聚外,一些环状单体(如 ε – 羧基乙酸内酯)还能够在催化剂条件下发生纤维素离子和开环接枝共聚反应[61]。但是,这些方法以及缩合或加聚反应如今均已不再应用。20世纪80年代初,首次提出了"活性聚合"的概念。活性聚合反应是一个复杂的链增长过程,无链转移或不可逆的终止等链断裂反应,能有效地实现对聚合物的组成与分子量分布的控制。近年来,该方法得到了进一步的发展,如活性自由基聚合反应,主要有氮氧自由基调控聚合(NMP)、原子转移自由基聚合(ATRP)与可逆的加成 – 断裂链转移(RAFT)聚合等。这些方法与自由基聚合的反应条件相同,其中加成 – 断裂链转移聚合反应的单体适用范围广。纤维素作为高分子量的生物聚合物,因其具有刚性的表面基质而被广泛应用。不同的化学基团引入纤维素骨架中能够得到不同的阴阳离子交换剂。纤维素基离子交换剂与合成的离子交换树脂相比,其化学稳定性和离子交换能力较差,可用于生物化学等领域,如蛋白质的分离纯化3。液相色谱(LC)的根据不同的分离原理具有多种结构[66],其中,纸色谱是最经济、最简单的方法,其固定相为一种特殊的滤纸(纤维素)。而薄层色谱(TLC)是在玻璃、塑料单板或铝箔上形成预涂层(固定相),纤维素和纤维素衍生物可作为预涂层的填充物。在高效液相色谱(HPLC)和TLC中常以生物聚合物(如环糊精)作为固定相,通过吸附、离子吸附、氢键、分子筛等作用对活性成分进行分离。

离子交换是分离无机和有机离子最常用的一种色谱方法[66]。离子化基团分为强酸基团(SO_3^-)、弱酸基团($—CO_2^-$、$—OPO_3^{2-}$、芳香$—O^-$ 或芳香$—S^-$)、强碱基团($—NR_3^+$)、弱碱基团($—NH_3^+$、$—NRH_2^+$ 或$—NR_2H^+$)。强酸和强碱基团是高度解离,类似于带永久正电荷或负电荷电解质基团。例如,季铵树脂$[Q,—CH_2N(CH_3)_3^+]$是阳离子交换树脂,在pH为2~12时对阴离子物质对阴离子物质均有作用。同样,弱酸和弱碱基团类似于不溶的弱电解质,可作为阳离子和阴交换树脂,其交换能力主要取决于它们的电离常数以及环境中的pH(pH有效范围分别6~10和2~9)。离子交换树脂一般采用先装入填充柱,然后上样,以一定的流动相进行洗脱达到分离效果。虽然离子交换色谱柱很容易被应用,其基本原理和理论却十分复杂。

表 9 - 6 列出了目前工业应用的主要的纤维素基离子交换剂[3,66]。均为带有酸性或碱性基团的亲水性纤维素网络。最常用的离子型交换剂是低取代度的微晶羧甲基纤维素(平衡离子通常为 Na^+, pH > 4 有效),是一种含羧酸根离子的交换剂,其离子交换能力为 $0.4 \sim 0.7 meq/g$。高吸附能力的 CMC 不能用于色谱填料,为防止 CMC 过度膨胀,需要将其先进行交联反应后再用做色谱填料。当纤维素的羟基被部分氧化成羧基时,能够得到另一种阳离子交换剂羧酸纤维素。磷纤维素是一种以亚磷酸根为基础的中性二价阳离子交换剂,可通过 $\alpha -$ 氯甲基膦酸酯与纤维素反应制备。SE、SM、SP 纤维素是一种交换能力约为 $0.5\ meq/g$ 的强阳离子交换剂,可在 NaOH 溶液中通过 $\alpha -$ 氯乙烷硫酸与纤维素反应制备。聚乙烯亚胺(PEI)纤维素是一个没有化学改性的纤维素,它是纤维素与聚乙烯亚胺的混合物。

表 9 - 6　　　　　　　　　　　　纤维素离子交换剂

纤维素衍生物	功能基	种类
阳离子交换剂		
(氧化性)	$-CO_2^-$	弱
CM(羧甲基)	$-OCH_2CO_2^-$	弱
P(磷酸根)	$-OPO_3^{2-}$	中性
SM(硫酸甲基)	$-OCH_2SO_3^-$	强
SE(硫酸乙基)	$-OCH_2CH_2SO_3^-$	强
SP(硫酸丙基)	$-OCH_2CH_2CH_2SO_3^-$	强
阴离子交换剂		强
AE(氨乙基)	$-OCH_2CH_2N^+H_3$	弱
DEAE(二乙氨乙基)	$-OCH_2CH_2N^+(CH_2CH_3)_2$	弱
TEAE(二乙氨乙基)	$-OCH_2CH_2N^+(CH_2CH_3)_3$	强
QAE(季铵乙基)	$-OCH_2CH_2N^+(CH_2CH_3)_2CH(OH)CH_3$	强

DEAE 纤维素是最常用的弱碱性阴离子交换剂(平衡离子通常为 Cl^-, pH < 9 有效),它是由棉绒与甲醛或 1,3 - 二氯丙醇在 2—氯三乙胺溶液中交联而成[3]。微晶 AE 纤维素是弱碱性阴离子交换剂,它是由纤维素与 α—氨基乙基硫酸在氢氧化钠条件下反应得到,其交换能力为 $0.2\ meq/g$,通过交联反应后交换能力可增加到 $0.7\ meq/g$。强碱型的季铵纤维素阴离子交换剂是由 DEAE 纤维素在无水条件下与卤烃物反应制备,如 TEAE 纤维素。但是,工业上的 TEAE 纤维素与弱碱性的 DEAE 纤维素极为相似,只是结构变成了季铵阴离子交换剂。此外,混合胺类(ECTEOLA)纤维素的离子交换能力为 $0.3 \sim 0.4\ meq/g$,是由纤维素与氢氧化钠、三乙醇胺和环氧氯丙烷反应制备。纤维素离子交换剂一般以粉末状、纤维和纸形式存在,可用做纸色谱和薄层色谱固定相。纸色谱所用的纸一般采用两种方式制备,第一种方式是在纸张的抄造过程中加入离子交换粉末;第二种是直接将纤维素进行改性,然后将改性的纤维素直接抄造成纸。而对于薄层色谱,色谱板通常是由离子交换粉末通过惰性黏合材料固定在纤维素上。目前市场上用于薄层色谱的离子交换种类很少,主要为 PEI 和 DEAE 纤维素。此外,还有一类离子交换剂,如葡聚糖凝胶,具有较好的亲水性并且能够与离子化的功能基团发生衍生化反应。这类交换剂主要用于分离纯化生物大分子,如蛋白质纯化,常用“离子排阻”来形容其机

理。在 HPLC 中,常利用葡聚糖凝胶柱和一些检测方法结合,对物质进行分离和定性定量检测。

医学上的定性检测是对阳性物质或阴性物质进行检测,它能够在几分钟内通过变色反应测试得到而取代了更加敏感和昂贵的定量测试。例如,特异性抗体将整个 hCG 分子或多肽链通过化学方法结合到硝酸纤维素试纸上并与尿样中的 hCG 反应,这样就可以通过检测尿液样本中的促性腺激素(hCG)来判断是否怀孕。另外,对于葡萄糖氧化酶活性的测试,将吸收性纤维素区域浸没在葡萄糖氧化酶与其他试剂混合的缓冲液中,通过观察颜色变化而得出结果。此外,某些场合的现场测试是也用试纸作为载体基质。

纤维素或其衍生物是纤维素基过滤器的主要原料,如硝酸纤维素和有机酯化物,可用于采集细小颗粒或气凝胶累的物质,进行进一步的分析和应用[66]。例如,当空气或水通过过滤器时,收集到导气管或水样品中的金属颗粒,进而对滤器中被截留的颗粒进行详细地分析。类似的还有"柱层析法",样品溶液从充满了纤维素吸附剂的柱子中通过,进而对不同时间洗脱出的组分进行分析。电泳法是利用溶液中带有不同量的电荷的阳离子或阴离子,在外加电场中以不同的迁移速度向电极移动,而达到分离目的的分析方法。具有均匀的微孔结构的醋酸纤维素单板具有一定的商业价值,可作为电泳法的基质,在临床诊断学上有重要的应用,例如,可用于对血红蛋白、血液蛋白、酶、黏多糖和尿液中成分进行分离和分析。

9.3 特殊纤维素基产品

9.3.1 微晶纤维素与纳米纤维素

纳米技术是研究结构尺寸在 1nm 至 100nm 范围内材料的性质和应用的一种技术[67,68]。结构尺寸小于 1nm 则属于量子物理的范畴,而结构尺寸大于 100nm 则属于经典物理化学的范畴。物质在纳米尺度下分离出来几个、几十个可数原子或分子,显著地表现出许多新的特性,而利用这些特性可制造具有特定功能高附加值的纳米级材料,具备新的特性,如可重复性和可控性。总的来说,纳米技术代表了多学科领域的变革,随着超分子化学的迅速发展,纳米技术将在 21 世纪的材料领域和生物科学上有重大进展[69]。

纤维素具有纳米纤丝状结构,它能够从纳米级到宏观上形成的自组装体系。因此,纤维素作为可再生原料,在纳米技术的应用上有巨大的潜力。直到近几年,纤维素以及含纤维素的材料应用于纳米技术才被实现。目前,研究仍处于初期阶段,还需要投入更多的科学研究来实现纤维素基纳米技术的充分利用。除了考虑产品的特性与应用,还要将产品发展到工业应用范畴。纤维素基纳米技术还能够用于其他方面,例如,涂层和造纸的添加剂、纸和纸板中的电子及生物活性成分。

纤维素的结晶度在纤维素再生阶段具有可操控性,在一定条件下能够获得"微晶"产物[48]。不同类型的纤维素微纤丝,其命名方式较混乱[70]。20 世纪 60 年代发现,微纤化纤维素(MFC)是在机械加热的条件下从木材浆料纤维中分离出的纤维和微纤丝(例如,预处理、降解和均化)[71,72]。在显微镜下能够观察到其宽为 10~50nm,长度为几微米的微纤丝,被称为"纳米纤丝"或"纳米纤维素"[73-75]。如果产品源于高质量的木浆,酸水解后部分结晶区与可以和非晶区有效地分离,例如,盐酸水解(结构仅稍微降解)后得到为"微晶纤维素"(MCC)。

MCC 是采用化学水解与机械球磨结合的方法制备的,可作为制药、材料领域的原料[70],在复合材料中还可以称为"MFC"。另一方面,MCC 或纤维在无机酸(盐酸或硫酸)中剧烈搅拌、水解,然后喷雾干燥可得到高结晶度的棒状小颗粒材料。在 20 世纪 90 年代早期,这种材料被称为"纳米结晶纤维素"(NCC)或"结晶纳米纤维素"(CNC),并能够用于工业生产。例如,在过去的 10 年内,通过超声处理和不同的转速离心得到针状"纳米结晶纤维素(NCC)晶须"或"纤维素纳米晶须"(CNW/CNXLs)[67,75-78]。CNW 代表了最小的纤维素子单元,其颗粒大小取决于原料,以木材为原料而得到的尺寸一般在宽 5~10nm,长 200nm[79]。

MCC(或 MFC)是一种白色、无色、无味且易于自由流动的粉末,并具有良好的物理性能。它的性质通常取决于原材料及生产条件。例如,MCC 可很好分散于水或其他极性溶剂,在低浓度下就能够形成非常稳定、黏稠的凝胶[71,72]。它可以作为固体物的悬浮介质、有机液体的乳化基质,广泛应用于食品、涂料和化妆品行业[81]。人体和动物的毒物学研究发现,含 MCC 的食品对人体无害(惰性代谢)[82],然而,所有有关纳米粒子的毒性问题(尤其是处理吸入物时)研究一直具有争议。MCC 具有良好的流动性、成型性和可压缩性,最早的商品名为"Avicel MCC",广泛应用于制药行业的压片剂和胶囊的添加剂(药物载体或加工助剂)[83]。NCC 和 CNW 可作为增强剂,可显著增强纳米复合材料的强度,还可通过对其表面进行化学改性,改性之后的复合材料(见第 5 章)具有广泛的应用性[75,78,84]。CNW 由于其表面积大,从分子水平上增加与其他聚合物之间的接触面积,从而得到新性能材料[67]。NCC 和 MCC 的微纤丝纵横比(纤维长度/直径)与其对材料的增强效果关系密切[70]。与化学浆相比,NCC 具有较高的拉伸强度和杨氏模量,是复合材料首选的增强剂。

硫酸水解纤维素可得到棒状胶质的纤维素纳米晶须(CNXLs),这些悬浮物在临界浓度时表现出液晶行为[85,86]。低浓度的 CNXLs 是各向同性的、无规则排列的颗粒;而高浓度的 CNX-Ls 是各向异性、手性向列(胆甾型)排列的颗粒。高浓度的纤维素(>10%)溶解在 BMIMICl 或在 NMMO 中时也能够观察到同样的现象(见 9.1.5 节)[48]。因此,纤维素液晶溶液在交叉极化过滤器之间是光学异向性的,同时表现出双折射现象。在 1959 年就已经发现 MCC 悬浮液的取向性[87,88],直到 20 世纪 70 年代中期,才发现纤维素衍生物分子溶液是各向异性的,同时也发现当改变羟丙基纤维素(HPC)溶液(见 9.2.3 节)浓度和视角时,其溶液的呈现彩虹色。某些纤维素衍生物(纤维素酯)在不同溶剂中呈现溶致液晶和热致液晶行为。液晶衍生物的发现促进了纤维素工业的发展,制备出模量和拉伸强度高的液晶聚合物,可用于液晶显示装置和屏幕。

9.3.2 细菌纤维素

光合作用除了形成植物细胞多糖(植物纤维素),还能够合成微生物细胞外的碳水化合物,如"生物纤维素"或"细菌纤维素"(BC)[90-92]。植物纤维素和 BC 有着相同的化学结构,但它们的物理及化学性质却不同。BC 的生物合成中最常用的细菌一般属于醋酸菌属(Acetobacter)、无色杆菌属(Achromobacter)、气杆菌属(Aerobacter)、土壤杆菌属(Agrobacterum)、产碱杆菌属(Alcaligenes)、假单胞杆菌属(Pseudomonas)、根瘤菌属(Rhizobium)、八叠球菌属(Sarcina)和动胶菌属(Zoogloea)。其中,最有效的是葡萄糖醋杆菌属(Gluconacetobacter xylinus)的革兰阴性菌,它在纤维素生产中具有重要的商业价值。早在 1886 年,就发现木醋菌属能够合成细胞外胶质团,直到 20 世纪下半叶,才提将其命名为细菌纤维素。目前,细菌纤维素的生物合成机理、结构以及工业应用中细菌纤维素物理性能是主要的研究内容。

在众多的生物产品中,培养菌在含碳源和氮源的培养介质的反应器中产生细胞外纤维素。BC 通常在液体与气体界面产生,而葡萄糖木醋杆菌需要大量的氧。总的来说,从经济角度看,由于 BC 生产周期短,一般典型的单细胞每小时可转化成 108 个葡萄糖分子[70],因此,它可能成为潜在的植物纤维素替代品。因此,寻找价格低廉的培养基和过程反应器是细菌纤维素生产的发展趋势。在细菌纤维素的生产过程中,会同时得到微细纤维。这种微细纤维的尺寸约为宽 3～4nm、长 70～130nm[91,92]。BC 由于不含半纤维素和木质素,其化学纯度高,还具有高结晶度、高机械强度、高保水性、多孔性和良好的生物适应性。这些特性使得 BC 的应用较广泛,在特种纸、林产品、食品、纺织品、化妆品、医疗和婴儿护理产品、药物、汽车和飞机的零件等方面均有应用。

参考文献

[1] Young, R. A. and Rowell, R. M. (Eds.). Cellulose – Structure, Modification and Hydrolysis, John Wiley & Sons, New York, NY, USA, 1986, 379 p.

[2] Fengel, D. and Wegener, G. Wood – Chemistry, Ultrastructure, Reactions, Walter de Gruyter, Berlin, Germany, 1989, 613 p.

[3] Sjöström, E. Wood Chemistry – Fundamentals and Applicaitons, 2nd edition, Academic Press, San Diego, CA, USA, 1993, 293 p.

[4] French, A. D., Bertoniere, N. R., Battista, O. A., Cuculo, J. A. and Gray, D. G. Cellulose, in Kirk – Othmer – Encyclopedia of Chemical Technology, Volume 5, 4th edition, John Wiley & Sons, New York, NY, USA, 1993, pp. 476 – 496.

[5] Klemm, D., Philipp, B., Heinze, T., Heinze, U. and Wagenknecht, W. (Eds.) Comprehensive Cellulose Chemistry, Volume 1 – Fundamentals and Analytical Methods, Wiley – VCH, Weinheim, Germany, 1998, 260 p.

[6] Hon, D. N. – S. and Shiraishi, N. (Eds.) Wood and Cellulosic Chemistry, 2nd edition, Marcel Dekker, New York, NY, USA, 2001, 914 p.

[7] Alén, R. Structure and chemical composition of wood, in Forest Produces Chemistry, Book 3, P. Stenius (Ed.), Fapet Oy, Helsinki, Finland, 2000, pp. 11 – 57.

[8] Rowell, R. M. (Ed.). Handbook of Wood Chemistry and Wood Composites, Taylor & Francis, Boca Raton, FL, USA, 2005, 487 p.

[9] Ioelovich, M. 2008. Cellulose as a nanostructured polymer: A short review, BioResources, 3, 1403 – 1418.

[10] Hon, D. N. – S. Functional natural polymers: A new dimensional creativity in lignocellulosic chemistry, in Chemical Modification of Lignocellulosic Materials, D. N. – S. Hon (Ed.), Marcel Dekker, New York, NY, USA, pp. 1 – 10.

[11] Alén, R. Basic chemistry of wood delignification, in Forest Products Chemistry, Book 3, P. Stenius (Ed.), Fapet Oy, Helsinki, Finland, 2000, pp. 58 – 104.

[12] Anon. FAO Yearbook – Forest Products 2007, FAO Forestry Series No. 42, Rome, Italy, 2009.

[13] Wolf, O., Crank, M., Patel, M., Marscheider – Weidemann, F., Schleich, J., Hüsing, B. and

Angerer, G. Techno – economic Feasibility of Large – scale Productiong of Bio – based Polymer in Europe, Technical Report EUR 22103 EN, European Commission, Joint Research Centre (DG JRC) & Institute for Prospective Technological Studies (ipts), European Communities, 2005, 256 p.

[14] Reveley, A. A review of cellulose derivatives and their industrial applications, in Cllulose and its Derivatives: Chemistry, Biochemistry and Applications, Ellis Horwood Limited, Chichester, England, 1985, pp. 211 – 225.

[15] Nevell, T. P. and Zeronian, S. H. (Eds.). Cellulose Chemistry and its Applications, Ellis Horwood Limited, Chichester, England, 1985, 552 p.

[16] Gedon, S. and Fengl, R. Cellulose esters, Organic esters, in Kirk – Othmer – Encyclopedia of Chemical Technology, Volume 5, 4th edition, John Wiley & Sons, New York, NY, USA, 1993, pp. 497 – 529.

[17] Fengl, R. Cellulose esters, Inorganic esters, in Kirk – Othmer – Encyclopedia of Chemical Technology, Volume 5, 4th edition, John Wiley & Sons, New York, NY, USA, 1993, pp. 529 – 540.

[18] Majewicz, T. G. and Podlas, T. J. Cellulose ethers, in Kirk – Othmer – Encyclopedia of Chemical Technology, Volume 5, 4th edition, John Wiley & Sons, New York, NY, USA, 1993, pp. 541 – 563.

[19] Klemn, D., Philipp, B., Heinze, T., Henize, U. and Wagenknecht, W. (Eds.) Comprehensive Cellulose Chemistry, Volume 2 – Functionalization of Cellulose, Wiley – VCH, Weinheim, Germany, 1998, 389 p.

[20] Heinze, T. J. and Glasser, W. G. (Eds.). Cellulose Derivatives: Modification, Characterization, and Nanostructures, ACS Symposium Series 688, American Chemical Society, Washington, DC, USA, 1998, 361 p.

[21] Woodings, C. Regenerated Cellulose Fibres, Woodhead Textiles Series No. 18, Woodhead Publishing Limited, Cambridge, UK, 2001, 352 p.

[22] Kamide, K. Cellulose and Cellulose Derivatives, Elsevier, London, UK, 2005, 652 p.

[23] Liebert, T. Cellulose solvents: Remarkable history and bright future, Abstracts of Papers, 235th ACS National Meeting, New Orleans, USA, April 6 – 10, 2008.

[24] El Seoud, O. A., Fidale, L. C., Ruiz, N., D'Almeida, M. L. O. and Frollini, E. 2008. Cellulose swelling by protic solvents: which properties of the biopolymer and the solvent matter? Cellulose, 15, 371 – 392.

[25] Fischer, S., Voigt, W. and Fischer, K. 1999. The behavior of cellulose in hydrated melts of the composition $LiX \cdot bul \cdot nH_2O$ ($X = 1 -, NO_3 -, CH_3COO -, ClO_4 -$), Cellulose, 6, 213 – 219.

[26] Degroot, W., Carroll, F. I. and Cuculo, J. A. 1986. A C – 13 – NMR spectral study of cellulose and glucopyranose dissolved in the NH_3/NH_4SCN solvent system, J. Polym. Sci., Part A: Polym. Chem., 24, 673 – 680.

[27] Hattori, K., Cuculo, J. A. and Hudson, S. M. J. 2002. New solvents for cellulose: hydrazine/thiocyanate salt system, J. Polym. Sci., Part A: Polym. Chem., 40, 601 – 611.

[28] Hattori, M., Koga, T., Shimaya, Y. and Saito, M. 1998. Aqueous calcium thiocyanate solution as

a cellulose solvent. Structure and interactions with cellulose, Polym. J., 30, 43 – 48.

[29] Dawsey, T. R. and MoCorick, C. L. 1990. The lithium chloride/dimethylacetamide solvent for cellulose: a literature review. J. Macromol. Sci. – Rev. Macromol. Chem. Phys., C30, 405 – 440.

[30] Terbojevich, M., Cosani, A., Conio, G., Ciferri, A. and Bianchi, E. 1985. Mesophase formation and chain rigidity in cellulose and derivatives. 3. Aggregation of cellulose in N, N – dimethylacetamide – lithium chloride, Macromolecules, 18, 640 – 646.

[31] McCormick, C. L., Callais, P. A. and Hutchinson, B. H. Jr. 1985. Solution studies of cellulose in lithium – chloride and N, N – dimethylacetamide, Macromolecules, 18, 2394 – 2401.

[32] McCormick, C. L. and Callais, P. A. 1987. Derivatization of cellulose in lithium – chloride and *N, N* – dimethylacetamide solution, Polymer, 28, 2317 – 2323.

[33] Ramos, L. A., Assaf, J. M., El Seoud, O. A. and Frollini, E. 2005. Influence of the supramolecular structure and physicochemical properties solvent system, Biomacromolecules, 6, 2638 – 2647.

[34] Ciasso, G. T., Liebert, T. F., Frollini, E. and Heinze, T. J. 2003. Application of the solvent dimethyl sulfoxide/tetrabutylammoniu fluoride trihydrate as reaction medium for the homogeneous acylation of sosal cellulose, Cellulose, 10, 125 – 132.

[35] Liebert, T. F. and Heinze, T. J. 2001. Exploitation of reactivity and selectivity in cellulose functionalization using unconventional media for the design of preoducts showing new superstructures, Biocacromolecules, 2, 1124 – 1132.

[36] Romas, L. A. Frollini, E. and Heinze, T. 2005. Carboxymethylation of cellulose in the new solvent dimethyl sulfoxide/tetrabutylammoniu fluoride, Carbohydr. Polym., 60, 259 – 267.

[37] Frey, M. F., Li, L., Xiao, M. and Gould, T. 2006. Dissolution of cellulose in ethylene diamine/salt solvent systems, Cellulose, 13, 147 – 155.

[38] Tamai, N., Tatsumi, D. and Matsumoto, T. 2004. Rheological properties and molecular structure of tunicate cellulose in LiCl/1, 3 – dimethyl – 2 – imidazolidinone, Biomacromolecules, 5, 422 – 432.

[39] Edgar, K. J., Arnold, K. M., Blout, W. W., Lawniczak, J. E. and Lowman, D. W. 1995. Synthesis and properties of cellulose acetoacetates, Macromolecules, 28, 4122 – 4128.

[40] Yan, L. and Gao, Z. 2008. Dissolving of cellulose in PEG/NaOH aqueous solutions, Cellulose, 15, 789 – 796.

[41] Heinze, T. and Liebert, T. 2001. Uncoventional methods in cellulose functionalization, Prog. Polym. Sci., 26, 1689 – 1762.

[42] Swatloski, R. P., Spear, S. K., Holbrey, J. D. and Roger, R. D. 2002. Dissolution of cellulose with ionic liquids, J. Am. Chem. Soc., 124, 4974 – 4975.

[43] Heinze, T. Chemical functionalization of cellulise, in Polysaccharide: Structure Diversity and Functional Versatility, S. Dumitriu (Ed.), 2nd edition, Marcel Dekker, New York, NY, USA, 2004, pp. 551 – 590.

[44] Wu, J., Zhang, J., Zhang, H., He, J., Ren, Q. and Guo, M. 2004. Homogeneous acetylation of cellulose in a new ionic liquid, Macromolecules, 5, 266 – 268.

[45] Tumer, M. B., Spear, S. K., Holbrey, J. D. and Rogers, R. D. 2004. Production of bioactive cellulose films reconstituted from ionic liquids, Macromolecules, 5, 1379 – 1384.

[46] Heinze, T., Schwikal, K. and Barthel, S. 2005. Ionic liquids as reaction medium in cellulose

functionalization, Macromolecular Bioscience, 5, 520 – 525.

[47] Zhang, H. , Wu, J. , Zhang, J. and He, J. 2005. 1 – Allyl – 3 – methylimidazolium chloride room temperature ionic liquids: A new and powerful nonderivatizing solvent for cellulose, Macromolecules, 38, 325 – 327.

[48] Zhu, S. , Wu, Y. , Chen, Q. , Yu, Z. , Wang, C. , Jin, S. , Ding, Y. and Wu, G. 2006. Dissolution of cellulose with ionic liquids and its application: a mini – review, GreenChem. , 8, 325 – 327.

[49] Barthel, S. and Heinze, T. 2006. Acylation and carbanilation of cellulose in ionic liquids, Green Chemistry, 8, 301 – 306.

[50] Kosan, B. , Michels, C. and Meister, F. 2008. Dissolution and forming of cellulose with ionic liquids, Cellulose, 15, 59 – 66.

[51] Mazza, M. , Catana, D. – A. , Vaca – Garcia, C. and Cecutti, C. 2009. Influence of water on the dissolution of cellulose in selected ionic liquids, Cellulose, 16, 207 – 215.

[52] Edgar, K. J. , Cellulose esters, organic in Encyclopedia of Polymer Science and Technology, H. F. M ark (Ed.), Volume 9, Part 3, John Wiley & Sons, New York, NY, USA, 2004, pp. 129 – 158.

[53] Borbély, E. 2008. Lyocell, the new generation of regenerated cellulose, Acta Polytechnica Hungarica, 5(3) 11 – 18.

[54] Yuan, H. , Nishiyama, Y. and Kuga, S. 2005. Surface esterification of cellulose by vapor – phase treatment with trifluoroacetic anhydride, Cellulose, 12, 543 – 549.

[55] Hon, D. N. – S. 1992. New developments in cellulosic derivatives and copolymers, ACS Symp. Ser. , 476, 176 – 196.

[56] Malm, C. J. , Mench, J. M. , Kendall, D. L. and Hiatt, G. D. 1951. Properties, J. Ind. Eng. Chem. , 43, 688 – 691.

[57] Sau, A. C. and Majewicz, T. G. 1992. Cellulose ethers, Self – cross – linking mixed ether silyl derivatives, ACS Symp. Ser. , 476, 265 – 272.

[58] Stigsson, V. Some Aspects on the Carboxymethyl Cellulose Process, Doctoral Thesis, Karistad University, Faculty of Technology and Science, Karlstad, Sweden, 2006, 61 p.

[59] Jansen, E. Verfahren zur Herstellung von Celluloseverbindungen, Deutsches Reich Reichpatentamt 332203, Germany, 1921.

[60] Nishio, Y. 2006. Material functionalization of cellulose and related polysaccharides via diverse microcompositions, Adv. Polymer Sci. , 205(Polysaccharides 11) 97 – 151.

[61] Roy, D. , Semsarilar, M. , Guthrie, J. F. And Perrier, S. 2009. Cellulose modification by polymer grafting: a review, Chem. Soc. Rev. , 38, 2046 – 2064.

[62] Eschalier, X. Process of strengthening cellulose threads, filaments, British Patent 0625647, 1906.

[63] Ushakov, S. N. 1943. Copolymerization of unsaturated cellulose derivatives, Fiz. – Mat. Nauk, 1, 35 – 36 (in Russian).

[64] Krässig, H. 1971. Graft copolymerization onto cellulose fibers; Anew process for graft modification, Svensk Papperstidn. , 74, 417 – 421.

[65] Mondal, Md. I. H. , Uraki, Y. , Ubukata, M. and Itoyama, K. 2008. Graft polymerization of vinyl monomers onto cotton fibers pretreated with amines, Cellulose, 15, 581 – 592.

[66] Cazes, J. (Ed.). Encyclopedia of Chromatography, Marcel Dekker, New York, NY, USA, 2003.

[67] Kvien, I. And Oksman Niska, K. Microscopic examination of cellulose whiskers and their nano-composities, in Characterization of Lignocellulosic Materials, T. Q. Hu (Ed.), Blackwell Publishing Ltd., Oxford, UK, pp. 340 – 356.

[68] Wegner, T. H. and Jones, P. E. 2006. Advancing cellulose – based nanotechnology, Cellulose, 13, 115 – 118.

[69] Lucia, L. A. and Rojas, O. J. 2007. Fiber nanotechnology: a new platform for "green" research and technological innovations, Cellulose, 14, 539 – 542.

[70] Berglund, L. Cellulose – based nanocomposities, in Natural Fibers, Biopolymers, and Biocomposities, A. K. Mohanty, M. Misra and L. T. Drzal (Eds.), Taylor & Francis, Boca Raton, FL, USA, 2005, Chapter 26.

[71] Herrick, F. W., Casebier, R. L., Hamilton, J. K. And Sandberg, K. R. 1983. Microfibrillated cellulose: Morphology and accessibility, J. Appl. Polym. Sci.: Appl. Polym. Symp., 37, 797 – 813.

[72] Turbak, A. F., Snyder, F. W. and Sandberg, K. R. 1983. Microfibrillated cellulose, a new cellulose product: Properties, uses, and commercial potential, J. Appl. Polym. Sci.: Appl. Polym. Symp., 37, 815 – 827.

[73] Ankerfors, M. And Lindström, T. On the manufacture and use of nanocellulose, 9th Intl Conf. On Wood & Biofiber Plastic Composite, May 21 – 23, 2007, Madison, WI, USA.

[74] Paakko, M., Vapaavuori, J., Silvennoinen, R., Kosonen, H., Ankerfors, M., Lindstrom, T., Berglund, L. A. and Ikkala, O. 2008. Long and entagled native cellulose 1 nanofibers allow flexible aerogels and hierachically porous templates for functionalities, Soft Matter, 4, 2492 – 2499.

[75] Stenstad, P., Andressen, M., Tanem, B. S. and Stenius, P. 2008. Chemical surface modifications of microfibrillated cellulose, Cellulose, 15, 35 – 45.

[76] Azizi Samir, M. A. S., Alloin, F. and Dufresne, F. 2005. Review of recent research into cellulosic whiskers, their properties and their application in nanocomposite fields, Biomacromolecules, 6, 612 – 626.

[77] Bai, W., Holbery, J. and Li, K. 2009. A technique for production of nanocrystalline cellulose with a narrow size distribution, Cellulose, 16, 455 – 465.

[78] Oksman, K. And Mathew, A. 2009. Processing and properties of nanocomposites based on cellulose whiskers, 9th Intl Conf. On Wood & Biofiber Plastic Composite, May 21 – 23, 2007, Madison, WI, USA.

[79] Kvien, I., Tanem, B. S. and Oksman, K. 2005. Characterization of cellulose whiskers and their nanocomposites by atomic force and electron microscopy, Biomacromolecules 6, 3160 – 3165.

[80] Choi, Y. and Simonsen, J. 2006. Cellulose nanocrystal – filled carboxymethyl cellulose nanocomposites, J. Nanosci. Nanotechn., 6, 633 – 639.

[81] Aaltonen, O. and Jauhiainen, O. 2009. The preparation of lignocellulosic aerogels from ionic liquid solutions, Carbohydr. Polym., 75(1) 125 – 129.

[82] Greig, J. G. Safety Evaluation of Certain Food Addictives and Contaminants, Microcrystalline Cellulose, WHO Food Additives Series 40, The forty – ninth Meeting of the Joint FAO/WHO Expert, Committee on Food Additives (JECFA), World Health Organization, Geneva, Switzer-

land,1998,15 p.

[83] Shlieout,G. ,Arnold,K. And Müller,G. 2002. Powder and mechanical properties of microcrystalline cellulose with different degrees of polymerisation,AAPS Pharm. Sci. Tech. ,3(2)article 11.

[84] Garcia de Rodriguez,N. L. ,Thielmans,W. and Dufresne,A. 2006. Sisal cellulose whiskers reinforced polyvinyl acetate nanocomposites,Cellulose,13,261 –270.

[85] Edgar,C. D. And Gray,D. G. 2002. Influence of dextran on the phase behavior of suspensions of cellulose nanocrystals,Macromolecules,35,7400 –7406.

[86] Odijk,T. 1986. Theory of lyotropic polymer liquid crystals,Macromolecules,19,2 313 –2 329.

[87] Marchessault,R. H. ,Morehead,F. F. and Walter,N. M. 1959. Liquid crystal systems from fibrillar polysaccharides,Nature,184(suppl. No. 9)632 –633.

[88] Gray,D. G. 1983. Liquid crystalline cellulose derivatives,J. Appl. Polym. Sci. ：Appl. Polym. Symp. ,37,179 –192.

[89] Werbowyj,R. S. And Gray,D. G. 1976. Liquid crystalline structure in aqueous hydroxypropyl cellulose solutions,Mol. Cryst. Liq. Cryst. (Letters),34,97 –103.

[90] Brown,R. M. Jr. Bacterial cellulose,in Cellulose：Structure in aqueous hydroxypropyl cellulose solutions,Mol. Cryst. Liq. Cryst. (Letters),34,97 –103.

[91] Bielecki,S. ,Krystynowicz,A. ,Turkiewicz,M. and Kalinowska,H. 2002. Bacterial cellulose,Biopolymers,5,37 –45.

[92] Soykeabkaew,N. ,Sian,C. ,Gea,S. ,Hishino,T. and Peijs,T. 2009. All –cellulose nanocomposites by surface selective dissolution of bacterial cellulose,Cellulose,16,435 –444.